中等职业教育加工制造类系列教材

金属加工与实训

（基础常识）

（第 2 版）

主　编　乐　为　蔡万萍
副主编　李呈祥
参　编　张洪良　郭守超　陈　飞
主　审　朱仁盛

北京理工大学出版社
BEIJING INSTITUTE OF TECHNOLOGY PRESS

内 容 简 介

本书是根据教育部最新公布的《中等职业学校数控专业教学标准》，同时参考职业资格标准编写的。本书《金属加工与实训》分为两大部分：基础常识与技能实训。本册主要介绍基础常识内容，本书采用国家颁布的最新关于金属材料的统一数字代号、牌号、化学成分和力学性能要求的标准。主要内容有模块一金属加工与实训概论；模块二金属材料及热处理基础；模块三热加工基础；模块四冷加工基础。书中每个课题都有学习目标，让学生有一个明确的学习方向；为了把学生的思维集中到所学的内容上来，精心准备了课题导入；还编排了想一想、做一做、试一试及学后评量，用以培养学生积极的思考问题、分析解决实际问题的能力；最后的知识梳理给学生一个巩固所学知识，学会总结概括知识的能力。

本书可作为职业院校机电、机械、数控等专业教材，也可作为机电、机械、数控、汽车等岗位培训教材。

版权专有　侵权必究

图书在版编目（CIP）数据

金属加工与实训.基础常识/乐为，蔡万萍主编.—2版.—北京：北京理工大学出版社，2023.7重印

ISBN 978-7-5682-7795-2

Ⅰ.①金…　Ⅱ.①乐…②蔡…　Ⅲ.①金属加工-职业教育-教材　Ⅳ.①TG

中国版本图书馆CIP数据核字（2019）第243015号

出版发行 /	北京理工大学出版社有限责任公司
社　　址 /	北京市海淀区中关村南大街5号
邮　　编 /	100081
电　　话 /	（010）68914775（总编室）
	（010）82562903（教材售后服务热线）
	（010）68944723（其他图书服务热线）
网　　址 /	http://www.bitpress.com.cn
经　　销 /	全国各地新华书店
印　　刷 /	定州启航印刷有限公司
开　　本 /	787毫米×1092毫米　1/16
印　　张 /	15.25
字　　数 /	350千字
版　　次 /	2023年7月第2版第3次印刷
定　　价 /	46.00元
责任编辑 /	陆世立
文案编辑 /	陆世立
责任校对 /	周瑞红
责任印制 /	边心超

图书出现印装质量问题，请拨打售后服务热线，本社负责调换

前言

FOREWORD

本书主要介绍金属加工与实训概论、金属材料及热处理基础、热加工基础及冷加工基础的内容。本书重点强调培养学生的分析问题和解决问题的能力,编写过程中力求体现以下的特色。

1. 执行新标准　本书采用国家颁布的最新关于金属材料的统一数字代号、牌号、化学成分和力学性能要求的标准;依据最新教学标准和课程大纲要求,在基础常识章节后面设置有丰富的操作实训内容,力求使教材实现理论与实践的综合,知识与技能的综合,对接职业标准和岗位需求,促进"学练结合"的教学方法的实施。

2. 体现新模式　本书采用理实一体化的编写模式,以就业为导向,以学生为主体,着眼于学生职业生涯发展,注重职业素养的培养,有利于课程教学改革,突出"做中教、做中学"的职业教育特色。

本书在内容处理上主要有以下几点说明:

①在每章前给出本章"学习目标",有利于学生在学习过程中抓住重点。

②引入课题导入,把学生的思维吸引到所学的内容上来。

③为促进教学方法改革,采用最新的国家标准,突破了旧版旧标准;在相关章节中给出课上讨论练习题"想一想""做一做""试一试",促进教与学的互动性,以调动学生学习的积极性,启迪学生的科学思维。

④在课题结束,有一个知识梳理,让学生能够回顾所学内容,也为学生以后如何总结所学知识,提供经验。

⑤在每个课题后安排了学后评量,使课堂所学的知识点得到进一步的巩固。

⑥本书建议学时为56学时。

FOREWORD

　　本书由江苏省盐城机电高等职业技术学校乐为、射阳中等专业学校蔡万萍任主编,盐城市经贸高级职业学校李呈祥任副主编。全书共四个模块,乐为承担了模块一、三、四的编写;张家港中等职业学校的张洪良老师参与了模块一的编写工作;蔡万萍参与了模块三课题一二的编写;盐城市经贸高级职业学校的李呈祥编写了模块二;郭守超老师参与编写了模块四;东风悦达起亚汽车有限公司的陈飞参与了整理。朱仁盛进行了主审。

　　本书编写过程中,编者参阅了国内外出版的有关教材和资料,在此一并表示衷心感谢!

　　由于编者水平有限,书中不妥之处在所难免,恳请读者批评指正。

编　者

目录
CONTENTS

模块一　金属加工与实训概论 ·· 1

模块二　金属材料及热处理基础 ·· 7
- 课题一　金属材料的力学性能 ··· 7
- 课题二　常用钢、合金钢材料 ·· 18
- 课题三　铸铁 ··· 48
- 课题四　非铁金属及新型材料 ·· 56

模块三　热加工基础 ··· 71
- 课题一　铸造 ··· 71
- 课题二　锻压 ··· 83
- 课题三　焊接 ··· 98
- 课题四　钢的热处理 ··· 109

模块四　冷加工基础 ·· 120
- 课题一　金属切削机床及金属切削加工基础 ······························ 120
- 课题二　车床及其应用 ··· 136
- 课题三　铣床及其应用 ··· 146
- 课题四　钻床及其应用 ··· 155
- 课题五　数控机床及其应用 ·· 160
- 课题六　其他机床及其应用 ·· 173
- 课题七　特种加工及零件生产过程的基础知识 ···························· 185

试验指导·············211

    试验一 材料的拉伸压缩试验·············211

    试验二 硬度试验·············217

    试验三 冲击试验·············223

附录·············226

附录1 布氏硬度（硬质钢球）不同条件下的试验力·············226

附录2 平面布氏硬度值计算表·············227

附录3 洛氏硬度不同标尺的硬度范围·············236

附录4 钢硬度与抗拉强度换算表·············237

参考文献·············238

模块一

金属加工与实训概论

学习目标

1. 了解金属加工的发展史；
2. 了解金属加工在我国经济发展中的作用；
3. 了解金属加工的分类及特点；
4. 了解金属加工安全生产的重要性；
5. 如何学好本课程。

课题导入

2012年6月16日18时37分，神舟九号飞船在酒泉卫星发射中心发射升空。2012年6月18日11时左右转入自主控制飞行，14时左右与天宫一号实施自动交会对接，这是中国实施的首次载人空间交会对接。并于2012年6月29日10点00分安全返回。神舟九号飞船的发射，这也是载人航天飞船首次在夏季发射。人们在高兴之余，十分关心神舟九号飞船是什么材料制成，怎么加工出来的呢？

想一想：

你知道神舟九号飞船是用什么材料制成的吗？在用什么加工方法制造的吗？

这个就是我们这本书要学习的内容。

知识链接

金属材料常指工业上所使用的金属和合金的总称。金属材料包括钢铁、有色金属及其合金。自然界中，目前存在的纯金属大约有70多种，常见的有：金、银、铜、铁、锡、铂、汞、铝、锌、钛、钨、铅、镍等。合金是指由两种以上的金属、金属和非金属结合而成的且具有金属性质的材料。

一、金属材料及加工的发展史

1. 金属材料的发展

人类的文明史,从某种意义上说就是一部人类认识材料和使用材料的发展史。在人类使用的众多材料中,金属材料由于其所特有的各种优异性能,被广泛地应用于生活和生产中,是现代工业不可缺少的重要材料。人类在 6000 多年前已经冶炼出黄铜,在 4000 多年前已有简单的青铜工具,在 3000 多年前已用陨铁制造兵器。我们的祖先在 2500 多年前的春秋时期已会冶炼生铁,比欧洲要早 1800 年。公元前 1000 年,中国发明冶铸青铜用的鼓风机。中国湖北铜绿山春秋战国古铜矿遗址留存的木制辘轳轴,显示了公元前 770 年制造战船的工场,开始使用失蜡铸造方法铸造青铜器。汉代的"先炼铁后炼钢"的技术已居世界领先位置。西汉《史记·天官书》中有"水与火合为淬"。《汉书·王褒传》中有"巧冶铸干将之朴,清水淬其锋"。明朝宋应星所著《天工开物》中详细记载了炼铁、铸造、锻铁、淬火等各种金属加工方法,是举世公认的最早涉及金属加工的科学技术著作之一。953 年,中国铸造大型铸铁件——沧州铁狮子(重 5 000 千克以上)。2015 年 4 月由中国重型机械研究院自主研发的 19 500 吨自由锻造油压机在江苏江阴一次热负荷试车成功,成为已投产的世界最大吨位的自由锻造油压机,整体装机水平世界领先。锆、铀、铍、钽、钨、铂、锗等材料已经是核动力、导航、航空等领域的特殊战略物资。

2. 金属切削加工的发展

我国在金属切削方面有着悠久的历史。古代加工石质、木质、骨质和其他非金属器物是今天金属加工的序曲。在旧石器时代就有石砍砸器,到了新石器时代,有如石斧、石刀、石镰等,并且已能在石器上钻孔。我国的金属切削加工工艺,从青铜器时代开始萌芽,并逐渐形成和发展。从殷商到春秋时期已经有了相当发达的青铜冶铸业并出现了各种青铜工具,如青铜刀、青铜锉、青铜锯等等。同时有出土文物与甲骨文记录表明,在制造过程中大都要经过切削加工或研磨。我国的冶铸技术比西欧早 1000 多年。渗碳、淬火和炼钢技术的发明,铁质工具的出现,表明金属切削加工进入了新的阶段。有记载表明早在 3000 多年前的商代已经有了旋转的琢玉工具,这也就是金属切削机床的前身。20 世纪 70 年代在河北满城一号汉墓出土的五铢钱,其外圆上有经过车削的痕迹,刀花均匀,切削振动波纹清晰,椭圆度很小。有可能是将五铢钱穿在方轴上然后装夹在木质的车床上,用手拿着工具进行切削。8 世纪的时候我国就有了金属切削车床。到了明代,有了较细的分工,如车、铣、钻、磨等工艺。从北京古天文台上的天文仪器可以看出,当时采用了与 20 世纪五六十年代类似的加工方法。这也就说明当时就有较高精度的磨削、车削、铣削、钻削等工艺。20 世纪七八十年代,工具材料进一步得到发展,硬质合金和高速钢的规格和品种不断增加,如涂层硬质合金、立方碳化硼、陶瓷等等。到了 20 世纪 80 年代数控、数显设备也开始发展起来了。由于受当时电子设备、微机、传输等影响,没有太大的发展空间。随着电子设备、微机、传输速率的快速发展,数控、数显设备也快速发展起来了。

二、金属加工在国民经济中的作用

任何机械设备,大到火箭、卫星、轮船,小到仪器、仪表、生活用具,都是用不同材料通过各种成形方法加工制造而成的。其中金属材料一般都占有较大的比例。金属加工就是对金属材料进行成形生产的全过程。涉及金属材料的性能、金属零件的毛坯成形和机械加工以及整机装配等方面,属机械制造范畴。成形工艺是人们把原材料或半成品加工制造成为所需形状和尺寸产品的过程。

我国正处于经济发展的关键时期,近十几年来,我国大力推广应用先进的加工制造技术,各项研究均取得了丰硕成果,获得不同程度的进展。但我国机械工业技术开发能力和技术基础薄弱,发展后劲不足,技术来源主要依靠引进国外技术,对国外技术的依存度较高,对引进技术的消化吸收仍停留在掌握已有技术和提高国产化率上,没有上升到形成产品自主开发能力和技术创新的高度。因此,我国机械制造业必须不断增强技术力量,跟上发展先进加工技术的世界潮流,将其放在战略优先地位,并以足够的力度予以实施,才能尽快缩小与发达国家的差距,才能在激烈的市场竞争中立于不败之地。

机械制造业是国民经济的基础产业,它的发展直接影响到国民经济各部门的发展,也影响到国计民生和国防力量的加强,因此,各国都把机械制造业的发展放在首要位置。随着机械产品国际市场竞争的日益加剧,各大公司都把高新技术注入机械产品的开发中,作为竞争取胜的重要手段。金属加工技术不仅是衡量一个国家科技发展水平的重要标志,也是国际科技竞争的重点。

当前金属加工技术发展的主要方向:一是精密工程技术,以超精密加工的前沿部分——微细加工、纳米技术为代表,将进入微型机械电子技术和微型机器人的时代,二是金属加工的高度自动化,以 CIMS 和敏捷制造等的进一步发展为代表。制造加工业的发展方向可用"三化"来概括,即全球化、虚拟化和绿色化。作为一名高素质的应用型人才,了解金属材料及加工方法,掌握金属加工的基础知识和基本技能,对今后自身发展起到至关重要的作用。

三、金属加工的分类与特点

1. 按有无切屑分切屑成形和无切屑成形

①切屑成形:当对金属进行切割的时候有切屑产生的切割方式统称为切屑成形,包括车、铣、刨、磨、钻孔、锉、锯等工艺。

②无屑成形:利用现有的金属条或者金属片等进行造型。没有切屑产生。这类工艺包括化学加工、腐蚀、放电加工、喷砂加工、激光切割、喷水切割以及热切割等。

2. 按加工温度分塑性成形加工和固体成形加工

①塑性成形加工:是指将成形金属高温加热以进行重新造形,属劳动密集型生产。

②固体成形加工:是指所使用的原料是一些在常温条件下可以进行造形的金属条、片以及其他固体形态,属于劳动密集型生产。加工成本投入可以相对低廉一些。

3. 按金属加工工艺流程可分为热加工、冷加工和其他加工

(1) 热加工类。

①铸造。铸造是将经过熔化的液态金属浇注到与零件形状、尺寸相适应的铸型中，冷却凝固后获得毛坯或零件的方法。

②锻压。锻压是借助于外力作用，使金属坯料产生塑性变形，从而获得所要求形状、尺寸和力学性能的毛坯或零件的方法。

③焊接。焊接是通过加热或加压（或两者并用），并且用（或不用）填充材料，使焊件相互连接的方法。

④热处理。热处理是指操作热处理设备，对金属材料进行热处理加工的方法。

(2) 冷加工类。

①钳工。钳工是用手持工具对夹紧在钳工工作台（虎钳）上的工件进行切削加工的方法。

目前不适宜采用机械加工方法的一些工作，通常都由钳工来完成。

②车削。车削是指操作车床对工件表面进行切削加工的方法。车削加工是一种应用最广泛、最典型的加工方法。

③铣削。铣削是指操作各种铣床设备对工件进行铣削加工的方法。铣削加工的主要工艺内容为：铣削平面、台阶面、沟槽以及成形面等。

④刨削。刨削是指操作各种刨床设备对工件进行刨削加工的方法。刨削加工的主要工艺内容为：刨削平面、垂直面、斜面、沟槽、V型槽、燕尾槽、成形面等。

⑤磨削。磨削是指操作各种磨床设备对工件进行磨削加工的方法。磨削加工的主要工艺内容为：磨削平面、外圆、内孔、圆锥、槽、斜面、花键、螺纹、特种成形面等。

除上述加工外，常见的冷加工方法还有：钣金、镗削、冲压、组合机床加工等。

(3) 其他加工。

①机械设备维修指从事设备安装维护和修理的方法。负责机械加工设备的安装、调试、保养、修理，排除使用过程中出现的故障。

②电路维修指从事工厂设备的电气系统安装、调试与维护、修理的方法。负责对电气设备与原材料进行选型，并安装、调试、维护、保养电气设备，对机床等设备的电气装置、电工器材进行维护保养与修理等；

③电加工设备加工是利用电加工设备进行零件加工的方法。在机械加工中，为了加工各种难加工的材料和各种复杂的表面，常直接利用电能、化学能、热能、光能、声能等进行零件加工，这种加工方法一般称为特种加工。常用的加工方法有电火花加工、电解加工等。

四、金属加工的安全生产

金属加工的安全主要是人身安全和设备安全，防止生产中发生意外安全事故，消除各类事故隐患。国家安监局对安全生产特别重视，要求安全生产规范化、制度化。发布了《有色金属压力加工企业的安全生产标准化评定标准》《全国冶金等工贸企业生产标准化考

评办法》(安监总管四〔2011〕84 号)和《关于印发企业安全生产责任体系五落实五到位的规定的通知》(安监总办〔2015〕27 号)等文件。

工厂要利用各种方法与技术，使工作者确立"安全第一"的观念，使工厂设备的防护及工作者的个人防护得以改善。劳动者必须加强法制观念，认真贯彻上级有关安全生产、劳动保护政策、法令和规定。严格遵守安全技术操作规程和各项安全生产制度。在企业中为防止事故的发生，要根据金属加工企业不同性质，对照国家安监局的文件要求，制定出各种安全规章制度，如工人安全职责、车间管理安全规则、设备操作安全规则，落实安全责任，强化安全防范措施。对新工人进行厂级、车间级、班组级三级安全教育。

五、如何学好本课程

1. 了解本课程的主要内容

本课程包括金属加工与实训概论、金属材料及热处理、热加工基础、冷加工基础、钳工实训、车工实训、铣工实训、焊工实训、刨工实训和磨工实训。

2. 熟悉学习本课程的任务

掌握必备的金属材料、热处理、金属加工工艺知识和技能；培养分析问题和解决问题的能力，具备继续学习专业技术的能力及在机械、机电类专业领域的基本从业能力；培养其在机械、机电类专业领域的基本从业能力；贯穿职业道德和职业素养的培养，形成严谨、敬业的工作作风，为今后解决生产实际问题和职业生涯的发展奠定一定的基础。

3. 学习本课程的方法

在学习本课程时，要重视理解基本概念和基本原理，注意熟悉机械产品的成形过程，掌握基本工艺知识，为正确选用成形工艺奠定初步基础；要强化实践能力的培养，重视试验、实习、参观以及生活实际等实践活动；认真地参加金工实习，获得铸造、锻压、焊接、热处理和切削加工的感性认识，熟悉金属材料的主要加工方法、所用设备及工具等，掌握一定的操作技能。只有这样，才能取得良好的学习效果。

4. 学生自我评价、总结、检测、反馈

让学生自己表达在本课程的收获怎么样，和平时学文化课有什么不同，提高学习自愿性、兴趣性，培养学生对本课程的学习积极性。

5. 老师总结、布置作业

相信同学们都能够按时完成每一次作业，能够对金属加工与实训这门课程有着浓厚的兴趣和学习积极性，能够学好这门课程。坚定学生的自信心。

知识梳理

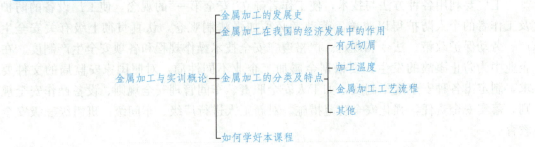

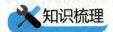 学后评量

学习本课后，你对我们伟大祖先是如何认识的？
你熟悉哪些金属材料和金属加工？
谈谈你对学习这门课的认识？
你想怎么学好这门课？

模块二

金属材料及热处理基础

> • 本章主要内容
>
> 1. 力学主要性能指标：强度、塑性、硬度、韧性的表示方法及疲劳破坏概念。
> 2. 金属材料的分类，常用金属材料的牌号，新型的工程材料。
> 3. 钢的热处理概念、目的、分类。
> 4. 常用热处理：退火、正火、淬火、回火、调质以及时效处理的目的、方法及应用；钢的表面热处理和化学热处理的一般方法。
> 5. 热处理的新技术、新工艺及典型零件的热处理工艺过程。

课题一　金属材料的力学性能

> **学习目标**
>
> 1. 掌握材料的强度、塑性、韧性、硬度、疲劳等力学性能的基本概念及应用。
> 2. 熟悉常用力学性能指标的测试方法，掌握材料力学性能的表示方法及其应用。

> **课题导入**
>
> 1. 1998年6月3日，德国发生了战后最惨重的一起铁路交通事故，一列高速列车脱轨，造成100多人遇难。通过调查，是一节车厢的车轮"内部疲劳断裂"引起的这起事故。
>
> 2. 2002年5月25日，台湾华航的一架波音747客机在飞行台北到香港CI611航班途中，坠落于澎湖外海，机上225名乘客与机组人员全部遇难。经调查证实，失事原因是金属疲劳断裂，金属疲劳裂纹竟源自1980年2月7日飞机起飞时擦地产生的刮痕。后来飞机进行维修时，刮痕并未抛光即补上补丁，金属疲劳裂纹就沿着刮痕产生。
>
> 3. 2007年11月2日，一架美军F—15C鹰式战斗机在空中战斗飞行训练时，飞机突然凌空解体，一份调查结果表明，飞机的关键支撑构件——梁出现了金属疲劳问题。

模 块 二　金属材料及热处理基础

知识链接

机械零件或工具在使用过程中往往要受到各种形式外力的作用。如起重机上的钢索受到悬吊物拉力的作用；柴油机上的连杆在传递动力时，不仅受到拉力的作用，而且还受到冲击的作用等。这就要求金属材料必须具有一种承受机械载荷而不超过许可变形或不破坏的能力，这种能力就是材料的力学性能。金属表现出来的强度、塑性、硬度、冲击韧性、疲劳强度等特性，就是金属材料在外力作用下表现的力学性能指标。

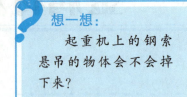

想一想：
　　起重机上的钢索悬吊的物体会不会掉下来？

试一试：
　　在等长等粗的一根粉笔和一条橡皮泥上挂吊相同的砝码，用手指轻弹粉笔和橡皮泥。

一、强度、塑性、韧性

金属材料在加工和使用过程中都要承受不同外力的作用，这个外力一般称为载荷。载荷按作用方式不同，可分为拉伸、压缩、弯曲、剪切及扭转等；按大小和方向不同又可分为静载荷和动载荷。静载荷是指力的大小不变或变化缓慢的载荷，如静拉力、静压力等；动载荷是指力的大小和方向随时间而发生改变，如冲击载荷、交变载荷及循环载荷等。

当外力达到或超过某一限度时，材料就会发生变形，甚至断裂。材料在外力作用下所表现的一些性能（如强度、刚度、韧性等），称为材料的力学性能。常用的力学性能指标主要有强度、塑性、硬度和韧性等，这些力学性能指标可通过国家标准试验来测定。

金属材料的强度和塑性指标，可通过金属材料室温拉伸试验来测定。将被测材料的标准试样，装夹在拉伸试验机上进行拉伸试验，可得到描绘应力的大小与试样伸长量关系的曲线，称之为应力-伸长率曲线。图 2-1 为低碳钢的应力-伸长率曲线，通过应力-伸长率曲线，即可得出强度指标和塑性指标，这些指标是评定金属材料力学性能的主要判据。

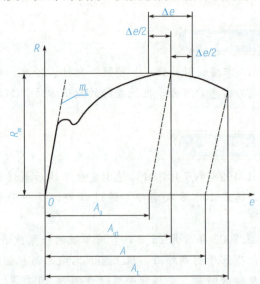

图 2-1　低碳钢的应力-伸长率曲线
图中 m_E——应力-延伸率曲线上弹性部分的斜率；
　　R——应力；Δe——平台范围

(1)标距。测量伸长用的试样圆柱或棱柱部分的长度。分原始标距 L_0(室温下施力前的试样标距)和断后标距 L_u(在室温下将断后的两部分试样精密地对接在一起,保证两部分的轴线位于同一条直线上,测量断裂后的标距)。

(2)平行长度。试样平行缩减部分的长度。

(3)伸长。试验期间任一时刻原始标距的增量。

(4)伸长率。原始标距的伸长与原始标距 L_0 之比的百分率。有残余伸长率(卸除指定的应力后,伸长相对于原始标距的百分率)和断后伸长率 A[断后标距的残余伸长(L_u-L_0)与原始标距(L_0)之比的百分率]。

(5)引伸计标距 L_e。用引伸计测量试样延伸时所使用引伸起始标距长度。

(6)延伸、延伸率 e。

延伸是试验期间任一时刻引伸计标距 L_e 的增量。

延伸率有残余延伸率(试样施加并卸除应力后引伸计标距的增量与引伸计标距 L_e 之比的百分率)、屈服点延伸率(呈现明显屈服现象的金属材料,屈服开始至均匀加工硬化开始之间引伸计标距的延伸与引伸计标距 L_e 之比的百分率)、最大力总延伸率 A_{gt}(最大力时原始标距的总延伸与引伸计标距 L_e 之比的百分率)、最大力塑性延伸率 A_g(最大力时原始标距的塑性延伸与引伸计标距 L_e 之比的百分率)、断裂总延伸率 A_t(断裂时刻原始标距的总延伸与引伸计标距 L_e 之比的百分率)。

(7)最大力 F_m。对于无明显屈服的金属材料,为试验期间的最大力。对于有不连续屈服的金属材料,在加工硬化之后,试样所承受的最大力。

(8)应力 R。试验期间任一时刻的力除以试样原始截面积 S_0 之商。

1. 强度

强度是指材料抵抗永久变形和断裂的能力。根据载荷的作用方式不同,强度可分为抗拉强度、抗压强度、抗剪强度、抗扭强度和抗弯强度。通常以抗拉强度代表材料的强度指标。强度的大小通常用应力表示。用符号 R 加下角标表示,单位为 MPa(兆帕)。低碳钢拉伸时常用的强度主要有上屈服点强度 R_{eH}、下屈服点强度 R_{eL}、抗拉强度 R_m、规定塑性延伸强度 R_P、总延伸强度 R_t、残余延伸强度 R_r 等。

(1)上屈服强度 R_{eH} 和下屈服强度 R_{eL}。从图 2-2 上可以看到,当载荷增加至超过 F_e 后,试样必定保留部分不能恢复的残余变形,即塑性变形。在外力达 F_s 时曲线出现一个小平台。此平台表明不增加载荷试棒仍继续变形,好像材料已经失去抵抗外力能力而屈服了。我们称该平台点试棒屈服时的应力为屈服强度,屈服强度分上屈服强度 R_{eH} 和下屈服强度 R_{eL},上屈服强度 R_{eH} 是指试样发生屈服而力首次下降前的最大应力,下屈服强度 R_{eL} 是指在屈服期间,不计初始瞬时效应时的最小应力,单位为 MPa。如图 2-2(a)所示。上、下屈服强度是衡量金属材料塑性变形抗力的指标。机械零件在工作时,所受的应力如果低于材料的屈服强度,就不会产生过量的塑性变形;但是受力过大,就会因过量的塑性变形而失效。

(2)抗拉强度 R_m。抗拉强度是指相应最大力 F_b 对应的应力,如图 2-1 所示,单位为 MPa。零件在工作中所承受的应力,不允许超过抗拉强度,否则会产生断裂。抗拉强度

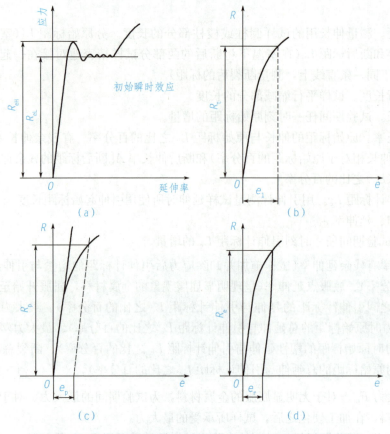

图 2-2 强度
(a)上屈服强度和下屈服强度;(b)总延伸强度;
(c)规定塑性延伸强度 $R_{p0.2}$;(d)规定残余延伸强度 $R_{r0.2}$

R_m 代表材料抵抗断裂的能力。

$$R_m = F_b/S_0$$

式中：S_0 是试样的原始截面积。

(3)总延伸强度 R_t。当金属材料在拉伸试验过程中没有明显屈服现象发生时，应测定总延伸强度 R_t、规定塑性延伸强度 R_p 或规定残余延伸强度 R_r。

总延伸强度 R_t 是总延伸率等于规定的引伸计标距 L_e 百分率时的应力，如图 2-2(b)所示。

规定塑性延伸强度 R_p 是塑性延伸率等于规定的引伸计标距 L_e 百分率时对应的应力，如图 2-2(c)所示。$R_{p0.2}$ 表示规定塑性延伸率为 0.2% 时的应力，其中的 0.2 表示试验中任一给定时刻引伸标距的塑性延伸等于引伸计标距的 0.2%。

(4)规定残余延伸强度 R_r。规定残余延伸强度 R_r 是原始卸除应力后残余延伸率等于规定的原始标距 L_0 或引伸计标距 L_e 百分率时对应的应力，如图 2-2(d)所示。$R_{r0.2}$ 表示规定残余延伸率为 0.2% 时的应力，其中的 0.2 表示试样施加并卸除应力后引伸计标距的延伸等于引伸计标距的 0.2%。

2. 塑性

塑性是指金属材料在断裂前产生永久变形的能力。塑性指标也是由拉伸试验测得的，低碳钢塑性是常用断后伸长率和断面收缩率来表示。

(1)试样。对于试验试样的形状与尺寸取决于要试验的金属产品的形状与尺寸，通常从压制坯或铸锭切取样坯经机加工制成试样；也有恒定截面积的试样(型材、棒材、线材)可以不经过机加工而进行试验。如图 2-3 所示，为低碳钢试样拉断前后的比较。

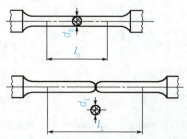

图 2-3　低碳钢试样拉断前后的比较

① 试样横截面可以为圆形、矩形、多边形、环形，特殊情况可以为某些其他形状。

② 试样有比例试样和非比例试样。

比例试样，试样原始标距 L_0 和原始截面积 S_0 之间关系为 $L_0 = K\sqrt{S_0}$，国际上使用的比例系数 K 的值为 5.65。原始标距应不小于 15 mm。当试样横截面积太小，以至采用比例系数 K 为 5.65 不符合最小标距要求时，可以采用较高的值(优先 11.3 的值)或采用非比例试样。

非比例试样其原始标距(L_0)与原始横截面积无关(S_0)。

③ 试样的尺寸公差应符合相应的规定要求。

(2)断后伸长率。断后伸长率是指试样拉断后，标距的伸长与原始标距的百分比。拉伸试验一般采用比例试样；$K=5.65$ 的试样称为短比例试样，其断后伸长率用符号 A 表示(对应 87 版的符号 δ_5)；$K=11.3$ 的试样称为长比例试样，其断后伸长率为 $A_{11.3}$(对应 87 版的符号 δ_{10})；

试验时，一般优先选用短比例试样，但要保证原始标距不小于 15 mm，否则，建议选用长比例试样或其他类型试样。对于非比例试样，符号 A 应附下标注说明所使用的原始标距，以毫米(mm)表示，例如 A_{80} mm 表示原始标距为 80 mm 的断后伸长率。

伸长率：$A(A_{11.3}) = (L_u - L_0)/L_0$

式中：L_0——试样原始标距长度；

L_u——试样拉断后标距的长度。

(3)断面收缩率。断面收缩率是指，断裂后试样横截面积的最大缩减量($S_0 - S_u$)与原始横截面积(S_0)之比的百分率，用符号 Z 表示。

断面收缩率：$Z = (S_0 - S_u)/S_0$

式中：S_0——试样原来的截面；

S_u——试样拉断后缩颈处的截面积。

断面收缩率不受试棒标距长度的影响，因此能更可靠的反映材料的塑性。

常用力学性能名称和符号新旧对照表见表 2-1。

表 2-1 常用力学性能名称与符号新旧对照表

GB/T 228.1—2010		GB/T 228—2002		GB/T 228—1987	
性能名称	符号	性能名称	符号	性能名称	符号
—	—	—	—	屈服点	σ_s
上屈服强度	R_{eH}	上屈服强度	R_{eH}	上屈服点	σ_{sU}
下屈服强度	R_{eL}	下屈服强度	R_{eL}	下屈服点	σ_{sL}
规定残余延伸强度	R_r	规定残余延伸强度	R_r	规定残余伸长应力	σ_r
规定塑性延伸强度	R_p	规定塑性延伸强度	R_p	规定塑性伸长应力	σ_p
抗拉强度	R_m	抗拉强度	R_m	抗拉强度	σ_b
断后伸长率	A, $A_{11.3}$, A_{xmm}	断后伸长率	A, $A_{11.3}$, A_{xmm}	断后伸长率	δ_5, δ_{10}, δ_{xmm}
端面收缩率	Z	端面收缩率	Z	端面收缩率	ϕ

金属材料的断后伸长率 $A(A_{11.3})$ 和断面收缩率 Z 数值越大，表示材料的塑性越好。首先产生塑性变形而不致发生突然断裂，因此比较安全。塑性好的金属可以发生大量塑性变形而不破坏，易于通过塑性变形加工成复杂形状的零件。例如，工业纯铁的 $A(A_{11.3})$ 可达 50%，Z 可达 80%，可以拉制细丝，轧制薄板等。铸铁的 $A(A_{11.3})$ 几乎为零，所以不能进行塑性变形加工。

3. 韧性

机械零件在工作中往往要受到冲击载荷的作用，如活塞销、锻锤杆、冲模等。制造此类零件所用的材料必须考虑其抗冲击载荷的能力，韧性就是指金属在断裂前吸收变形能量的能力。在冲击力作用下的零件，需测定其冲击断裂前吸收变形的能量，即冲击韧性指标。冲击吸收功是衡量其冲击韧性的主要判据。

冲击吸收功是指规定形状和尺寸的试样在冲击试验力一次性作用拆断时所吸收的功。一般通过金属夏比缺口冲击试验进行测定。

金属夏比缺口冲击试验是一种动态力学试验，夏比冲击试验机如图 2-4 所示。试验时，选取 3 个试样，要求试样放置好后，用规定的摆锤对处于简支梁状态的缺口（V型或V型缺口）试样进行一次性打击，让摆锤从一定的高度落下，将试样冲断，测量折断时的冲击吸收功，如图 2-5 所示。试样被冲断时所吸收的能量即是摆锤冲击试样所作的功，称为冲击吸收功，用符号 A_{KU} 或 A_{KV} 表示。用下标数字 2 或 8 表示摆锤刀刃半径，冲击吸收功可以表示为 A_{KU-2} 或 A_{KV-2}、A_{KU-8} 或 A_{KV-8}。冲击吸收功除以试样缺口处截面积，即可得到材料的冲击韧度，用符号 α_{KU} 表示，单位 J/cm²。冲击试验时，一般要求取 3 个试样，取其三个试样冲击吸收功的平均值，作为材料的冲击吸收功。小尺寸冲击试样的冲击吸收功见图 2-6。

图 2-4 夏比冲击试验机

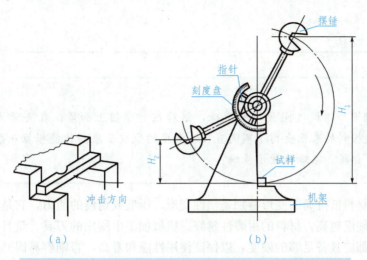

图 2-5 夏比冲击试验原理

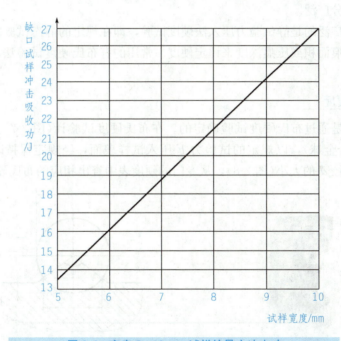

图 2-6 宽度 5～10 mm 试样的最小冲击功

冲击韧度是冲击试样缺口处单位横截面积上的冲击吸收功。冲击韧度越大，表示材料的冲击韧性越好。

必须说明的是，使用不同类型的试样（U 形缺口或 V 形缺口）进行试验时，其冲击吸收功应分别标为 A_{KU} 或 A_{KV}，冲击韧度则标为 α_{KU} 或 α_{KV}。

二、硬度

> **试一试：**
> 在钢板和铝板之间放一个滚珠，然后在台虎钳上加紧。在夹紧力的作用下，两块板料的表面会留下不同直径和深度的浅坑压痕。你能根据压痕来判断出钢板、铝板、滚珠谁硬谁软吗？

硬度是指材料抵抗局部变形特别是塑性变形、压痕或划痕的能力。它是衡量材料软硬程度的指标。硬度越高，材料的耐磨性越好。机械加工中所用的刀具、量具、磨具以及大多数机械零件都应具备足够的硬度，以保证使用性能和寿命，否则容易因磨损而失效。因此，硬度是金属材料一项重要的力学性能。硬度值可以间接地反映金属的强度及金属在化学成分、金相组织和热处理工艺上的差异，而与拉伸试验相比，硬度试验简便易行，因而硬度试验应用十分广泛。

工业上应用广泛的是静试验力压入法硬度试验，即在规定的静态试验力下将压头压入材料表面，用压痕面积或压痕深度来评定硬度。常用的有布氏硬度试验法、洛氏硬度试验法等。

1. 布氏硬度

布氏硬度值是通过布氏硬度试验确定的。在布氏硬度试验计（图 2-7）上，用一直径为 D 的球体（硬质合金球），以规定的试验力 F 压入试样表面，经规定保持时间后卸除试验力，根据压痕直径 d 的大小（图 2-8），从专门的硬度表中查出相应的布氏硬度值。

图 2-7　HB-3000 布氏硬度试验计

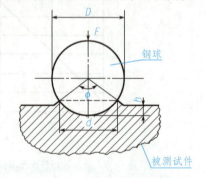

图 2-8　硬质和钢球的布氏硬度试验

布氏硬度用符号 HB 表示。只允许使用硬质合金球压头时用 HBW 来表示，一般适用于布氏硬度值在 650 以下的材料。

布氏硬度习惯上只定出硬度值而不注明单位。其标注方法是：符号 HBW 之前的数字为硬度值，符号后面按以下顺序用数字表示试验条件：球体直径、试验力、试验力保持的时间（10～15 s 不标注）。例如：490HBW5/750 表示布氏硬度值为 490，用直径 5 mm 的硬质合金球，在 7 355 N(750 kgf) 的试验力作用下，保持 10～15 s 时测得的。

2. 洛氏硬度

洛氏硬度值是通过洛氏硬度试验测定获得。试验时，在洛氏硬度试验计（如图2-9所示）上，采用金刚石圆锥体或硬质合金球压头，压入金属表面，经规定保持时间后卸除主试验力，以测量的压痕深度来计算洛氏硬度值，如图2-10所示。

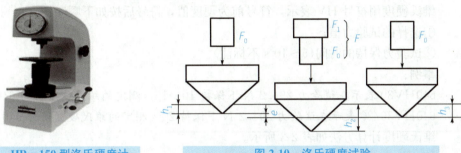

图2-9　HR－150型洛氏硬度计　　　　图2-10　洛氏硬度试验

实际测定时，试件的洛氏硬度值由洛氏硬度计的表盘上直接读出，材料越硬，则表盘上的示值越大。

洛氏硬度试验方法最新的国家标准是2010年4月1日开始实施的GB/T230.1－2009《金属材料洛氏硬度试验第1部分：试验方法(A、B、C、D、E、F、G、H、K、N、T标尺)》，如表2-2洛氏硬度新旧标准对照表所示。洛氏硬度用符号HR表示。根据压头和试验力的不同，常用的A、B、C三种标尺，其中C标尺应用最为广泛。洛氏硬度表示方法：例如45HRC表示用C标尺测定的洛氏硬度值为45，符号HR前面的数字表示硬度值，HR后面的字母表示不同洛氏硬度的标尺，也可以用70HR30N表示总试验力为294.2N的30N标尺测得的表面洛氏硬度值为70。

表2-2　洛氏硬度新旧标准对照表

国际版次	GB/T 230.1—2009	GB/T 230.1—2004	GB/T 230—1991
压头	金刚石圆锥	硬度合金球或钢球（2009版中，产品标准或协议中有规定时，才允许使用钢球压头）	金刚石圆锥或钢球
标尺	A、C、D 表面洛氏硬度：15N、30N、45N	B、E、F、G、H、K 表面洛氏硬度：15T、30T、45T	A、C、D、B、E、F、G、H、K
表达方法	硬度值＋符号HR＋使用的标尺	硬度值＋符号HR＋使用的标尺＋球压头代号（钢球为S，硬质合金球为W）	硬度值＋符号HR＋使用的标尺
表达方法示例	70HRC 或 70HR30N：表示用总试验力为294.2N的30N标尺测得的表面洛氏硬度值为70	60 HRBW：表示用硬质合金球压头在B标尺上测得的洛氏硬度值为60	50 HRC：表示用C标尺测得的洛氏硬度值为50

3. 维氏硬度

维氏硬度是将顶部两相对面具有规定角度的正四棱锥体金刚石压头用试验力压入试样表面，保持规定时间后，卸除试验力，测量试样表面压痕对角线长度。维氏硬度值是试验力除以压痕表面积所得的商，压痕被视为具有正方形基面并与压头角度相同的理想形状。

维氏硬度用符号 HV 表示，符号前为硬度值，符号后按如下顺序：
①选择的试验力值；
②试验力保持的时间（5～10 s 不标注）。

事例：
640HV30 表示在试验力 294.2 N 下保持 10～15 s 测定的维氏硬度值为 640。
640HV30/20 表示在试验力 294.2 N 下保持 20 s 测定的维氏硬度值为 640。
维氏硬度计算方法如表 2-3 所示。

表 2-3 维氏硬度计算方法

符号	说明	单位
α	金刚石压头顶部两相对面夹角（136°）	
F	试验力	N
d	两压痕对角线长度 d_1 和 d_2 的算术平均值	mm
HV	维氏硬度＝常数$\times \dfrac{\text{试验力}}{\text{压痕表面积}}$ $=0.102\dfrac{2F\sin\dfrac{136°}{2}}{d^2}\approx 0.1891\dfrac{F}{d^2}$	

注：常数 $=\dfrac{1}{g_n}=\dfrac{1}{9.80665}\approx 0.102$。

试验力测定范围见表 2-4。

表 2-4 试验力测定范围

试验力范围，N	硬度符号	试验名称
F≥49.03	≥HV5	维氏硬度试验
1.961≤F<49.03	HV0.2～<HV5	小负荷维氏硬度试验
0.09807≤F<1.961	HV0.01～<HV0.2	显微维氏硬度试验

三、疲劳的概念

许多机械零件，如轴、齿轮、轴承、叶片、弹簧等，在工作过程中各点的应力随时间作周期性的变化，这种随时间作周期性变化的应力称为交变应力（也称循环应力）。金属的疲劳就是指在交变应力作用下，虽然零件所承受的应力低于材料的屈服点，但经过较长时间的工作后仍然产生裂纹或突然发生完全断裂的现象。

机械零件产生疲劳破坏的原因是材料表面或内部有缺陷（如夹杂、划痕、尖角等）。显微裂纹随应力循环次数的增加而逐渐扩展，使承力面积大大减小，以致承力面积减小到不能承受所加载荷而突然断裂。

　　疲劳破坏的宏观断口由两部分组成，即疲劳裂纹的产生及扩展区（光滑部分）和最后断裂区（粗糙部分），如图 2-11 所示。疲劳破坏是机械零件失效的主要原因之一。据统计，在机械零件失效中大约有 80% 以上属于疲劳破坏，而且疲劳破坏前没有明显的变形，所以疲劳破坏经常造成重大事故。

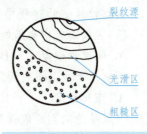

图 2-11　疲劳破坏

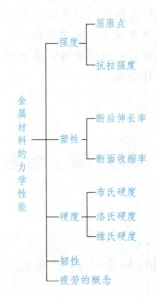

1. 金属材料的性能可分为两大类：一类叫_____，反映材料在_____表现出来的特性，另一类叫_____，反映材料在_____表现出来的特性。
2. 金属抵抗永久变形和断裂的能力称为_____。
3. 常用的塑性判断依据是_____和_____。
4. 常用的硬度表示方法有_____、_____和_____。
5. 冲击试验时，一般要求，取其_____个试样的冲击吸收功的平均值，作为该材料的冲击吸收功。

1. 下列不是金属力学性能的是（　　）。
　　A. 强度　　　　B. 硬度　　　　C. 韧性　　　　D. 压力加工性能

2. 根据拉伸试验过程中拉伸试验力和伸长量关系,画出的应力—伸长率曲线(拉伸图)可以确定出金属的(   )。
   A. 强度和硬度   B. 强度和塑性   C. 强度和韧性   D. 塑性和韧性
3. 不宜用于成品与表面薄层硬度测试方法是(   )。
   A. 布氏硬度   B. 洛氏硬度   C. 维氏硬度   D. 以上方法都不宜
4. 金属疲劳的判断依据是(   )。
   A. 强度   B. 塑性   C. 抗拉强度   D. 疲劳强度
5. 材料的冲击韧度越大,其韧性就(   )。
   A. 越好   B. 越差   C. 无影响   D. 难以确定

1. 什么是金属的力学性能?它包括哪些内容?
2. 什么是强度?强度有哪些衡量指标?这些指标用什么符号表示?
3. 什么是塑性?塑性有哪些衡量指标?这些指标用什么符号表示?
4. 什么是硬度?常用的硬度试验法有哪三种?各用什么符号表示?
5. 什么是韧性?其值用什么符号表示?

课题二　常用钢、合金钢材料

学习目标

熟悉工程材料的分类,了解钢、合金钢材料的牌号、用途。

课题导入

我们实习的机床、建筑工地上高高的塔吊及使用的圆钢、家用洗衣机上旋转的轴、电动机等,这就是我们常说的钢铁材料,钢铁材料是现代生活和工业生产中应用极为普遍的一类重要金属材料,那么对这些材料又如何进行选用呢?

试一试:
家用的菜刀,一把铁制的,一把不锈钢制的哪把硬度大?

想一想:
在制造机械零件,如轴、连杆、齿轮、弹簧、轴承用的是什么材料?

做一做:
在显微镜下观察各类碳钢的平衡组织,画出各类组织的示意图。

> **知识链接**

金属材料它包括纯金属及其合金。在工业上,把金属材料分为两大类:一类是钢铁材料,它是指铁、锰、铬及其合金,其中以铁为基础的合金(钢和铸铁)应用最广;另一类是非铁材料,是指除钢铁材料以外的所有金属及其合金。

我们一般说的工业用的钢铁就是指钢和生铁,钢以铁为主要元素,含碳量一般 $w_c<2\%$,并含有其他元素的材料。纯铁在日常生活中几乎是没有的。由于钢的种类很多,根据我国目前采用的钢的分类方法是按照国家标准 GB/T 13304—2008 进行钢分类的,主要分为"按化学成分分类"、"按主要质量等级和主要性能及使用特性分类"两部分。按化学成分分类可分为非合金钢(碳素钢)、低合金钢和合金钢。

一、非合金钢(碳素钢)

一是非合金钢按主要质量等级分普通质量非合金钢、优质非合金钢和特殊质量非合金钢。

二是非合金钢按主要性能或使用特性分:

a)以规定最高强度(或硬度)为主要特性的非合金钢,例如冷成形用薄钢板;

b)以规定最低强度为主要特性的非合金钢,例如造船、压力容器、管道等用的结构钢;

c)以限制碳含量为主要特性的非合金钢(但下述 d、e 项包括的除外)例如线材、调质用钢等;

d)非合金易切削钢,钢中硫含量低、熔炼分析值不小于 0.07%并加入 Pb、Bi、Te、Se、Sn、Ca 或 P 等元素;

e)非合金工具钢;

f)具有专门规定磁性或电性能的非合金钢,例如电磁纯铁;

g)其他非合金钢,例如原料纯铁。

1. 普通质量非合金钢

普通质量非合金钢又称普通结构碳素钢,是指生产过程中不规定需要特别控制质量要求的钢。对含碳量、性能范围以及磷、硫和其他残余元素含量的限制较宽。在中国和某些国家根据交货的保证条件又分为三类:甲类钢(A 类钢)是保证力学性能的钢。乙类钢(B 类钢)是保证化学成分的钢。特类钢(C 类钢)是既保证力学性能又保证化学成分的钢,常用于制造较重要的结构件。中国目前生产和使用最多的是含碳量在 0.20%左右的 A3 钢(甲类 3 号钢),主要用于工程结构。

有的碳素结构钢还添加微量的铝或铌(或其他碳化物形成元素)形成氮化物或碳化物微粒,以限制晶粒长大,使钢强化,节约钢材。在中国和某些国家,为适应专业用钢的特殊要求,对普通碳素结构钢的化学成分和性能进行调整,从而发展了一系列普通碳素结构钢的专业用钢(如桥梁、建筑、钢筋、压力容器用钢等)。

它的牌号由四部分组成：

> 第一部分为前缀符号加强度值（单位以 N/mm² 或 MPa），其中通用结构钢的前缀符号是用屈服强度的字母拼音，"屈"字汉语拼音字首"Q"表示的，专用结构钢的前缀符号见表2-5所示；

↓

> 第二部分（必要时）是质量等级，质量等级一般用英文字母 A、B、C、D、F……表示，从左至右质量依次提高；

↓

> 第三部分（必要时）是脱氧方法，脱氧方法用 F、b、Z、TZ 分别表示沸腾钢、半镇静钢、镇静钢、特殊镇静钢，在牌号中"Z"和"TZ"可以省略；

↓

> 第四部分（必要时）是产品用途、特性和工艺方法，符号见表2-6所示。

表 2-5　专业结构钢的前缀符号

产品名称	采用的汉字及汉语拼音或英文单词			采用字母	位置
	汉字	汉语拼音	英文单词		
热轧光圆钢筋	热轧光圆钢筋	—	Hot Rolled Plain Bars	HPB	牌号头
热轧带肋钢筋	热轧带肋钢筋	—	Hot Rolled Ribbed Bars	HRB	牌号头
细晶粒热轧带肋钢筋	热轧带肋钢筋＋细		Hot Rolled Ribbed Bars＋Fine	HRBF	牌号头
冷轧带肋钢筋	冷轧带肋钢筋		Cold Rolled Ribbed Bars	CRB	牌号头
预应力混凝土用螺纹钢筋	预应力、螺纹、钢筋		Prestressing、Screw、Bars	PSB	牌号头
焊接气瓶用钢	焊瓶	HAN　PING		HP	牌号头
管线用钢	管线		Line	L	牌号头
船用锚链钢	船锚	CHUAN MAO		CM	牌号头
煤机用钢	煤	MEI		M	牌号头

表 2-6　普通结构碳素钢牌号关于金属产品用途、特性和工艺方法的符号

产品名称	采用的汉字及汉语拼音或英文单词			采用字母	位置
	汉字	汉语拼音	英文单词		
锅炉和压力容器用钢		RONG		R	牌号尾
锅炉用钢		GUO		G	牌号尾
低温压力容器用钢		DI RONG		DR	牌号尾
桥梁用钢		QIAO		Q	牌号尾

续表

产品名称	采用的汉字及汉语拼音或英文单词			采用字母	位置
	汉字	汉语拼音	英文单词		
耐候钢	耐候	NAI HOU		NH	牌号尾
高耐候钢	高耐候	GAO NAI HOU		GNH	牌号尾
汽车大梁用钢	梁	LIANG		L	牌号尾
高性能建筑结构用钢	高建	GAO JIAN		GJ	牌号尾
低焊接裂纹敏感性钢	低焊接裂纹敏感性		Crack Free	CF	牌号尾
保证淬透性钢			Hardenability	H	牌号尾
矿用钢	矿	KUANG		K	牌号尾
船用钢	采用国际符号				

例如：

Q235AF，表示屈服点大于 235 MPa，质量为 A 级的沸腾碳素结构钢。部分常用的碳素结构钢及低合金钢牌号具体见表 2-7 所示。

表 2-7　部分常用的碳素结构钢及低合金钢牌号

序号	产品名称	第一部分 （最小屈服强度 N/mm²）	第二部分	第三部分	第四部分	牌号事例
1	低合金高强度结构钢	345	D		特殊镇静钢	Q345D
2	热轧光圆钢筋	235				HPB235
3	热轧带肋钢筋	335				HRB335
4	细晶粒热轧带肋钢筋	335				HRBF335
5	冷轧带肋钢筋	550				CRB550
6	预应力混凝土用螺纹钢筋	830				PSB830
7	焊接气瓶用钢	345				HP345
8	管线用钢	415				L415
9	船用锚链钢	370				CM370
10	煤机用钢	510				M510
11	锅炉和压力容器用钢	345		特殊镇静钢	压力容器"容"的汉语拼音首位字母"R"	Q345R

碳素结构钢的牌号和化学成分如表 2-8 所示。

表 2-8　碳素结构钢的牌号和化学成分表

牌号	统一数字代号[a]	等级	厚度（或直径）/mm	脱氧方法	化学成分(质量分数)/%，不大于				
					C	Si	Mn	P	S
Q195	U11952	—	—	F、Z	0.12	0.30	0.50	0.035	0.040
Q215	U12152	A	—	F、Z	0.15	0.35	1.20	0.045	0.050
	U12155	B							0.045

续表

牌号	统一数字代号[a]	等级	厚度(或直径)/mm	脱氧方法	化学成分(质量分数)/%,不大于				
					C	Si	Mn	P	S
Q235	U12352	A	—	F、Z	0.22	0.35	1.40	0.045	0.050
	U12355	B		Z	0.20[b]			0.045	0.045
	U12358	C		Z	0.17			0.040	0.040
	U12359	D		TZ				0.035	0.035
Q275	U12752	A	—	F、Z	0.24	0.35	1.50	0.045	0.050
	U12755	B	≤40	Z	0.21			0.045	0.045
			>40		0.22				
	U12758	C		Z	0.020			0.040	0.040
	U12759	D		TZ				0.035	0.035

[a] 表中为镇静钢、特殊镇静钢牌号的统一数字,沸腾钢牌号的统一数字代号如下:
Q195F——U11950;
Q215AF——U12150,Q215BF——U12153;
Q235AF——U12350,Q235BF——U12353;
Q275AF——U12750

碳素结构钢碳的质量分数较低、价格低廉、焊接工艺性能好、塑性、韧性好、力学性能能满足一般工程和机械制造的使用要求,是工业生产中用量最大的工程材料。常热轧成钢板、钢带、型钢、棒钢,用于桥梁、建筑等工程结构和要求不高的机器零件。常用碳素结构钢碳及牌号、力学性能及用途见表2-9。

表2-9 碳素结构钢的力学性能及用途(摘自 GB/T 700—2006)

牌号	等级	屈服强度 R_{eH}/(N/mm²)不小于						抗拉强度 R_m/(N/mm²)	断后伸长率 A/%不小于					冲击试验(V型缺口)	
		厚度(或直径)/mm							厚度(或直径)/mm					温度/℃	冲击吸收功/J 不小于
		≤16	>16~40	>40~60	>60~100	>100~150	>150~200		>40	>40~60	>60~100	>100~150	>150~200		
Q195	—	195	185	—	—	—	—	315~430	33						
Q215	A	215	205	195	185	175	165	335~450	31	30	29	27	26	—	—
	B													+20	27
Q235	A	235	225	215	215	195	185	370~500	26	25	24	22	21	—	—
	B													+20	27
	C													0	
	D													−20	
Q275	A	275	265	255	245	225	215	410~540	22	21	20	18	17	—	—
	B													+20	27
	C													0	
	D													−20	

2. 优质非合金钢

优质非合金钢是指在生产过程中需要特别控制质量(例如控制晶粒度,降低硫、磷含量,改善表面质量或增加工艺控制等)以达到比普通质量非合金钢特殊的质量要求(例如良好的抗脆断性能,良好的冷成形性等),但这种钢的生产控制不如特殊质量非合金钢严格(如不控制淬透性)。如表2-10所示为优质非合金钢对硫磷的要求。优质碳素结构钢一般分类方法有:

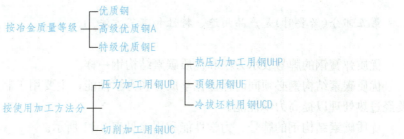

表2-10 优质非合金钢对硫磷的要求

组别	P	S
	不大于/%	
优质钢	0.035	0.035
高级优质钢	0.030	0.030
特级优质钢	0.025	0.020

根据含碳量和用途的不同,含碳量 w_c 小于0.25%的低碳含量钢,其中尤以含碳量低于0.10%的08F、08Al等,由于具有很好的深冲性和焊接性而被广泛地用作深冲件如汽车、制罐等等。20G则是制造普通锅炉的主要材料。此外,低碳含量钢也广泛地作为渗碳钢,用于机械制造业。含碳量 w_c 在0.25%~0.60%的中等碳含量钢,多在调质状态下使用,制作机械制造工业的零件。含碳量 w_c 大于0.6%的高含碳量的钢,也称优质弹簧钢,多用于制造弹簧、齿轮、轧辊等。根据含锰量的不同,又可分为普通含锰量(0.25%~0.8%)和较高含锰量(0.7%~1.0%和0.9%~1.2%)两组。锰能改善钢的淬透性,强化铁素体,提高钢的屈服强度、抗拉强度和耐磨性。通常在含锰高的钢的牌号后附加标记"Mn",如15Mn、20Mn以区别于正常含锰量的碳素钢。

它的牌号一般由五部分组成:

> 第一部分是两位数字表示,两位数字表示该钢的平均碳的质量分数的万分之几。例如45钢,表示 $w_c=0.45\%$ 的优质碳素结构钢;

↓

> 第二部分是优质碳素结构钢中锰的质量分数较高($w_{Mn}=0.70\%$~1.00%)时,在其牌号后面标出元素符号"Mn",如40Mn、65Mn等;

↓

第三部分是高级优质钢、特级优质钢分别加 A、E 表示；

第四部分（必要时）是脱氧方法，脱氧方法用 F、b、Z、TZ 分别表示沸腾钢、半镇静钢、镇静钢、特殊镇静钢，在牌号中"Z"和"TZ"可以省略；

第五部分（必要时）是产品用途、特性和工艺方法。

优质弹簧钢的牌号表示方法和优质碳素结构钢一样。

优质碳素结构钢必须同时保证化学成分和力学性能，主要用于制造机器零件。一般都要经过热处理以提高力学性能。

优质碳素结构钢的牌号、力学性能和用途见表 2-11 所示。

表 2-11 优质碳素结构钢的牌号、热处理工艺、力学性能及用途（GB 699—2008）

统一数字代号	牌号	试样毛坯尺寸/mm	推荐热处理/℃			力学性能					应用举例
			正火	淬火	回火	R_m/MPa	R_{eH}/MPa	$A(\%)$	$Z(\%)$	A_{kU}/J	
						不小于					
U20080	08F	25	930	—	—	295	175	35	60	—	受力不大但要求高韧性的冲击件、焊接件、紧固件，如螺栓、螺母、垫圈等
U20100	10F	25	930	—	—	315	185	33	55	—	
U20150	15F	25	930	—	—	355	205	29	55	—	
U20082	08	25	930	—	—	325	195	33	60	—	
U20102	10	25	930	—	—	335	205	31	55	—	
U20152	15	25	920	—	—	375	225	27	55	—	
U21152	15Mn	25	920	—	—	410	245	26	55	—	渗碳淬火后可制造要求强度不高的受磨零件如凸轮、滑块、活塞销等
U20202	20	25	910	—	—	410	245	25	55	—	
U21202	20Mn	25	910	—	—	450	275	24	50	—	
U20252	25	25	900	870	600	450	275	23	50	71	
U21252	25Mn	25	900	870	600	490	295	22	50	71	
U20302	30	25	880	860	600	490	295	21	50	63	负荷较大的零件，如连杆、曲轴、主轴、活塞销、表面淬火齿轮、凸轮等
U21302	30Mn	25	880	860	600	540	315	20	45	63	
U20352	35	25	870	850	600	530	315	20	45	55	
U21352	35Mn	25	870	850	600	560	335	18	45	55	
U20402	40	25	860	840	600	570	335	19	45	47	
U21402	40Mn	25	860	840	600	590	355	17	45	47	
U20452	45	25	850	840	600	600	355	16	40	39	
U21452	45Mn	25	850	840	600	620	375	15	40	39	

续表

统一数字代号	牌号	试样毛坯尺寸/mm	推荐热处理/℃ 正火	淬火	回火	力学性能 R_m/MPa	R_{eH}/MPa	A(%)	Z(%)	A_{kU}/J	应用举例
						不小于					
U20502	50	25	830	830	600	630	375	14	40	31	负荷较大的零件，如连杆、曲轴、主轴、活塞销、表面淬火齿轮、凸轮等
U21502	50Mn	25	830	830	600	645	390	13	40	31	
U20552	55	25	820	820	600	645	380	13	35	—	
U21402	40Mn	25	860	840	600	590	355	17	45	47	
U21502	50Mn	25	830	830	600	645	290	13	40	31	
U20602	60	25	810	—	—	675	400	12	35	—	要求弹性极限或强度较高的零件，如轧辊、弹簧、钢丝绳、偏心轮等
U21602	60Mn	25	810	—	—	695	410	11	35	—	
U20652	65	25	810	—	—	695	410	10	30	—	
U21652	65Mn	25	810	—	—	735	430	9	30	—	
U21702	70	25	790	—	—	715	420	9	30	—	
U21702	70Mn	25	790	—	—	785	450	8	30	—	
U20752	75	试样		820	480	1 080	880	7	30	—	
U20802	80	试样		820	840	1 080	930	6	30	—	
U20852	85	试样		820	480	1 130	980	6	30	—	

3. 特殊质量非合金钢

特殊质量非合金钢是指在生产过程中需要特别严格控制质量和性能（例如控制淬透性和纯洁度）的非合金钢。以规定最低强度为主要特性划分，一般有：

①优质碳素结构钢中的 65Mn、70Mn、70、75、80、85 钢；

②保证淬透性的钢，45H；

③保证厚度方向性能钢，Q235GJ；

④汽车用钢：CR180BH、CR220BH、CR260BH、CR260/450DP；

⑤铁道用钢 GB5068 中所有牌号、CL60A、CLG60A、LG65A；

⑥航空用钢：航空专用非合金结构钢牌号；

⑦兵器用钢：包括各种兵器非合金结构钢牌号；

⑧核压力容器用非合金钢；

⑨输送管线用钢；锅炉和压力容器用钢。

以含碳量为主要特性等划分，还有焊条用钢、碳素弹簧钢、特殊盘条钢、非合金调质钢、非合金表面硬化钢、火焰及感应淬火硬化钢、冷顶锻和冷挤压钢、特殊易切钢、碳素工具钢、具有规定导电性能的非合金电工钢和具有规定磁性能的非合金软磁材料等。

4. 易切钢

牌号通常由三部分组成：

> 第一部分：易切钢表示符号"Y"；
>
> ↓
>
> 第二部分：以阿拉伯数字表示平均碳含量（万分之几）；
>
> ↓
>
> 第三部分：易切削元素符号，如含钙、铅、锡等易切元素的易切钢分别以 Ca、Pb、Sn 表示。加硫或加硫磷易切钢，通常不加切削元素符号 S、P。较高锰含量的加硫或加硫磷易切钢，该部分为锰元素 Mn。为区分牌号对较高硫含量的易切钢在牌号尾部加硫元素 S。
>
> 例如：碳含量为 0.42%～0.50%、钙含量为 0.002%～0.006% 的易切钢其牌号为 Y45Ca；
>
> 碳含量为 0.40%～0.48%、锰含量为 1.35%～1.65%、硫含量为 0.16%～0.24% 的易切钢，其牌号为 Y45Mn；
>
> 碳含量为 0.40%～0.48%、锰含量为 1.35%～1.65%、硫含量为 0.24%～0.32% 的易切钢，其牌号为 Y45MnS。

易切钢国内外牌号对照表如表 2-12 所示。

表 2-12 易切钢国内外牌号对照表

中国 GB	国际标准 ISO	俄罗斯	英国 ASTM	英国 UNS	日本 JIS	德国 DIN	英国 BS	法国 NF
Y12	10S20 C1211 4	A12	1211 C1211 B1112 1109	C12110 G11090	SUM12 SUM21	10S20	210M15 220M07	13MF14 10F 10F1
Y12Pb	11SMnPb28 4Pb	…	12L13	G12134	SUM22	10SPb20		AD37Pb 10Pb2 10Pbf2
Y15	11SMn28 6	…	1213 1119 B1113	G12130 G11190	SUM25 SUM22	10S20 15S20 9SMn28	220M07 230M07 210A15 240M07	15F2
Y15Pb	11SMnPb28	AC14	12L14	G12L14	SUM22L SUM24L	9SMnPb28	…	10Pbf2 S250pb
Y20	…	A20	1117	G1117	SUM32	1C22	1C22	1C22

续表

中国 GB	国际标准 ISO	俄罗斯	英国 ASTM	英国 UNS	日本 JIS	德国 DIN	英国 BS	法国 NF
Y20	…		C1120		SUM31	22S20	EN7	18MF5 20F2
Y30	C30ea	A30	1132 C1126	G11320	…	1C30	1C30	1C30
Y35	C35ea	A35	1137	G11370	SUM41	1C35 35S20	1C35 212M36 212M37	1C35 35MF6
Y40Mn	44SMn289	A40T	1144 1144	G11440 G11440	SUM43 SUM42	35MF4 40S20	226M44 225M44 225M36 212M44	45MF6.3 45MF4 40M5
Y45Ca	…	…	…	…	…	1C45	1C45	1C45

除了上述易切钢外,还有钛系易切钢,硒、碲、铋易切钢及稀土易切钢等。易切钢主要用于汽车、拖拉机制造业中,还有少部分用在产业机械、家庭用品和其他方面。

5. 碳素工具钢

碳素工具钢用于制造刀具、磨具和量具。由于大多数工具都要求高硬度和高耐磨性,故碳素工具钢的含碳量在 0.70% 以上,都是优质钢或高级优质钢。

它的牌号由四个部分组成:

第一部分是碳素工具钢表示符号"T";

↓

第二部分是阿拉伯数字表示平均碳的质量分数的千分数;

↓

第三部分(必要时)较高含锰量碳素工具钢,加"Mn";

↓

第四部分(必要时),钢材冶金质量,即高级优质碳素工具钢以 A 表示,优质钢不要字母。

例如 T7 表示 $w_c=0.70\%$ 的碳素工具钢。若为高级优质碳素工具钢,则在牌号后面标以字母 A,如 T10A 表示 $w_c=1.0\%$ 的高级优质碳素工具钢。碳素工具钢的牌号、化学成分、硬度和用途以及硫、磷及残余铜、铬、镍等金属含量规定见表 2-13 和表 2-14。

表 2-13 碳素工具钢的牌号、化学成分、性能及用途(摘自 GB 1298—2008)

牌号	质量分数 w_C	w_{Mn}	w_{Si}	退火 HBS 不大于	试样淬火 淬火温度 $t/℃$ 和冷却介质	HRC 不大于	应用举例
T7 T7A	0.65～0.74	≤0.40	≤0.35	187	800 ℃～820 ℃ 水	62	淬火、回火后，常用于制造承受振动、冲击，并且在硬度适中的情况下有较好韧性的工具，如錾子、冲头、木工工具、大锤等
T8 T8A	0.75～0.84	≤0.40		187	780 ℃～800 ℃ 水		淬火、回火后，常用于制造要求有较高硬度和耐磨性的工具，如冲头、木工工具、剪切金属用剪刀等
T8Mn	0.80～0.90	0.40～0.60		241			
T9 T9A	0.85～0.94	≤0.40		192			常用于制造耐磨性要求较高、不受剧烈振动，具有一定韧性及具有锋利刃口的各种工具，如刨刀、车刀、钻头、丝锥、手锯锯条、拉丝模、冷冲模等
T10 T10A	0.95～1.04			197	760 ℃～780 ℃ 水		
T11 T11A	1.05～1.14	≤0.40		207			用于制造不受冲击、要求高硬度的各种工具，如丝锥、锉刀、刮刀、铰刀、板牙、量具等
T12 T12A	1.15～1.24			207			
T13 T13A	1.25～1.35			217			

表 2-14 碳素工具钢中硫、磷及残余铜、铬、镍等金属含量规定

钢类	P	S	Cu	Cr	Ni	W	Mo	V
	质量分数，不大于/%							
优质碳素工具钢	0.035	0.030	0.25	0.25	0.20	0.30	0.20	0.02
高级优质碳素工具钢	0.030	0.020	0.25	0.25	0.20	0.30	0.20	0.02

6. 铸造碳钢

铸造碳钢一般用于制造形状复杂、力学性能要求较高的机械零件。这些零件形状复杂，很难用锻造或机械加工的方法制造，且力学性能要求较高，因而不能用铸铁来铸造。铸造碳钢广泛用于制造重型机械的某些零件，如轧钢机机架、水压机横梁和锻锤等等。所

以，铸造碳钢在机械制造尤其是重型机械制造业中应用非常广泛。

它的牌号表示方法有三种表示法：

一是以力学性能表示的铸钢牌号，是由铸钢代号"ZG"与表示力学性能的两组数字组成，第一组数字代表最低屈服强度值，第二组数字代表最低抗拉强度值。例如 ZG230－450，表示 $R_{eH}(R_{p0.2})$ 不小于 230MPa，R_m 不小于 450MPa。

二是以化学成分表示的铸钢牌号，在铸钢牌号中"ZG"后面以一组（两位或三位）阿拉伯数字表示铸钢名义的碳含量（以万分之几）。平均含量 w_c<0.1％的铸钢，其第一位数字为"0"，牌号中名义含碳量用上限表示；w_c≥0.1％的铸钢牌号中名义碳含量用平均碳含量表示。

在名义碳含量后面排列各主要合金元素符号，在元素符号后用阿拉伯数字表示合金元素名义含量（以百分之几计）。合金元素平均含量<1.50％时，牌号中只标明元素符号，一般不标明含量；合金元素平均含量为 1.50％～2.49％、2.50％～3.49％、3.50％～4.49％、4.50％～5.49％……时，在合金元素符号后面相应写成2、3、4、5、…。当主要合金元素多于三种时，可以在牌号中只标注前两种或前三种元素的名义含量值；各元素符号的标注顺序按它们的平均含量的递减顺序排列，若两种或多种元素平均含量相同，则按元素符号的英文字母顺序排列。标注事例如下：

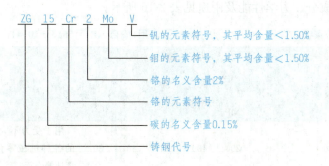

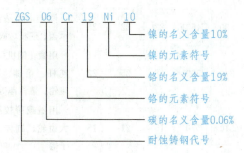

铸钢中常规的锰、硅、硫、磷等元素一般不在牌号中标明。

各种铸钢名称、代号及牌号表示方法见表2-15所示。

表2-15 各种铸钢名称、代号及牌号表示方法实例

铸钢名称	代 号	牌号表示方法实例
铸造碳钢	ZG	ZG270－500
焊接结构用铸钢	ZGH	ZGH230－450
耐热铸钢	ZGR	ZGR40Cr25Ni20
耐蚀铸钢	ZGS	ZGS06Cr16Ni5Mo
耐磨铸钢	ZGM	ZGM30CrMnSiMo

铸造碳钢碳的质量分数,一般 w_c ＝0.15％～0.60％范围内,过高则塑性差,易产生裂纹。铸钢的铸造性能比铸铁差,主要表现在铸钢流动性差,凝固时收缩比大且易产生偏析等方面。

铸造碳钢的牌号、成分、力学性能及用途见表2-16所示。

表2-16 铸造碳钢的牌号、成分、力学性能及应用(摘自 GB/T 5613－2014)

牌号	最高化学成分(%)					力学性能(最小值)					应用举例
	w_C	w_{Si}	w_{Mn}	w_s	w_p	R_{eH}或$R_{p0.2}$/MPa	R_m/MPa	A(%)	Z(%)	A_{KU}/J	
ZG200－400	0.20	0.50	0.80			200	400	25	40	30	用于受力不大、要求韧性的各种机械零件,如机座、变速箱壳等
ZG230－450	0.30	0.50	0.90			230	450	22	32	25	同上,如砧座、外壳、轴承盖、底板、阀体等
ZG270－500	0.40	0.50	0.90	0.04	0.04	270	500	18	25	22	用做轧钢机机架、轴承座、连杆、箱体、曲轴、缸体、飞轮、蒸汽锤等
ZG310－570	0.50	0.60	0.90			310	570	15	21	15	用做载荷较高的零件,如大齿轮、缸体、制动轮、辊子等
ZG340－640	0.60	0.60	0.90			340	640	10	18	10	用做起重运输机中的齿轮、联轴器及重要的机件

7. 车辆车轴及基础车辆用钢

牌号由两部分组成：
第一部分：车辆车轴用钢表示符号"LZ"或机车车辆用钢表示符号"JZ"
第二部分：以二位阿拉伯数字表示平均含碳量以（万分之几计）。
例如：LZ45、JZ45等。

二、低合金钢

低合金钢是一类可焊接的低碳低合金结构用钢，大多都在热轧或正火状态下使用。使用时不再进行热处理。

低合金钢按主要质量等级分有普通质量低合金钢、优质低合金钢、特殊质量低合金钢；

低合金钢按主要特性分为可焊接低合金高强度结构钢、低合金耐候钢、低合金混凝土用钢、铁道用低合金钢、矿用低合金钢及其他低合金钢。

1. 低合金高强度结构钢

在低碳非合金钢的基础上加入少量合金元素而制成的钢就是低合金高强度结构钢。合金元素以锰为主，此外，还有钒、钛、铝、铌等元素。

低合金高强度结构钢具有强度高、较好的塑性和韧性、良好的焊接性、冷成形性及耐腐蚀性等，而且价格与非合金钢接近，适合冷弯和焊接。

它的牌号和碳素结构钢一样，由四个部分按顺序组成。

例如：Q420A 表示上屈服强度 R_{eH}≥420 MPa，质量为 A 级的低合金高强度结构钢。

另外也可以采用二位阿拉伯数字（表示平均含碳量，以万分之几计）加其他合金元素符号及必要时加代表产品用途、特性和工艺方法的表示符号，按顺序表示。例如：碳含量为0.15%～0.26%，锰含量为1.20%～1.60%的矿用钢牌号为 20 MnK。

GB/T 1591－2008 颁布了新的低合金高强度结构钢化学成分的要求见表 2-17 所示。

表 2-17 新的低合金高强度结构钢化学成分

牌号	质量等级	化学成分(质量分数)/%												
		C	Si	Mn	P	S	Nb	V	Ti	Cr	Ni	Cu	N	Mo	B	ALs
					不大于											不小于
Q345	A	0.20	0.50	1.70	0.035	0.035	0.07	0.15	0.20	0.30	0.50	0.30	0.012	0.10		0.015
	B				0.035	0.035										
	C				0.030	0.030										
	D	0.18			0.030	0.025										
	E				0.025	0.020										
Q390	A	0.20	0.50	1.70	0.035	0.035	0.07	0.20	0.20	0.30	0.80	0.30	0.015	0.10		0.015
	B				0.035	0.035										
	C				0.030	0.030										
	D				0.030	0.025										
	E				0.025	0.020										

续表

牌号	质量等级	化学成分(质量分数)/%													
		C	Si	Mn	P	S	Nb	V	Ti	Cr	Ni	Cu	N	Mo	B	ALs
		不大于														不小于
Q420	A	0.20	0.50	1.70	0.035	0.035	0.07	0.20	0.20	0.30	0.80	0.30	0.015	0.20		0.015
	B				0.035	0.035										
	C				0.030	0.030										
	D				0.030	0.025										
	E				0.025	0.020										
Q460	C	0.20	0.60	1.80	0.030	0.030	0.11	0.20	0.20	0.30	0.80	0.55	0.015	0.20	0.004	0.015
	D				0.030	0.025										
	E				0.025	0.020										
Q500	C	0.18	0.60	1.80	0.030	0.030	0.11	0.12	0.20	0.60	0.80	0.55	0.015	0.20	0.004	0.015
	D				0.030	0.025										
	E				0.025	0.020										
Q550	C	0.18	0.60	2.00	0.030	0.030	0.11	0.12	0.20	0.80	0.80	0.80	0.015	0.30	0.004	0.015
	D				0.030	0.025										
	E				0.025	0.020										
Q620	C	0.18	0.60	2.00	0.030	0.030	0.11	0.12	0.20	1.00	0.80	0.80	0.015	0.30	0.004	0.015
	D				0.030	0.025										
	E				0.025	0.020										
Q690	C	0.18	0.60	2.00	0.030	0.030	0.11	0.12	0.20	1.00	0.80	0.80	0.015	0.30	0.004	0.015
	D				0.030	0.025										
	E				0.025	0.020										

低合金高强度结构钢广泛用于制造桥梁、车辆、船舶、建筑钢筋等。具体用途见表2-18。

表 2-18 新标准低合金高强度结构钢的用途

新标准	用途
Q345	船舶、铁路车辆、桥梁、管道、锅炉、压力容器、石油贮罐、起重及矿山机械、电站设备、厂房钢架等
Q390	中高压锅炉汽包、中高压石油化工容器、大型船舶、桥梁、车辆、起重机及其他较高载荷的焊接结构件等
Q420	大型船舶、桥梁、电站设备、起重机械、机车车辆、中压或高压锅炉及容器的大型焊接结构等
Q460	可淬火加回火后用于大型挖掘机、起重运输机械、钻井平台等
Q500	
Q550	
Q620	
Q690	

2. 低合金耐候钢

在大气环境中耐腐蚀性优于非合金钢的低合金工程结构钢,即耐大气腐蚀钢,是介于普通钢和不锈钢支架的低合金钢系列。在普通钢的基础上加入少量铜、镍等耐腐蚀元素而成,使其在金属表面形成一层保护膜达到耐大气腐蚀目的,为了进一步改善性能,还可再加微量的铌、钛、钒、锆等元素。具体的耐候钢的合金成分及重量百分比含量为:w_C:0.12%~0.21%,w_{Si}:0.2%~2.0%,w_{Mn}:0.7%~2.0%,w_S≤0.036%,w_P≤0.034%,w_{Cu}:0.10%~0.40%,w_{Al}<0.2%,其余为Fe和微量杂质。通过Cu、Mn、Si、Al等合金化,具有优质钢的强韧性、耐磨蚀、耐高温、耐疲劳等特性;耐候性为普碳钢的2~8倍,涂装性为普碳钢的1.5~10倍,能减薄使用、裸露使用或简化涂装使用。该钢种具有耐锈性,使构件能抗腐蚀延寿、减薄降耗,具有省工节能的特性。我国目前使用的耐候钢分为焊接结构用耐候钢,如12MnCuCr适用于桥梁、建筑及其他要求耐候性的钢结构;高耐候性结构钢,如09CuPCrNi—A适用于集装箱、铁道车辆、海港建筑、石油井架、塔架采油平台及化工设备中含硫化氢腐蚀介质的容器等和其他要求高耐候性的钢结构。

三、合金钢

合金钢按主要质量等级分优质合金钢和特殊质量合金钢。另外也可以按钢的主要性能和使用特性分类。

优质合金钢是指在生产过程中需要特别控制质量和性能(如韧性、晶粒度或成形性)的钢,但其生产控制和质量要求不如特殊质量合金钢的要求严格。

特殊质量合金钢是指需要严格控制化学成分和特定的制造及工艺条件,以保证改善综合性能,并使性能严格控制在极限范围内的钢。

1. 合金结构钢

合金结构钢主要用于制造机械零件,如轴、连杆、齿轮等,按其用途和热处理特点又分为合金渗碳钢、合金调质钢等。它的编号是按照合金钢中碳的质量分数及所含合金元素的种类(元素符号)和其质量分数来编制的。一般牌号的第一部分都是表示其平均碳的质量分数的数字,数字含义与优质碳素结构钢是一致的。对于结构钢,数字表示平均碳的质量分数的万分之几。第二部分是所含合金元素的种类和其质量分数。当钢中某合金元素(Me)的平均质量分数w_{Me}<1.5%时,牌号中只标出元素符号,不标明含量;当1.5%≤w_{Me}<2.5%时,在该元素后面相应地用整数2表示其平均质量分数,以此类推。第三部分是钢材冶金质量,高级为A、特级为E;第四部分(必要时)是牌号的用途、特性或工艺方法,不是符号。例如:

09Mn2 表示平均w_C=0.09%、w_{Mn}=2%的合金结构钢。

60Si2Mn,表示平均w_C=0.60%、w_{Si}=2%、w_{Mn}<1.5%的合金结构钢。

钢中钒、钛、铝、硼、稀土等合金元素虽然含量很低,但仍应标出,例如40MnVB、25MnTiBRE等。

(1)合金渗碳钢。合金渗碳钢中碳的质量分数较低,一般w_C=0.10%~0.25%,以保证零件心部具有足够的塑性和韧性,加入合金元素有铬、锰、镍等。

合金渗碳钢经渗碳＋淬火＋低温回火后，便具有外硬内韧的性能，用于制造承受强烈冲击、摩擦和磨损的重要机械零件，如齿轮、轴、活塞销等，这类零件往往都要求表面具有高的硬度和耐磨性，心部具有较高的强度和足够的韧性。

常用渗碳钢种牌号、力学性能及用途如表 2-19 所示。

表 2-19　常用渗碳钢种牌号、力学性能及用途（摘自 GB/T 3077—2008）

统一数字代号	牌号	毛坯尺寸 /mm	力学性能					应用举例
			R_m /MPa	R_{eH} /MPa	A /%	Z /%	A_{KU} /J	
A20202	20Cr	15	835	540	10	40	47	齿轮、小轴、活塞销等
A26202	20CrMnTi	15	1080	850	10	45	55	汽车、拖拉机的齿轮、活塞等
A73202	20MnVB	15	1080	885	10	45	55	代替 20 Cr 和 20CrMnTi
A43202	20Cr2Ni4	15	1180	1080	10	45	63	大型渗碳齿轮和曲轴等
A52183	18Cr2Ni4WA	15	1180	835	10	45	78	大型渗碳齿轮和曲轴等

（2）合金调质钢。合金调质钢是指经调质后使用的合金结构钢，又称调质处理合金结构钢。

合金调质钢的热处理工艺是调质（淬火＋高温回火）处理后获得回火索氏体组织，使零件具有良好的综合力学性能。若要求零件表面有很高的耐磨性，可在调制后再进行表面淬火或化学热处理。

合金调质钢的 $w_C=0.25\%\sim0.50\%$。碳的质量分数过低，则淬硬性不足而使钢的强度、硬度过低；碳的质量分数过高，则塑性韧性不够。调质零件的力学性能与淬透性密切相关，零件尺寸较大时，合金调质钢的性能水平将大大优于非合金钢。

合金调质钢在退火或正火状态下使用时，其力学性能与相同碳的质量分数的碳钢差别不大，只有通过正确的热处理，才能获得优于非合金钢的性能，见表 2-20。

表 2-20　常用合金调质钢的牌号、热处理、力学性能及用途（摘自 GB/T 3077—2008）

统一数字代号	牌号	试样尺寸 /mm	热处理		力学性能					应用举例
			淬火温度 /℃	回火温度 /℃	R_m /MPa	R_{eH} /MPa	A /%	Z /%	A_{KU} /J	
					不小于					
A70402	40B	25	840 水	550 水	785	635	12	45	55	齿轮转向拉杆，轴，凸轮
A20402	40Cr	25	850 油	520 水，油	980	785	9	45	47	重要调质件，如轴、连杆螺栓、重要齿轮、蜗杆等

续表

统一数字代号	牌号	试样尺寸/mm	热处理		力学性能					应用举例
			淬火温度/℃	回火温度/℃	R_{m}/MPa	R_{eH}/MPa	A/%	Z/%	A_{KU}/J	
					不小于					
A71402	40MnB	25	850 油	500 水,油	980	785	10	45	47	汽车上的转向轴、半轴、蜗杆
A30352	35CrMo	25	850 油	550 水,油	980	835	12	45	63	重要调质件,如主轴、曲轴、连杆、齿轮等
A24302	30CrMnSi	25	850 油	520 水,油	1080	885	10	45	39	高压鼓风机叶片、阀板
A34402	40CrMnMo	25	850 油	600 水,油	980	785	10	45	63	高强度零件,如航空发动机轴等
A50403	40CrNiMoA	25	850 油	600 水,油	980	835	12	45	78	锻压机偏心轴、曲轴等

(3)合金弹簧钢。弹簧是各种机器和仪表中的重要零件,它利用弹性变形吸收能量以达到缓冲、减震及储能的作用。因此,弹簧的材料应具有高的强度和疲劳强度,以及足够的塑性和韧性。

合金弹簧钢碳的质量分数较高,$w_{\mathrm{C}}=0.5\%\sim0.7\%$,目的是为了保证合金弹簧钢具有较高的弹性极限和高的疲劳极限。常加入的合金元素有锰、硅、铬、钼、钒等,常用的合金弹簧钢的牌号和化学成分如表2-21所示。

合金弹簧钢的牌号的表示方法和合金结构钢一样。

常用合金弹簧钢的力学性能见表2-22所示。

合金弹簧钢按所含合金元素大致分为两类(碳素弹簧钢和合金弹簧钢的比较见表2-23所示):

①用于制造截面尺寸≤25 mm 的弹簧,如汽车、拖拉机、火车的板弹簧和螺旋弹簧等。使用含 Si、Mn 元素的合金弹簧钢,典型代表为60Si2Mn;

②用于制造截面尺寸≤30 mm、并在 350 ℃~400 ℃温度下工作的重载弹簧,如阀门弹簧、内燃机的气阀弹簧等。使用含 Cr、V 元素的合金弹簧钢,典型代表为50CrVA。

表 2-21 合金弹簧钢的牌号及化学成分

序号	统一数字代号	牌号	化学成分(质量分数)/%									
			C	Si	Mn	Cr	V	W	B	Ni	Cu	P	S
										不大于			
1	U20652	65	0.62~0.70	0.17~0.37	0.50~0.80	≤0.25				0.25	0.25	0.035	0.035

续表

序号	统一数字代号	牌号	化学成分(质量分数)/%										
			C	Si	Mn	Cr	V	W	B	Ni	Cu	P	S
										不大于			
2	U20702	70	0.62~0.75	0.17~0.30	0.50~0.80	≤0.25				0.25	0.25	0.035	0.035
3	U20852	85	0.82~0.90	0.17~0.37	0.50~0.80	≤0.25				0.25	0.25	0.035	0.035
4	U21653	65Mn	0.62~0.70	0.17~0.37	0.90~1.20	≤0.25				0.25	0.25	0.035	0.035
5	A77552	55SiMnVB	0.52~0.60	0.70~1.00	1.00~1.30	≤0.35	0.08~0.16		0.0005~0.0035	0.35	0.25	0.035	0.035
6	A11602	60Si2Mn	0.56~0.64	1.50~2.00	0.70~1.00	≤0.35				0.35	0.25	0.035	0.035
7	A11603	60Si2MnA	0.56~0.64	1.60~2.00	0.70~1.00	≤0.35				0.35	0.25	0.025	0.025
8	A21603	60Si2CrA	0.56~0.64	1.40~1.80	0.40~0.70	0.70~1.00				0.35	0.25	0.025	0.025
9	A28603	60Si2CrVA	0.56~0.64	1.40~1.80	0.40~0.70	0.90~1.20	0.10~0.20			0.35	0.25	0.025	0.025
10	A21553	55SiCrA	0.51~0.59	1.20~1.60	0.50~0.80	0.50~0.80				0.35	0.25	0.025	0.025
11	A22553	55CrMnA	0.52~0.60	0.17~0.37	0.65~0.95	0.65~0.95				0.35	0.25	0.025	0.025
12	A22603	60CrMnA	0.56~0.64	0.17~0.37	0.70~1.00	0.70~1.00				0.35	0.25	0.025	0.025
13	A23503	50CrVA	0.46~0.54	0.17~0.37	0.50~0.80	0.80~1.10	0.10~0.20			0.35	0.25	0.025	0.025
14	A22613	60CrMnBA	0.56~0.64	0.17~0.37	0.70~1.00	0.70~1.00			0.0005~0.0040	0.35	0.25	0.025	0.025
15	A27303	30W4Cr2VA	0.26~0.34	0.17~0.37	≤0.40	2.00~2.50	0.50~0.80	4.00~4.50		0.35	0.25	0.025	0.025

表 2-22 合金弹簧钢的力学性能

序号	牌号	热处理制度			力学性能，不小于				
		淬火温度/℃	淬火介质	回火温度/℃	抗拉强度 R_m /(N/mm²)	屈服强度 R_{eH} /(N/mm²)	断后伸长率 A/%	$A_{11.2}$/%	断面收缩率 Z/%
1	65	840	油	500	980	785	9		35
2	70	830	油	480	1 030	835	8		30
3	85	820	油	480	1 130	980	6		30

续表

序号	牌号	热处理制度			力学性能，不小于				
		淬火温度 /℃	淬火介质	回火温度 /℃	抗拉强度 R_m /(N/mm²)	屈服强度 R_{eH} /(N/mm²)	断后伸长率 A/%	$A_{11.2}$/%	断面收缩率 Z/%
4	65Mn	830	油	540	980	785		8	30
5	55SiMnVB	860	油	460	1 375	1 225		5	30
6	60Si2Mn	870	油	480	1 275	1 180		5	25
7	60Si2MnA	870	油	440	1 570	1 375		5	20
8	60Si2CrA	870	油	420	1 765	1 570	6		20
9	60Si2CrVA	850	油	410	1 860	1 665	6		20
10	55SiCrA	860	油	450	1 450～1 750	1 300($R_{p0.2}$)	6		25
11	55CrMnA	830～860	油	460～510	1 225	1 080($R_{p0.2}$)	9		20
12	60CrMnA	830～860	油	460～510	1 225	1 080($R_{p0.2}$)	9		20
13	50CrVA	850	油	500	1 275	1 130	10		40
14	60CrMnBA	830～860	油	460～520	1 225	1 080($R_{p0.2}$)	9		20
15	30W4Cr2VA	1 050～1 100	油	600	1 470	1 325	7		40

表 2-23　碳素弹簧钢和合金弹簧钢的牌号、热处理、力学性能及用途比较(摘自 GB/T 1222—2007)

牌号		热处理		力学性能				用途举例
		淬火温度 t/℃	回火温度 t/℃	R_m /MPa	R_{eH} /MPa	A(%)	Z(%)	
				不小于				
碳素弹簧钢	65	840 油	520	1 000	800	9	35	外径小于 15 mm 的小弹簧
	65Mn	830 油	520	1 000	800	8	30	外径小于 20 mm 的冷卷弹簧、阀簧、离合器弹簧片、刹车弹簧等
合金弹簧钢	60Si2Mn	870 油	550	1 300	1 200	5	25	机车板簧、拖曳弹簧、测力弹簧，250 ℃以下使用的弹簧等
	50CrVA	850 油	500	1300	1 150	δ_5=10	40	汽车板簧，300 ℃以下使用的耐热弹簧、安全阀弹簧等

3. 非调质机械结构钢

非调质机械结构钢牌号由四部分组成：一是"F"；二是碳含量万分之几；三是合金元素符号和数字，表示方法同合金结构钢；四是（必要时）改善切削性能的非调质机械结构钢加硫元素 S。

例如：YF35V；YF40V；YF45；YF35MnV；YF40MoV；YF45MnV；F45V；F35MnV；F40MnV 等。

主要特性：在中碳钢的基础上添加微量合金元素（如钒、氮等），通过控温轧（锻）制、控温冷却，在组织弥散析出碳（氮）化合物强化相，使之在轧（锻）制后不经过调质处理即可获得相当调质处理效果一种节能型新钢种，是近年来研制、开发投产使用的一种新钢种。

用途：广泛应用于汽车、机床和农业机械上。

4. 超高强度钢

超高强度钢一般用于航空和航天事业，如 32SI2MnMoVA 常用于制造飞机的起落架、发动机曲轴等；40SiMnCrWMoRe 用于制造超音速飞机的机体构件，一般是 $R_{eH}>1380$ MPa、$R_m>1\ 500$ MPa 的特殊质量合金结构钢。

5. 轴承钢

轴承钢分高碳铬轴承钢、渗碳轴承钢、高碳铬不锈钢和高温轴承钢四大类。

（1）高碳铬轴承钢。高碳铬轴承钢主要用于制造滚动轴承的滚动体和内外圈，在量具、模具、低合金刃具等方面也被广泛应用。它的牌号前面冠以汉语拼音字母"G"，其后为铬元素符号 Cr，铬的质量分数以千分之几表示，其余合金元素与合金结构钢牌号规定相同，如 GCr15SiMn 钢。

高碳铬轴承钢在工作时承受较大且集中的交变应力，同时在滚动体和套圈之间还会产生强烈的摩擦。因此，滚动轴承必须具有很高的硬度和耐磨性、高的弹性极限和接触疲劳强度，以及足够的韧性和一定的耐蚀性。

高碳铬轴承钢碳的质量分数较高（$w_c=0.95\%\sim1.05\%$），保证硬度及耐磨性，钢中铬的加入量为 $w_{Cr}=0.35\%\sim1.95\%$，目的在于增加钢的淬透性，并使碳化物呈均匀而细密地分布，使钢的强度、接触疲劳强度和耐磨性提高。对于大型轴承用钢，还加入 Si、Mn 等合金元素进一步提高淬透性。最常用的滚动轴承钢是 GCr15。

常用高碳铬轴承钢的统一数字代号、牌号及化学成分见表 2-24 所示。

GCr4 主要用于制造各种尺寸、受载荷不大的滚动轴承套圈及滚子；GCr15 用于制造内燃机、电机车、机床、拖拉机等转动轴上的滚珠、滚柱和轴承；GCr15SiMn 用于制造壁厚>30 mm 大型套圈，ϕ50 mm～ϕ100 mm 钢球；GCr15SiMo（高淬透型钢）其淬透性高、耐磨性好、疲劳强度高、综合性能良好。适于制造大尺寸范围的滚动轴承套圈及钢球、滚柱等；GCr18Mo（高淬透型钢）淬透性、耐磨性均提高，可进行下贝氏体等温淬火，达到与马氏体淬火相近的硬度和耐磨性，而且钢的冲击、断裂韧度和抗弯强度都得到提高，因而提高了钢的综合力学性能和寿命。可制造壁厚达 20 mm 的滚动轴承套圈，其滚动轴承件的尺寸范围也扩大。

高碳铬轴承钢淬火加热温度：8 200 ℃～8 200 ℃（含钼系列钢为 8 400 ℃～8 800 ℃）；

淬火加热时间：按试样直径或厚度每 1 mm 保温 1.5 min；油冷，回火温度：1 500 ℃左右，回火时间：1～2 h。

表 2-24 常用高碳铬轴承钢的统一数字代号、牌号及化学成分

统一数字代号	牌号	C	Si	Mn	Cr	Mo	P	S	Ni	Cu	Ni+Cu	O	
												模注钢	连铸钢
							不大于						
B0040	GCr4	0.95~1.05	0.15~0.30	0.15~0.30	0.35~0.50	≤0.08	0.025	0.020	0.25	0.020		15×10⁻⁴	12×10⁻⁴
B00150	GCr15	0.95~1.05	0.15~0.35	0.25~0.40	1.40~1.65	≤0.10	0.025	0.025	0.30	0.25	0.50	15×10⁻⁴	12×10⁻⁴
B01150	GCr15SiMn	0.95~1.05	0.45~0.75	0.95~1.25	1.40~1.65	≤0.10	0.025	0.025	0.30	0.25	0.50	15×10⁻⁴	12×10⁻⁴
B03150	GCr15SiMo	0.95~1.05	0.65~0.85	0.20~0.40	1.40~1.70	0.30~0.40	0.027		0.30	0.25		15×10⁻⁴	12×10⁻⁴
B02180	GCr18Mo	0.95~1.05	0.20~0.40	0.25~0.40	1.65~1.95	0.15~0.25	0.025	0.020	0.25	0.25		15×10⁻⁴	12×10⁻⁴

（2）渗碳轴承钢。渗碳轴承钢的表面经渗碳处理后具有高硬度和高耐磨性，而心部仍有良好的韧性，能承担较大的冲击。这类钢的最高使用温度一般在 200 ℃以下。钢种有：G20CrMo、G20CrNiMo、G20CrNi2Mo、G20Cr2Ni4、G10CrNi3Mo、G20Cr2Mn2Mo。G20CrMo 钢经渗碳、淬回火后，表层具有较高硬度和耐磨性，达到轴承材料基本要求。心部硬度较低，有较好的韧性，适用于制作受冲击负荷的零部件，另外还具有较高的热强性。G20CrNiMo 钢经渗碳或碳氮共渗后具有明显优于 GCr15 钢的接触疲劳寿命，表面耐磨性与 GCr15 钢相近。心部有足够的韧性。该钢具有良好的淬透性。它是制作耐冲击负荷轴承的良好钢种。G20CrNi2Mo 钢具有中等表面硬化性，它比 G20CrNiMo 钢具有更好的淬透性和较高的综合力学性能。适用于制作铁路火车的滚动轴承套圈，还可制作汽车的齿轮，它与美国的 4320H 相近。G20Cr2Ni4 钢渗碳后表面具有相当高的硬度、耐磨性和接触疲劳强度，同时心部韧性良好，能耐强烈的冲击负荷。但对白点形成敏感，有回火脆性。适合制作耐冲击负荷的大型轴承。G10CrNi3Mo 是一种合金含量相对高、高淬透性的表面渗碳钢。因其含碳量较低，心部硬度不高于 32～38HRC。G20Cr2Mn2Mo 钢的强度、塑性、韧性及工艺性能与 G20Cr2Ni4 钢相似，其渗碳速度快，易达饱和，渗碳表面易形成粗大碳化物。用于制造高冲击负荷下工作的特大型和大中型轴承零件。

（3）高碳铬不锈钢和高温轴承钢。高碳铬不锈轴承钢主要为适应化工、石油、造船、食品工业等的需要而发展起来的，用于制造在腐蚀环境下工作的轴承及某些部件，也可用于制造低摩擦、低扭矩仪器、仪表的微型精密轴承。高碳铬不锈轴承钢主要有中、高碳马氏体不锈钢、奥氏体不锈钢、沉淀硬化型不锈钢等。为满足轴承的硬度要求，多采用马氏体不锈钢。钢种为 9Cr18（相当 ASTM440C）和 9Cr18Mo。

高温轴承钢可分为高温不锈轴承钢、高温高速工具钢、高温渗碳轴承钢。钢种为 8Cr4Mo4V 和 10Cr14Mo4 等。

6. 合金工具钢及高速工具钢

合金工具钢和高速工具钢主要用来制造刀具、模具和量具等各种工具。它的编号是按照工具钢中碳的质量分数、所含合金元素的种类(元素符号)和其质量分数来编制的。牌号的首部表示平均碳的质量的千分之几，当钢中平均 $w_c<1.0\%$ 时，牌号前数字以千分之几(一位数)表示；当 $w_c \geqslant 1\%$ 时，为了避免与合金结构钢相混淆，牌号前不标数字。当钢中某合金元素(Me)的平均质量分数 $w_{Me}<1.5\%$ 时，牌号中只标出元素符号，不标明含量；当 $1.5\% \leqslant w_{Me} <2.5\%$ 时，在该元素后面相应地用整数 2 表示其平均质量分数，以此类推。低铬(平均铬含量小于 1%)合金工具钢，在铬含量前加数字"0"例如：

9SiCr 表示平均 $w_c<0.9\%$、$w_{Si}<1.5\%$、$w_{Cr}<1.5\%$ 的合金工具钢；

CrWMn 表示钢中平均 $w_c \geqslant 1.0\%$、$w_W<1.5\%$、$w_{Mn}<1.5\%$ 的合金工具钢。

(1)合金工具钢。合金工具钢分为量具刃具钢、耐冲击工具用钢、冷作模具钢、热作模具钢、无磁模具钢、塑料模具钢等。

①量具刃具钢主要用于制造低速切削刀具(如木工工具、钳工工具、钻头、铣刀、拉刀等)及测量工具(如卡尺、千分尺、块规、样板等)。量具刃具钢要求具有高硬度(62~65HRC)、高耐磨性、足够的强韧性、高的热硬性(即刃具在高温时仍能保持高的硬度)；为保证测量的准确性，要求量具刃具钢具有良好的尺寸稳定性。

量具刃具钢碳的质量分数高，一般为 $w_c=0.9\%\sim1.5\%$，合金元素总量少，主要有铬、硅、锰、钨等，提高淬透性，获得高的强度、耐磨性，保证高的尺寸精度。

量具刃具钢的预先热处理为球化退火，最终热处理为淬火加低温回火，热处理后硬度达 60~65HRC。高精度量具在淬火后可进行冷处理，以减少残余奥氏体量，从而增加其尺寸稳定性。为了进一步提高尺寸稳定性，淬火回火后，还可进行时效处理。

常用合金量刃具钢的统一数字代号、牌号、化学成分见表 2-25 所示。

常用合金量刃具钢的统一数字代号、牌号、力学性能见表 2-26 所示。

表 2-25 常用合金量刃具钢的统一数字代号、牌号、化学成分(摘自 GB/T 1299—2008)

统一数字代号	牌号	化学成分,%(m/m)						
		C	Si	Mn	P	S	Cr	W
					不大于			
T30100	9SiCr	0.85~0.95	1.20~1.60	0.30~0.60	0.030	0.030	0.95~1.25	
T30000	8MnSi	0.75~0.85	0.30~0.60	0.80~1.10	0.030	0.030		
T30060	Cr06	1.30~1.45	≤0.40	≤0.40	0.030	0.030	0.50~0.70	
T30201	Cr2	0.95~1.10	≤0.40	≤0.40	0.030	0.030	1.30~1.65	

续表

统一数字代号	牌号	化学成分,%(m/m)						
		C	Si	Mn	P	S	Cr	W
					不大于			
T30200	9Cr2	0.80～0.95	≤0.40	≤0.40	0.030	0.030	1.30～1.70	
T30001	W	1.05～1.25	≤0.40	≤0.40	0.030	0.030	0.10～0.30	0.80～1.20

表 2-26　常用合金量刃具钢的统一数字代号、牌号、力学性能

统一数字代号	牌号	布氏硬度 HBW10/3000	试样淬火		
			淬火温度/℃	冷却剂	洛氏硬度
T30100	9SiCr	241～197	820～860	油	62
T30000	8MnSi	≤229	800～820	油	60
T30060	Cr06	241～187	780～810	水	64
T30201	Cr2	229～179	830～860	油	62
T30200	9Cr2	217～179	820～850	油	62
T30001	W	229～187	800～830	水	62

②耐冲击工具用钢，该钢是在铬硅钢的基础上加进 2.00%～2.50%（质量分数）的钨而成的，由于加进了钨而有助于在淬火时保存比较细的晶粒，这就有可能在回火状态下获得较高的韧性，并保证回火稳定性，该钢还具有一定的淬透性和高温强度。一般牌号有 4CrW2Si、5CrW2Si、6CrW2Si、6CrMnSi2Mo1V、5Cr3Mn1SiMo1V 等。

③合金模具钢。模具是使金属材料或非金属材料成形的工具，其工作条件及性能要求，与被成形材料的性能、温度及状态等有着密切的关系，合金模具钢是用来制造模具的一类钢。按使用条件不同分为冷作模具钢、热作模具钢、塑料模具钢和无磁模具钢。

冷作模具钢用于制造在常温状态下使工件成形的模具，如冷挤压模、冷镦模、拉丝模、落料模等。在冷作模具钢中，应用较广泛，最具代表性的钢种是 Cr12 型钢，其中最常用的是 Cr12 和 Cr12MoV。Cr12 适于制作高耐磨性、尺寸较大的模具。Cr12MoV 强度、韧性都比 Cr12 钢好，且热处理变形小，但耐磨性不如 Cr12 钢，主要用于制作截面较大、形状复杂的冷作模具，还有 Cr12Mo1V1、Cr5Mo1V、9Mn2V、CrWMn、9CrWMn、Cr4W2MoV、6Cr4W3Mo2VNb、6W6Mo5Cr4V、7CrSiMnMoV 等冷作模具钢。

热作模具用于热态金属的成形加工，如热锻模、压铸模、热挤压模等。热作模具工作时受到比较高的冲击载荷，同时模腔表面要与炽热金属接触并发生摩擦，局部温度可达 500 ℃以上，并且还要不断反复受热与冷却，常因热疲劳而使模腔表面龟裂，故要求热作模具钢在高温下具有较高的综合力学性能及良好的耐热疲劳性。此外，必须具有足够的淬透性。5CrNiMo 钢和 5CrMnMo 钢是最常用的热作模具钢，它们具有较高的强度、耐磨性和韧性、优良的淬透性和良好的耐热疲劳性。5CrNiMo 钢是典型的热作模具钢，5CrMnMo 钢是

5CrNiMo 钢的代用钢种，5CrMnMo 钢淬透性相对较低，所以只用于制造中小型热锻模，而 5CrNiMo 钢用于制造大型热锻模。还有 3Cr2W8V、5Cr4Mo3SiMnVAl、3Cr3Mo3W2V、5Cr4W5Mo2V、8Cr3、4CrMnSiMoV、4Cr3Mo3SiV、4Cr5MoSiV、4Cr5MoSiV1、4Cr5W2VSi 等热作模具钢。

无磁模具钢是一种高 Mo—V 系无磁钢。无磁模具钢在各种状态下都能够保持稳定的奥氏体，具有非常低的磁导系数，高的硬度、强度，较好的耐磨性。主要用于高压电器和大中型变压器油箱内壁、铁芯拉板、线圈夹件、螺栓、套管、法兰盘等漏磁场中的结构件、起重电磁铁吸盘、磁选设备筒体以及除铁器、选矿设备等；国内消费的无磁板全部为太钢产品。常用牌号为 7Mn15Cr2Al3V2WMo。

塑料模具钢是指针对被加工件为塑胶、塑料的模具钢材。牌号 3Cr2Mo 综合力学性能、抛光性都不错，适合制造大、中型、精密塑料模具，或制造低熔点锡、锌、铅合金用的压铸模。3Cr2MnNiMo 综合力学性能、淬透性、抛光性都不错，适合制造特大型、大型塑料模具，或制造低熔点合金用的压铸模具。10Ni3MnCuAl 综合力学性能、淬透性、抛光性、氮化、电加工、焊补、蚀花性能都可以，适合制造大型塑料模具、精密塑料模具、高镜面塑料模具，或制造低熔点合金用压铸模。

(2) 高速工具钢。高速工具钢（简称高速钢）主要用于制造高效率的切削刀具。一般有两种分类方法：

一是按化学成分：分为钨系高速工具钢、钨钼系高速工具钢和钴系高速钢系列；

二是按性能分：低合金高速工具钢（HSS－L）、普通高速工具钢（HSS）、高性能高速工具钢（HSS－E）。

由于其具有红硬性高（刃具温度升至 600 ℃时，其硬度大于 60 HRC）、耐磨性好、很好的淬透性、高的硬度及强度等特性，也用于制造性能要求高的模具、轧辊、高温轴承和高温弹簧等。因制作的刃具锋利又称锋钢。高速工具钢牌号表示方法和合金结构钢相同。在牌号头部一般不标出碳的质量分数值，为了区别牌号，在牌号都不加"C"表示高碳高速钢。

对高速钢工具钢合金成分及硬度的基本要求见表 2-27 所示。

表 2-27 高速钢工具钢合金成分及硬度的基本要求

项目		要求		
		低合金高速钢 HSS－L	普通高速钢 HSS	高性能高速钢 HSS－E
主要合金元素含量（质量分数）/%	C	≥0.7	≥0.65	≥0.85
	W+1.8Mo	≥6.5	≥11.75	≥11.75
	Cr	≥3.25	≥3.5	≥3.5
	V	≥0.8	0.8~2.5	V≥2.5 或 Co≥4.5 或 Al_2 0.8~1.20
	Co	<4.5	<4.5	
淬火回火后硬度/HRC		≥61	≥63	≥64

高速工具钢的 $w_C=0.65\%\sim1.35\%$，较高的碳的质量分数是为提高钢的硬度和耐磨性。高速钢含有钨、钼、铬、钒、钴等贵重元素，合金元素总量大于10%，属高合金工具钢，配以合理的热加工工艺（锻造加工和热处理），使其具有突出的性能特点。发展最早、应用广泛的高速工具钢是 W18Cr4V。常用高速工具钢的牌号、化学成分、热处理及用途见表2-28所示。

表2-28 常用高速工具钢的牌号、化学成分、热处理及用途（摘自 GB 9943—2008）

牌号	化学成分/%								淬火温度 t/℃（淬火介质为油或盐浴）		回火温度 t/℃	HRC 不小于	用途举例
	C	Mn	Si	Cr	W	V	Mo	S和P	盐炉浴	箱式炉			
W18Cr4V	0.73~0.83	0.10~0.40	0.20~0.40	3.80~4.40	17.20~18.70	1.00~1.20		≤0.030	1 250~1 270	1 260~1 280	550~570（三次）	63	制造中速切削用车刀、刨刀、钻头、铣刀等
W6Mo5Cr4V2	0.80~0.90	0.15~0.40	0.20~0.45	3.8~4.45	5.50~6.75	1.75~2.20	4.50~5.50	≤0.030	1 200~1 220	1 210~1 230	540~560（三次）	64	制造要求耐磨性和韧性配合的中速切削刀具如丝锥、钻头
W6Mo5Cr4V3	1.15~1.25	0.15~0.40	0.20~0.45	3.8~4.5	5.90~6.70	2.70~3.20	4.70~5.20	≤0.030	11 190~11 210	1 200~11 220	540~560（三次）	64	制造要求较高耐磨性和热硬性，且耐磨性和韧性较好配合的、形状稍为复杂的刀具，如铣刀、拉刀等

高速工具钢都有较高的热硬性、耐磨性、淬透性及足够的强韧性，主要用于制造各种切削刀具，也可用于制造某些重载冷作模具和结构件（如柴油机的喷油嘴偶件）。但是，高速钢

价格高,热加工工艺复杂,因此,应尽量节约使用。还有一些牌号如:W3Mo3Cr4V2、W4Mo3Cr4VSi、W2Mo8Cr4V、W2Mo9Cr4V2、W6Mo5Cr4V2、CW6Mo6Cr4V2、W9Mo3Cr4V、CW6Mo5Cr4V3、W6Mo5Cr4V4、W6Mo5Cr4V2Al、W12Cr4V5Co5、W6Mo5Cr4V2Co5、W6Mo5Cr4V3Co8、W7Mo4Cr4V2Co5、W2Mo9Cr4VCo8、W10Mo4Cr4V3Co10。

7. 不锈钢与耐热钢

不锈钢与耐热钢牌号的碳含量用阿拉伯数字表示碳含量最佳控制值(以万分之几或十万分之几计)。只规定碳含量上限者,当碳含量上限不大于 0.10% 时,以其上限的 3/4 表示碳含量;当碳含量上限大于 0.10% 时,以其上限的 4/5 表示含碳量。

例如:碳含量上限为 0.08%,碳含量以 06 表示;碳含量上限为 0.20%,碳含量以 16 表示;碳含量上限为 0.15% 时,碳含量以 12 表示。

对超低碳不锈钢(即含碳量不大于 0.030%),用三位阿拉伯数字表示碳含量最佳控制值(以十万分之几计)。

例如:碳含量上限为 0.030% 时,其牌号中碳含量以 022 表示;碳含量上限为 0.020% 时,以 015 表示。

规定上、下限者,以平均碳含量×100 表示。

例如:碳含量为 0.16%~0.25% 时,其牌号中的碳含量以 20 表示,以此类推。

合金元素含量以化学符号及阿拉伯数字表示,表示方法与合金结构钢第二部分相同。钢中有意加入的铌、钛、锆、氮等合金元素,虽然含量很低,也应在牌号中标出。

例如:碳含量不大于 0.030%,铬含量为 18.00%~20.00%,镍含量为 8.00%~11.00% 的不锈钢,牌号为 06Cr19Ni10。

碳含量不大于 0.030%,铬含量为 16.00%~19.00%,钛含量为 0.10%~1.00% 的不锈钢,牌号为 022Cr18Ti。

碳含量为 0.15%~0.25%,铬含量为 16.00%~20.00%,锰含量为 14.00%~16.00%,镍含量为 1.50%~3.00%,氮含量为 0.15%~0.30% 的不锈钢,牌号为 20Cr15Mn15Ni2N。

碳含量不大于 0.25%,铬含量为 24.00%~26.00%,镍含量为 19.00%~22.00% 的耐热钢,牌号为 20Cr25Ni20。

(1)不锈钢。不锈钢是指能抵抗大气或其他介质腐蚀的钢。不锈钢常按组织状态分为:马氏体钢、铁素体钢、奥氏体钢、奥氏体—铁素体(双相)不锈钢及沉淀硬化不锈钢等。另外,可按成分分为:铬不锈钢、铬镍不锈钢和铬锰氮不锈钢等。主要特性有焊接性、耐腐蚀性、耐热性、抛光性。常用的不锈钢主要是铬钢(如 12Cr13,2Cr13)和铬镍钢(如 12Cr17Ni7,12Cr18Ni9)等,铬镍不锈钢不仅能抵抗大气、海水、燃气的腐蚀,而且能抗酸的腐蚀,抗氧化温度可达 850 ℃,具有一定的耐热性;无磁性,不受周围磁场及地球磁场的影响。塑性、韧性好,可顺利进行冷、热压力加工。

不锈钢具有一定的杀菌作用,最适合医院或其他卫生条件至关重要的领域,如食品加工、餐饮、酿造和化工等场合。

(2)耐热钢。耐热钢是指在高温下具有热化学稳定性和热强性的钢,它包括抗氧化钢和热强钢等。热化学稳定性是指钢在高温下对各类介质化学腐蚀的抗力;热强性是指钢在高温下对外力的抗力。

耐热钢按其性能可分为抗氧化钢和热强钢两类。抗氧化钢又简称不起皮钢。热强钢是指在高温下具有良好的抗氧化性能并具有较高的高温强度的钢。

耐热钢按其正火组织可分为奥氏体耐热钢、马氏体耐热钢、铁素体耐热钢及珠光体耐热钢等。

对这类钢的主要要求是优良的高温抗氧化性和高温强度。此外，还应有适当的物理性能，如热膨胀系数小和良好的导热性，以及较好的加工工艺性能等。

为了提高钢的抗氧化性，加入合金元素铬、硅和铝，在钢的表面形成完整的稳定的氧化物保护膜。但硅、铝含量较高时钢材变脆，所以一般以加铬为主。加入钛、铌、钒、钨、钼等合金元素来提高热强性。耐热钢常用于制造锅炉、汽轮机、动力机械、工业炉、航空、石油化工等工业部门中在高温下工作的零部件。

常用牌号有 3Cr18Ni25Si2、Cr13、12Cr18Ni9Ti 等。

8. 高电阻电热合金

高电阻电热合金牌号和不锈钢、耐热钢的牌号表示方法相同。例如 06Cr20Ni35。

高电阻电热合金分为两类：一类是铁素体组织的铁铬铝合金；另一类是奥氏体组织的镍铬合金。铁铬铝合金的优点是大气中使用温度高、使用寿命长、表面负荷高、抗氧化性能好、比重小、电阻率高、抗硫性能好、价格便宜，如 17Cr－5Al－Fe、25Cr－5Al－Fe、28Cr－8Al－1Ti－Fe。镍铬合金的优点是高温强度高、可塑性很好、发射率高、无磁性、较好的耐腐蚀性。如 20Cr－80Ni。

高电阻电热合金用于制造电热元件的合金材料。当电流通过合金元件时，产生焦耳效应，将电能转变成热能。电热合金产品一般制成细的丝材（电热丝）、圆线材、扁带材（电阻带），在特殊要求下也可制成管材和铸件。

9. 钢轨钢、冷镦钢

钢轨钢、冷镦钢的牌号由三部分组成：一是钢轨钢用"U"，冷镦钢用"ML"；二是以阿拉伯数字表示平均碳含量，同前面的优质碳素结构钢和合金结构钢；三是合金元素及数字同合金钢，例如 U70MnSi、ML30CrMo 等。

钢轨按中国国家标准和冶金工业部标准分为铁路用钢轨、轻轨、导电钢轨和起重机钢轨等。

钢轨钢大部分由氧气平炉和氧气转炉冶炼，经轧制而成。钢轨在使用中主要经受磨损和长期反复的载荷，所以要求有耐磨、耐压、抗疲劳、可焊接及良好的韧性等。

冷镦成形用钢，冷镦是在室温下采用一次或多次冲击加载，广泛用于生产紧固件、连接件（如螺栓、螺母、螺钉、铆钉等）等标准件。冷镦工艺可节省原料，降成本，而且通过冷作硬化提高工件的抗拉强度，改善性能，冷镦用钢必须具有良好的冷顶锻性能，钢中 S 和 P 等杂质含量减少，对钢材的表面质量要求严格，经常采用优质碳钢，若钢的含碳钢大于 0.25%，应进行球化退火热处理，以改善钢的冷镦性能。

10. 焊接用钢

焊接用钢是指专门供电弧焊、气焊、埋弧自动焊、电渣焊和气体保护焊等用的焊丝、盘条以及钢带。焊接用钢按化学成分可分为非合金钢、低合金钢、合金钢三类；按所焊材质的不同特性可分为结构钢和不锈钢等类。

牌号在相应的钢牌号前加"H"如：H08A。

11. 冷轧电工钢

冷轧电工钢分为取向电工钢和无取向电工钢。

牌号分三个部分：

一是材料公称厚度（单位：mm）100 倍的数字。

二是普通取向电工钢用"Q"表示，高磁导率级取向电工钢用"QG"表示，无取向电工钢用"W"表示。

三是取向电工钢，磁极化强度在 1.7T 和频率 50 Hz，以 W/kg 为单位及相应厚度产品的最大比总损耗值的 100 倍；无取向电工钢，磁极化强度在 1.5 T 和频率 50 Hz，以 W/kg 为单位及相应厚度产品的最大比总损耗值的 100 倍。

例如：公称厚度为 0.30 mm，比总损耗 P1.7/50 为 1.30 W/kg 的普通级取向电工钢，牌号为 30Q130。

公称厚度为 0.30 mm，比总损耗 P1.7/50 为 1.10 W/kg 的高磁导率级取向电工钢，牌号为 30QG110。

公称厚度为 0.30 mm，比总损耗 P1.7/50 为 4.0 W/kg 的无取向电工钢，牌号为 30W400。

冷轧电工钢亦称硅钢片，是电力、电子和军事工业不可缺少的重要软磁合金，亦是产量最大的金属功能材料，主要用作各种电机、发电机和变压器的铁芯。

12. 电磁纯铁和原料纯铁

（1）电磁纯铁。电磁纯铁是一种含铁量在 99.5% 以上的优质钢，是一种低碳低硫低磷铁（国家标准 GB 6983—2008 电磁纯铁）。

电磁纯铁的牌号分三部分：一是电磁纯铁符号"DT"；二是以阿拉伯数字表示不同牌号的顺序号；三是根据电磁性能不同，分别采用加质量等级符号"A""C""E"。

分类为：铁芯用纯铁，软磁纯铁，磁粉离合器用纯铁，电子锁用纯铁，汽车活塞用电工纯铁，磁屏蔽用纯铁带，航空仪器仪表纯铁，军工纯铁，镀锌锅用纯铁中厚板，电子元器件用纯铁薄板，电磁阀、磁选机用纯铁，无发纹纯铁，电子管用纯铁，易车削电工纯铁。例如 DT3、DT4、DT5、DT6、DT4A。

（2）原料纯铁。原料纯铁的牌号分两部分：以上原料纯铁符号"YT"；二是以阿拉伯数字表示不同牌号的顺序号。牌号有 YT1、YT2。

🔧 知识梳理

工程材料是现代工业、农业、国防和科学技术的物质基础，是制造各种机床、矿山机械、农业机械和运输机械等的最主要材料。常见工程材料的分类及标识：

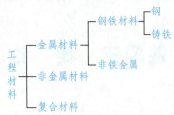

学后评量

1. 合金钢按主要质量等级分为优质_____和_____。
2. 优质合金钢是指在生产过程中需要特别控制_____的钢。
3. 合金工具钢分为_____、_____、冷作工具钢、热作工具钢、模具用钢等。
4. 不锈钢具有一定的_____作用，最适合医院或其他卫生条件至关重要的领域。
5. 耐热钢是指在高温下具有热化学稳定性和热强性的钢，它包括抗_____和_____等。

1. 造船用的碳素钢属于（　　）。
   A. 普通质量碳素钢　　　　　　　　B. 优质碳素钢
   C. 特殊质量碳素钢　　　　　　　　D. 以上都不是
2. 45钢是（　　）。
   A. 碳素结构钢　　　　　　　　　　B. 优质碳素结构钢
   C. 碳素工具钢　　　　　　　　　　D. 优质碳素工具钢
3. 含碳量为0.40%的碳素钢牌号可能是（　　）。
   A. 4钢　　　　　B. 40钢　　　　　C. T4钢　　　　　D. T40
4. 下列是优质碳素钢的是（　　）。
   A. 铁道用的一般碳素钢　　　　　　B. 碳素钢筋钢
   C. 碳素弹簧钢　　　　　　　　　　D. 焊条用碳素钢
5. 合金钢要充分显示出良好的特性，必须进行（　　）。
   A. 渗氮　　　　　B. 渗碳　　　　　C. 加工硬化　　　　D. 热处理
6. 在我国低合金高强度钢主要加入的元素为（　　）。
   A. 锰　　　　　　B. 硅　　　　　　C. 钛　　　　　　D. 铬

1. 碳素工具钢的含碳量对力学性能有何影响？如何选用？
2. 什么是合金钢？为什么合金元素能提高钢的强度？
3. 含Si、Mn元素的合金弹簧钢一般用于什么材料？
4. 耐热钢一般加入什么元素来提高热强性？
5. 常用的不锈钢主要是什么牌号？

课题三　铸　铁

学习目标

熟悉铸铁材料的分类，了解铸铁材料的牌号、用途及性能比较。

课题导入

关于铸铁锅，我相信大家都并不陌生。但是大部分朋友首先想到的一定是爷爷或者姥姥家的大铁锅——小时候用玉米秆或者木柴烧的老式铁锅。那个时候做出来的饭菜总觉得特别香甜。

试一试：
在学校的双杠上，为什么人在一端，另外一端不翘起来呢？

想一想：
你知道在农田里老牛耕田的犁铧是什么材料吗？

做一做：
在显微镜下观察各类铸铁的平衡组织，画出各类组织的示意图？

知识链接

铸铁在一般机械中约占机器重量的 40%～70%，在机床和重型机械中甚至高达 80%～90%，尤其是稀土镁球墨铸铁的发展，更进一步打破了钢与铁的使用界限。

铸铁牌号表示方法：

铸铁的基本代号由表示该铸铁特征的汉语拼音的第一个大写字母组成，当两种铸铁名称的代号相同时，可在该大写正体字母后加小写正体字母来区别。

当要表示铸铁的组织特征或特征性能时，代表铸铁的组织特征或特征性能的汉语拼音字的第一个大写正体字母排列在基本代号的后面。

当以化学成分表示的铸铁牌号时，合金元素符号及名义含量（质量分数）排列在铸铁代号之后。牌号中的常规碳、硅、锰、硫、磷元素一般不标注，有特殊作用时，才标注其元素符号及含量。合金化元素的含量大于或等于 1% 时，在牌号中用整数标注，数值按 GB/T 8170—2008 执行。小于 1% 时，一般不标注，只有对该合金特性有较大影响时，才标注其合金元素符号。合金元素按其含量递减次序排列，含量相等时按元素符号的字母顺序排列。

当以力学性能表示铸铁的牌号时，力学性能值排列在铸铁代号之后，当牌号中有合金元素符号时，抗拉强度值排列与元素符号及含量之后，之间用"－"隔开。

牌号中代号后面有一组数字时，该组数字表示抗拉强度值，单位为MPa；当有两组数字时，第一组表示抗拉强度值，单位为MPa，第二组表示伸长率值，单位为％，两组数字用"－"隔开。

铸铁牌号结构示例：

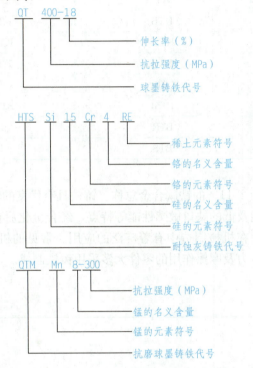

各种铸铁名称、代号及牌号表示方法实例如表 2-29 所示。

表 2-29　各种铸铁名称、代号及牌号表示方法实例

铸铁名称	代　号	牌号表示方法实例
灰铸铁	HT	
灰铸铁	HT	HT250，HTCr－300
奥氏体灰铸铁	HTA	HTA Ni20Cr2
冷硬灰铸铁	HTL	HTL Cr1Ni1Mo
耐磨灰铸铁	HTM	HTMCu1CrMo
耐热灰铸铁	HTR	HTR Cr
耐蚀灰铸铁	HTS	HTS Ni2Cr
球墨灰铸铁	QT	
球墨灰铸铁	QT	QT400－18
奥氏体球墨铸铁	QTA	QTA Ni30Cr3
冷硬球墨铸铁	QTL	QTL CrMo
抗磨球墨铸铁	QTM	QTM Mn8－30

续表

铸铁名称	代号	牌号表示方法实例
耐热球墨铸铁	QTR	QTRSi5
耐蚀球墨铸铁	QTS	QTSNi20Cr2
蠕墨铸铁	RuT	RuT420
可锻铸铁	KT	
白心可锻铸铁	KTB	KTB350－04
黑心可锻铸铁	KTH	KTH350－10
珠光体可锻铸铁	KTZ	KTZ650－02
白口铸铁	BT	
抗磨白口铸铁	BTM	BTM Cr15Mo
耐热白口铸铁	BTR	BTRCr16
耐蚀白口铸铁	BTS	BTSCr28

铸铁是碳的质量分数大于2.11%的铁碳合金总称。铸铁具有优良的铸造性能、减磨性能、吸振性能、切削加工性能及低的缺口敏感性能等特点，经合金化后还具有耐热性和耐腐蚀性，而且生产工艺简单，在机械制造中有着广泛的应用。常见的机床床身、工作台、箱体、底座等形状复杂或受压力及摩擦作用的零件大多采用铸铁制成。

一、常用铸铁

1. 白口铸铁

中国早在春秋时代就制成了抗磨性良好的白口铸铁，用作一些抗磨零件。白口铸铁中碳主要以游离碳化物形式存在，断口呈银白色，故称为白口铸铁。由于有大量游离碳化物，故白口铸铁硬度高，脆性大，很难切削加工。工业上极少直接用它制造机械零件，主要是用来作炼钢原料或可锻铸铁零件的毛坯。

2. 灰铸铁

灰铸铁中碳主要以片状的石墨形式存在，断口呈暗灰色，是工业生产中应用最广泛的一种铸铁材料，占各类铸铁总产量的80%以上。

灰铸铁的牌号用"HT"及数字组成。其中"HT"是"灰铁"两字汉语拼音字首，数字表示最低抗拉强度值。如HT250表示灰铸铁，最低抗拉强度值为250 MPa。灰铸铁由于石墨的存在，具有良好的铸造性、良好的切削加工性、较低的缺口敏感性、良好的减振性、好的减磨性。

灰口铸铁广泛用作承受压力载荷的零件，如机座、床身、轴承座等。

在灰铸铁铁液浇注之前，在铁液中加入少量的孕育剂（如硅铁或硅钙合金），使灰铸铁获得细晶粒的珠光体基体和细片状石墨组织，经过孕育处理的灰铸铁成为孕育铸铁，也叫变质铸铁。

灰口铸铁经过孕育处理，强度有了很大提高，塑性、韧性也有所提高，常用来制造力学性能要求较高、截面尺寸变化较大的大型铸件。

常用灰铸铁的牌号、力学性能及用途见表 2-30 所示。

表 2-30　灰铸铁的牌号、力学性能及用途（摘自 GB 9439—2008）

牌号	铸铁厚度 /mm	力学性能 R_m/MPa⩾	HBS	用途举例
HT100	10～20	100	93～140	适用于载荷小，对摩擦和磨损无特殊要求的不重要零件，如防护罩、盖、手轮、支架、重锤等
HT150	10～20	145	119～179	承受中等负荷的零件，如机座、床身、工作台、泵体、阀体等
HT200	10～20	195	148～222	承受大载荷和要求一定气密性或耐蚀性等较重要零件，如气缸、齿轮、机座、飞轮、床身、联轴器等
HT250	10～20	240	164～247	
HT300	10～20	290	182～272	承受高载荷、耐磨和高气密性重要零件，如重型机床、剪床、压力机、自动车床的床身、受力较大的齿轮、大型发动机的曲轴、汽缸体、缸套、汽缸盖等

3. 球墨铸铁

铁水在浇注前经球化处理，使析出的石墨大部分或全部呈球状的铸铁称为球墨铸铁。

球墨铸铁的石墨呈球状，因而对基体的割裂作用和引起的应力集中的倾向大大减小。石墨球的圆整度越好，球径越小，分布越均匀，则球墨铸铁的力学性能就越好。球墨铸铁与灰铸铁相比，有较高的强度和良好的塑性与韧性。它的某些性能方面还可与钢相媲美，如屈服强度比碳素结构钢高，疲劳强度接近中碳钢。同时，它还具有与灰铸铁相类似的优良性能。但球墨铸铁的收缩率较大，流动性稍差，对原材料及处理工艺要求较高。

球墨铸铁的牌号用符号"QT"及其后面两组数字表示。"QT"是"球铁"两字汉语拼音首字母，两组数字分别代表其最低抗拉强度和最低断后伸长率。表 2-31 为部分球墨铸铁的牌号、力学性能及用途。

表 2-31　球墨铸铁的牌号、力学性能及用途（摘自 GB/T 1348—2008）

牌号	力学性能				用途举例
	R_m/MPa	$R_{p0.2}$/MPa	A/%	HBS	
	不小于				
QT400－18	400	250	18	130～180	承受冲击、振动的零件如汽车、拖拉机轮壳、差速器壳、拨叉、农机具零件、中低压阀门、上下水及输气管道、压缩机高低压气缸、电机机壳、齿轮箱、飞轮壳等
QT400－15	400	250	15	130～180	
QT450－10	450	310	10	160～210	
QT500－7	500	320	7	170～230	机器座架、传动轴飞轮、电动机架、内燃机的机油泵齿轮、铁路机车车轴瓦等

续表

牌号	力学性能			HBS	用途举例
	R_m/MPa	$R_{p0.2}$/MPa	A/%		
	不小于				
QT600—3	600	370	3	190～270	载荷大、受力复杂的零件，如汽车、拖拉机的曲轴、连杆、凸轮轴，部分磨床、铣床、车床的主轴、机床蜗杆、蜗轮，轧钢机轧辊，大齿轮汽缸体，桥式起重机大小滚轮等
QT700—2	700	420	2	225～305	
QT800—2	800	480	2	245～335	
QT900—2	900	600	2	280～360	高强度齿轮，如汽车后桥螺旋锥齿轮，大减速器齿轮、内燃机曲轴、凸轮轴等

4. 可锻铸铁

可锻铸铁是用白口铸铁经过热处理后制成的有韧性的铸铁。因化学成分、热处理工艺而导致的性能和金相组织的不同分为两类：第一类是黑心可锻铸铁和珠光体可锻铸铁，金相组织主要是铁素体＋团絮状石墨；第二类是白心可锻铸铁，金相组织主要是珠光体＋团絮状石墨。

可锻铸铁的牌号由三个字母及两组数字组成。其中前两个字母"KT"是"可铁"两字汉语拼音的首字母，第三个字母代表类别，"H"代表黑心，"Z"代表珠光体，"B"代表白心。其后的两组数字分别表示最低抗拉强度和断后伸长率的最小值。

黑心可锻铸铁和珠光体可锻铸铁的牌号、力学性能及用途见表2-32。

表2-32 黑心可锻铸铁和珠光体可锻铸铁的牌号、力学性能(摘自 GB/T 9440—2010)

牌号	试样直径 $d_{a,b}$/mm	抗拉强度 R_m/MPa min	0.2%屈服强度 $R_{p0.2}$/MPa min	伸长率 A/% min($L_0=3d$)	布氏硬度 HBW
KTH275-05	12 或 15	275	—	5	≤150
KTH300-06	12 或 15	300	—	6	
KTH330-08	12 或 15	330	—	8	
KTH350-10	12 或 15	350	200	10	
KTH370-12	12 或 15	370	—	12	
KTZ450-06	12 或 15	450	270	6	150～200
KTZ500-05	12 或 15	500	300	5	165～215
KTZ550-04	12 或 15	550	340	4	180～230
KTZ600-03	12 或 15	600	390	3	195～245
KTZ650-02	12 或 15	650	430	2	210～260
KTZ700-02	12 或 15	700	530	2	240～290
KTZ800-01	12 或 15	800	600	1	270～320

可锻铸铁是白口铸铁通过石墨化退火处理得到的一种高强韧性铸铁。有较高的强度、塑性和冲击韧度,可以部分代替碳钢。它与灰口铸铁相比,可锻铸铁有较好的强度和塑性,特别是低温冲击性能较好,耐磨性和减振性优于普通碳素钢。这种铸铁因具有一定的塑性和韧性,所以俗称玛钢、马铁,又叫展性铸铁或韧性铸铁。黑心可锻铸铁用于承受冲击或振动和扭转载荷的零件,常用于制造汽车后桥、弹簧支架、低压阀门、管接头、工具扳手等。珠光体可锻铸铁常用来制造动力机械和农业机械的耐磨零件,国际上有用于制造汽车凸轮轴的例子。白心可锻铸铁由于可锻化退火时间长而较少应用。例如KTH275-05、KTH300-06可做弯头、三角管件;KTH330-08可做扳手、犁刀、犁柱、车轮壳等;KTH350-10、KTH370-12可做汽车、拖拉机前后轮壳、减速器壳、转向节壳、制动器等;KTH450-06到KTH800-01之间的牌号可做曲轴、凸轮轴、连杆、齿轮、活塞环、轴套、耙片、万向接头、棘轮、扳手、传动链条等。

可锻铸铁由于有较高的韧性,故习惯上称为可锻铸铁,其实并不可锻。主要应用于力学性能要求高的铸件。

白心可锻铸铁的牌号有KTB350-04、KTB360-12、KTB400-05、KTB450-07、KTB550-04。

5. 蠕墨铸铁

蠕墨铸铁是20世纪60年代发展起来的一种新型铸铁材料。大部分石墨为蠕虫状,其生产方法与球墨铸铁相似,通过在高温铁水中加入适量的蠕化剂(镁钛合金、镁钙合金等)使石墨呈蠕虫状形态,蠕虫状石墨对基体产生的应力集中与割裂现象明显减小,因此,蠕墨铸铁的力学性能介于灰铸铁和球墨铸铁之间,而蠕墨铸铁在铸造性、导热性、减振性等方面与灰铸铁相似,都要比球墨铸铁好,它具有独特的用途,在钢锭模、汽车发动机、排气管、玻璃模具、柴油机缸盖、制动零件等方面的应用均取得了良好的效果。切削加工性与球墨铸铁相似,比灰铸铁稍差。

蠕墨铸铁的牌号用"RuT"符号及其后面数字表示,数字表示最低抗拉强度。常用蠕墨铸铁牌号与力学性能见表2-33。

表2-33 蠕墨铸铁的牌号、力学性能及用途

牌号	力学性能				用途举例
	R_m/MPa	$R_{p0.2}$/MPa	A/%	HBS	
	不小于				
RuT260	260	195	3	121～197	增压器、废气进气壳体、汽车底盘零件等
RuT300	300	240	1.5	140～217	排气管、变速箱体、汽缸盖、液压件、钢锭模等
RuT380	380	300	0.75	193～274	活塞环、汽缸套、制动鼓、制动盘等
RuT420	420	335	0.75	200～280	

二、合金铸铁

合金铸铁是指常规元素高于规定含量或含有其他合金元素,具有较高力学性能或明显具有某种特殊性能的铸铁,如耐磨、耐热、耐蚀铸铁等。

1. 耐磨铸铁

通过加入某些合金元素在铸铁中形成一定数量的硬化相来提高其耐磨性就叫耐磨铸铁,根据工作条件的不同,分为抗磨铸铁和减磨铸铁两类。抗磨铸铁是在无润滑、干摩擦及抗磨粒磨损条件下工作的零件,如轧辊、犁铧和球磨机磨球等,应具有均匀的高硬度组织。白口铸铁是一种较好的抗磨铸铁,但因其脆性很大,不宜作承受冲击的铸件。生产中常用"激冷"方法制造冷硬铸铁,即在造型时,在铸件要求抗磨的部位制作成金属型,其余部位用砂型,并适当调整化学成分(如降低含硅量),使其要求抗磨处得到白口组织,而其余部位韧性较好,可承受一定的冲击。减磨铸铁的组织是在软基体上分布有坚硬的相。软基体在磨损后形成的沟槽可保持油膜,有利于润滑,而坚硬相可承受摩擦,如机床导轨、汽缸套、活塞环、轴承等,其组织应为软基体上分布硬相组织。

2. 耐热铸铁

为提高耐热性,可向铸铁中加入铝、硅、铬等元素,使铸件表面形成一层致密的 SiO_2、Al_2O_3、Cr_2O_3 等氧化膜,以保证铸铁内部不被氧化性气体的渗入而继续氧化,提高抗氧化能力。耐热铸铁就是指可以在高温下使用,其抗氧化或抗生长性能符合使用要求的铸铁。主要用于制造加热炉附件,如炉底板、送链构件、换热器等。

3. 耐蚀铸铁

在铸铁中加入铬、硅、铝、钼、铜、镍等合金元素,可使铸件表面形成一层致密的保护膜,增加铸铁的耐蚀能力。耐蚀铸铁就是指能耐化学、电化学腐蚀的铸铁。耐蚀铸铁种类很多,应用较广的是高硅耐蚀铸铁,这种铸铁在含氧酸类和盐类介质中有良好的耐蚀性,耐蚀铸铁广泛用于化工部门,如管道、容器、阀门和泵类等。

知识梳理

铸铁材料是现代工业、农业、国防和科学技术的物质基础,是制造各种机床、矿山机械、农业机械和运输机械等的基本材料。常见铸铁的分类:

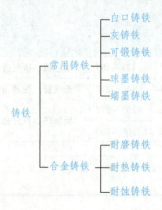

学后评量

1. 铸铁是碳的质量分数大于_____的铁碳合金总称。
2. 在灰铸铁铁液浇注之前，在铁液中加入少量的_____，而获得的铸铁叫孕育铸铁。
3. 球墨铸铁的石墨呈_____状，因而对基体的割裂作用和引起的应力集中的倾向大大减小。
4. 通过在高温铁水中加入适量的蠕化剂使石墨呈_____形态的铸铁，叫蠕墨铸铁。
5. 合金铸铁一般有_____、_____、耐蚀铸铁等。

1. 可锻铸铁中，石墨的存在形式是(　　)。
   A. 粗大片状　　　　　　　　B. 团絮状
   C. 球状　　　　　　　　　　D. 蠕虫状
2. 在力学性能上球墨铸铁的强度、塑性、韧性比灰铸铁(　　)。
   A. 高　　　　　　　　　　　B. 低
   C. 一样　　　　　　　　　　D. 难以确定
3. 活塞环、气缸套等一般采用(　　)。
   A. 灰铸铁　　　　　　　　　B. 可锻铸铁
   C. 蠕墨铸铁　　　　　　　　D. 球墨铸铁
4. 下面哪个牌号适合曲轴？(　　)
   A. HT200　　　　　　　　　B. QT700－2
   C. KTH500－05　　　　　　D. RuT260
5. 可做犁刀、犁柱的是(　　)。
   A. HT150　　　　　　　　　B. QT400－10
   C. KTH330－08　　　　　　D. RuT260

1. 什么是铸铁？它与钢比有什么优点？
2. 石墨形态对铸铁性能有什么影响？
3. 汽缸套、活塞环适宜什么材料制成？
4. 孕育处理的灰铸铁性能有什么变化？
5. 为什么蠕墨铸铁的性能介于灰铸铁和球墨铸铁之间？
6. 哪些零件适用于耐蚀铸铁？

课题四　非铁金属及新型材料

学习目标

熟悉常用的非铁金属的性能，了解非铁金属的牌号、用途；新型材料的种类、性能及用途。

课题导入

1. 2014年9月保定定兴北河大桥下出土铜钱，引来大批村民挖宝。
2. 2015年3月23日证券大厅一片欢呼声，稀土价格指数自去年12月最低的133.5点回升至151.4的高点，今年广晟有色(600259)(600259.SH)以325%的涨幅跻身今年大牛股的行列，拥有稀土资源的包钢稀土(600111)(600111.SH)股价则几近翻倍，太原刚玉(000795)(000795.SZ)、宁波韵升(600366)(600366.SH)纷纷走出漂亮的K线。稀土被称为21世纪的战略元素，也有"工业味精"的小名，应用极为广泛，大到航空航天军工设备，小到照明灯、家用电器等，都或多或少添加了稀土物。从产业链的角度来看，储氢材料、荧光材料、抛光材料、环保材料以及永磁材料是稀土的主要应用领域。

试一试：
电线里面的芯是什么材料？

想一想：
你使用的手机是一些什么材料制成的？

做一做：
把钢、铸铁、铜、铝等金属及合金若干零件用吸铁石来吸，看看哪些零件可以吸住？

知识链接

一、非铁金属

钢铁材料(黑色金属)有优良的力学性能，非铁金属(有色金属)与之相比具有许多优良的物理性能和化学性能，如铜、银、金导电性好；铝、镁、钛及其合金密度小；镍、钼、铌、钴及其合金能耐高温；铜、钛及其合金有良好的耐蚀性等。在力学性能方面，非铁金属也有长处，如铝合金或钛合金不仅密度小，而且强度高，多用于制造飞机的材料等。

1. 铝及铝合金

(1)工业纯铝。一般铝的含量为 99.7%～98%叫工业纯铝,相对密度 2.72 g/cm³,约为铁的 1/3,熔点为 660 ℃,导热、导电性能良好,仅次于金、银、铜。纯铝是非磁性、无火花材料,反射性能好。在空气中,铝的表面生成致密的氧化膜,隔绝了空气,提高了耐蚀性,但铝不耐酸、碱、盐的腐蚀。

纯铝的硬度、强度很低、不适宜制作受力的机械零件和构件。纯铝的主要用途是配制铝合金,在电气工业中用铝代替铜作导线、电容器以及要求质轻、导热、耐腐蚀好但强度要求不高的构件和器皿等。

(2)铝合金。为了提高纯铝的强度,向铝中加入适量的合金元素,即得到铝合金。铝合金密度小,热导性好,比强度(抗拉强度与密度的比值)高,有良好的耐腐蚀性和可加工性,因此成为工业中普遍使用的非铁金属材料,尤其在航空工业中得到广泛应用。

1)变形铝合金。一般由冶金厂加工成各种型材(板、带、管、线等)供应给用户。

防锈铝主要是 Al-Mn 系和 Al-Mg 系合金;硬铝合金是 Al-Cu-Mg 系合金;超硬铝合金是 Al-Cu-Mg-Zn 系合金;锻铝合金是 Al-Cu-Mg-Si 系合金。

常用变形铝合金代号、成分、力学性能及用途见表 2-34 所示。

表 2-34　常用变形铝合金牌号、力学性能和用途(摘自 GB/T 16475－2008)

类别	原代号	新代号	半成品种类	状态	力学性能 R_m/MPa	力学性能 A/%	用途举例
防锈铝合金	LF2	5A02	冷轧板材 热轧板材 挤压板材	O H112 O	167～226 117～157 ≤226	16～18 7～6 10	在液体中工作的中等强度的焊接件、冷冲压件和容器、骨架零件等
防锈铝合金	LF21	3A21	冷轧板材 热轧板材 挤制厚壁管材	O H112 H112	98～147 108～118 ≤167	18～20 15～12 —	要求高的可塑性和良好的焊接性、在液体或气体介质中工作的低载荷零件,如油箱、油管、液体容器、饮料罐等
硬铝合金	LY11	2A12	冷轧板材 (包铝) 挤压棒材 拉挤制管材	O T4 ≤245	226～235 353～373 ≤245	12 10～12 10	用作各种要求中等强度的零件和构件、冲压的连接部件、空气螺旋桨叶片、局部镦粗的零件(如螺栓、铆钉)
硬铝合金	LY12	2A12	冷轧板材 (包铝) 挤压棒材 拉挤制管材	T4 T4 O	407～427 255～275 ≤245	10～13 8～12 10	用量最大。用作各种要求高载荷零件和构件(不包括冲压件和锻件),如飞机上的骨架零件、蒙皮、翼梁、铆钉等 150 ℃ 以下工作的零件
硬铝合金	LY8	2B11	铆钉线材	T4	J225	—	主要用作铆钉材料
超硬铝	LC3	7A03	铆钉线材	T6	J284	—	受力结构的铆钉
超硬铝	LC4 LC9	7A04 7A09	挤压棒材 冷轧板材 热轧板材	T6 O T6	490～510 ≤245 490	5～7 10 3～6	用作受力构件和高载荷零件,如飞机上的大梁、桁条、加强框、蒙皮、翼肋、起落架零件等,通常多用以取代 2A12

续表

类别	原代号	新代号	半成品种类	状态	力学性能 R_m/MPa	A/%	用途举例
锻铝合金	LD5	2A50	挤压棒材	T6	353	12	用作形状复杂和中等强度的锻件和冲压件，内燃机活塞、压气机叶片、叶轮、圆盘以及其他在高温下工作的复杂锻件。2A70耐热性好
	LD7	2A70	挤压棒材	T6	353	8	
	LD8	2A80	挤压棒材	T6	441～432	8～10	
	LD10	2A14	热轧板材	T6	432	5	高负荷和形状简单的锻件和模锻件

注：状态符号采用 GB/T 16475－1996 规定代号：0——退火，T4——固溶＋时效，T6——固溶＋人工时效，H112——热加工

2) 铸造铝合金。铸造铝合金力学性能虽然不如变形铝合金，但具有良好的铸造性和抗蚀性，可进行各种铸造成形，生产形状复杂的零件毛坯。铸造铝合金种类很多，主要有铝-硅系、铝-铜系、铝-镁系及铝-锌系四种，其中铝-硅系应用最广泛。铸造铝合金代号用"ZL"代表"铸铝"，后加三位数。第一位数表示合金类别（1为铝-硅系、2为铝-铜系、3为铝-镁系、4为铝-锌系）；后两位数为合金顺序号。硅合金的牌号 ZAlSi12 代号 ZL102 主要用于仪表、水泵壳体，工作温度在 200 ℃ 以下的高气密性和低载零件；硅合金的牌号 ZAl-Si7Mg 代号 ZL101 主要用于形状复杂的零件，如飞机仪表零件、抽水机壳体等；铜合金的牌号 ZAlCu5Mn 代号 ZL201 主要用于内燃机气缸头、活塞等零件；镁合金的牌号 ZAlMg10 代号 ZL301 主要用于在大气或海水中工作的零件，承受大振动载荷、工作温度不超过 150 ℃ 的零件，如氨用泵体、船舰配件等；锌合金的牌号 ZAlZn11Si7 代号 ZL401 主要用于结构形状复杂的汽车、飞机、仪器零件，工作温度不超过 200 ℃，也可制作日用品。

优质合金在其代号后附加字母"A"。

常用铸造铝合金种类、牌号、代号及化学成分见表 2-35，铸造铝合金杂质元素容许含量见表 2-36，铸造铝合金的力学性能见表 2-37。

表 2-35 常用铸造铝合金种类、牌号、代号及化学成分（摘自 GB/T 1173－2013）

合金种类	合金牌号	合金代号	主要元素(质量分数)/%							
			Si	Cu	Mg	Zn	Mn	Ti	其他	Al
Al—Si合金	ZAlSi7Mg	ZL101	6.5～7.5		0.25～0.45					余量
	ZAlSi7MgA	ZL101A	6.5～7.5		0.25～0.45			0.08～0.20		余量
	ZAlSi12	ZL102	10.0～13.0							余量
	ZAlSi9Mg	ZL104	8.0～10.5		0.17～0.35		0.2～0.5			余量
	ZAlSi5Cu1Mg	ZL105	4.5～5.5	1.0～1.5	0.4～0.6					余量

续表

合金种类	合金牌号	合金代号	主要元素(质量分数)/%							
			Si	Cu	Mg	Zn	Mn	Ti	其他	Al
Al—Si 合金	ZAlSi5Cu1MgA	ZL105A	4.5~5.5	1.0~1.5	0.4~0.55					余量
	ZAlSi8Cu1Mg	ZL106	7.5~8.5	1.0~1.5	0.3~0.5		0.3~0.5	0.10~0.25		余量
	ZAlSi7Cu4	ZL107	6.5~7.5	3.5~4.5						余量
	ZAlSi12Cu2Mg1	ZL108	11.0~13.0	1.0~2.0	0.4~1.0		0.3~0.9			余量
	ZAlSi12Cu1Mg1Ni1	ZL109	11.0~13.0	0.5~1.5	0.8~1.3				Ni 0.8~1.5	余量
	ZAlSi5Cu6Mg	ZL110	4.0~6.0	5.0~8.0	0.2~0.5					余量
	ZAlSi9Cu2Mg	ZL111	8.0~10.0	1.3~1.8	0.4~0.6		0.10~0.35	0.10~0.35		余量
	ZAlSi7Mg1A	ZL114A	6.5~7.5		0.45~0.75			0.10~0.20	Be 0~0.07	余量
	ZAlSi5Zn1Mg	ZL115	4.8~6.2		0.4~0.65	1.2~1.8			Sb 0.1~0.25	余量
	ZAlSi8MgBe	ZL116	6.5~8.5		0.35~0.55			0.10~0.30	Be 0.15~0.40	余量
	ZAlSi7Cu2Mg	ZL118	6.0~8.0	1.3~1.8	0.2~0.5		0.1~0.3	0.10~0.25		余量
Al—Cu 合金	ZAlCu5Mn	ZL201		4.5~5.3			0.6~1.0	0.15~0.35		余量
	ZAlCu5MnA	ZL201A		4.8~5.3			0.6~1.0	0.15~0.35		余量
	ZAlCu10	ZL202		9.0~11.0						余量
	ZAlCu1	ZL203		4.0~5.0						余量
	ZAlCu5MnCdA	ZL204A		4.6~5.3			0.6~0.9	0.15~0.35	Cd 0.15~0.25	余量
	ZAlCu5MnCdVA	ZL205A		4.6~5.3			0.3~0.5	0.15~0.35	Cd 0.15~0.25 V 0.05~0.3 Zr 0.15~0.2 B 0.005~0.06	余量

续表

合金种类	合金牌号	合金代号	主要元素(质量分数)/%							
			Si	Cu	Mg	Zn	Mn	Ti	其他	Al
Al—Cu合金	ZAlRe5Cu3Si2	ZL207	1.6~2.0	3.0~3.4	0.15~0.25		0.9~1.2		Zr 0.15~0.2 Ni 0.2~0.3 Re 4.4~5.0	余量
Al—Mg合金	ZAlMg10	ZL301			9.5~11.0					余量
	ZAlMg5Si	ZL303	0.8~1.3		4.5~5.5		0.1~0.4			余量
	ZAlMg8Zn1	ZL305			7.5~9.0	1.0~1.5		0.10~0.20	Be 0.03~0.10	余量
Al—Zn合金	ZAlZn11Si7	ZL401	6.0~8.0		0.1~0.3	9.0~13.0				余量
	ZAlZn6Mg	ZL402			0.5~0.65	5.0~6.5	0.2~0.5	0.15~0.25	Cr 0.4~0.6	余量

表 2-36 铸造铝合金杂质元素容许含量

合金种类	合金牌号	合金代号	主要元素(质量分数)/%												其他杂质总和	
			Fe		Si	Cu	Mg	Zn	Mn	Ti	Zr	Ti+Zr	Be	Ni	Sn	Pb	S	J
			S	J														
Al-Si合金	ZAlSi7Mg	ZL101	0.5	0.9		0.2		0.3	0.35			0.25	0.1		0.05	0.05	1.1	1.5
	ZAlSi7MgA	ZL101A	0.2	0.2		0.1		0.1	0.10						0.05	0.03	0.7	0.7
	ZAlSi12	ZL102	0.7	1.0	0.30	0.10	0.1	0.5	0.2								2.0	2.2
	ZAlSi9Mg	ZL104	0.6	0.9		0.1		0.25				0.15			0.05	0.05	1.1	1.4
	ZAlSi5Cu1Mg	ZL105	0.6	1.0				0.3	0.5			0.15	0.1		0.05	0.05	1.1	1.4
	ZAlSi5Cu1MgA	ZL105A	0.2	0.2				0.1	0.1						0.05	0.05	0.5	0.5
	ZAlSi8Cu1Mg	ZL106	0.6	0.8				0.2							0.05	0.05	0.9	1.0

课题四 非铁金属及新型材料

续表

合金种类	合金牌号	合金代号	主要元素(质量分数)/%												其他杂质总和	
			Fe		Si	Cu	Mg	Zn	Mn	Ti	Zr	Ti+Zr	Be	Ni	Sn	Pb		
			S	J													S	J
Al-Si 合金	ZAlSi7Cu4	ZL107	0.5	0.6			0.1	0.3	0.5						0.05	0.05	1.0	1.2
	ZAlSi12Cu2Mg1	ZL108		0.7			0.2			0.20				0.3	0.05	0.05		1.2
	ZAlSi12Cu1Mg1Ni1	ZL109		0.7			0.2	0.2		0.20					0.05	0.05		1.2
	ZAlSi5Cu6Mg	ZL110		0.8			0.6	0.5							0.05	0.05		2.7
	ZAlSi9Cu2Mg	ZL111	0.4	0.4			0.1								0.05	0.05		1.2
	ZAlSi7Mg1A	ZL114A	0.2	0.2		0.2	0.1	0.1									0.75	0.75
	ZAlSi5Zn1Mg	ZL115	0.3	0.3		0.1		0.1							0.05	0.05	1.0	1.0
	ZAlSi8MgBe	ZL116	0.60	0.60			0.3	0.1		0.20					0.05	0.05	1.0	1.0
	ZAlSi7Cu2Mg	ZL118	0.3	0.3				0.1							0.05	0.05	1.0	1.5
Al-Cu 合金	ZAlCu5Mn	ZL201	0.25	0.3	0.3		0.05	0.2			0.2			0.1			1.0	1.0
	ZAlCu5MnA	ZL201A	0.15		0.1		0.05	0.1			0.15			0.05			0.4	
	ZAlCu10	ZL202	1.0	1.2	1.2		0.3	0.8	0.5					0.5			2.8	3.0
	ZAlCu1	ZL203	0.8	0.8	1.2		0.05	0.25	0.1	0.2	0.1				0.05	0.05	2.1	2.1
	ZAlCu5MnCdA	ZL204A	0.12	0.12	0.06		0.05	0.1			0.15			0.05			0.4	
	ZAlCu5MnCdVA	ZL205A	0.15	0.16	0.06		0.05										0.3	0.3
	ZAlR5Cu3Si2	ZL207	0.6	0.6				0.2									0.8	0.8

续表

合金种类	合金牌号	合金代号	Fe		Si	Cu	Mg	Zn	Mn	Ti	Zr	Ti+Zr	Be	Ni	Sn	Pb	其他杂质总和	
			主要元素(质量分数)/%														S	J
			S	J														
Al-Mg合金	ZAlMg10	ZL301	0.3	0.3	0.3	0.1		0.15	0.15	0.15	0.20		0.07	0.05	0.05	0.05	1.0	1.0
	ZAlMg5Si	ZL303	0.5	0.5		0.1		0.2		0.2							0.7	0.7
	ZAlMg8Zn1	ZL305	0.3		0.2	0.1			0.1								0.9	
Al-Zn合金	ZAlZn11Si7	ZL401	0.7	1.2		0.6			0.5								1.8	2.0
	ZAlZn6Mg	ZL402	0.5	0.8	0.3	0.25			0.1								1.35	1.65

表 2-37　铸造铝合金的力学性能

合金种类	合金牌号	合金代号	铸造方法	合金状态	力学性能≥		
					抗拉强度 R_m/MPa	伸长率 A%	布氏硬度 HBW
Al-Si合金	ZAlS7Mg	ZL101	S. J. R. K	F	155	2	50
			S. J. R. K	T2	135	2	45
			JB	T4	185	4	50
			S. R. K	T4	175	4	50
			JJB	T5	205	2	60
			S. R. K	T5	195	2	60
			SB. RB. KB	T5	195	2	60
			SB. RB. KB	T6	225	1	70
			SB. RB. KB	T7	195	2	60
			SB. RB. KB	T8	155	3	55
	ZAlS7MgA	ZL101A	S. R. K	T4	195	5	60
			JJB	T4	225	5	60
			S. R. K	T5	235	4	70
			SB. RB. KB	T5	235	4	70
			JJB	T5	265	4	70
			SB. RB. KB	T6	275	2	80
			JJB	T6	295	3	80

续表

合金种类	合金牌号	合金代号	铸造方法	合金状态	力学性能≥		
					抗拉强度 R_m/MPa	伸长率 A%	布氏硬度 HBW
Al—Si合金	ZAlS12	ZL102	SB、JB、RB、KB	F	145	4	50
			J	F	155	2	50
			SB、JB、RB、KB	T2	135	4	50
			J	T2	145	3	50
	ZAlS7Mg	ZL104	S、R、J、K	F	150	2	50
			J	T1	200	1.5	65
			SB、RB、KB	T6	230	2	70
			JJB	T6	210	2	70
	ZAlS5Cu1Mg	ZL105	S、R、J、K	T1	155	0.5	65
			S、R、K	T5	215	1	70
			J	T5	235	0.5	70
			S、R、K	T6	225	0.5	70
			S、R、J、K	T7	175	1	65
	ZAlS5Cu1MgA	ZL105A	SB、R、K	T5	275	1	80
			JJB	T5	295	2	80

2. 铜及铜合金

（1）纯铜。纯铜是用电解方法提炼出来的，故又称电解铜。纯铜为玫瑰色，表面形成氧化膜后呈紫色，故又称紫铜。熔点为 1 083 ℃，密度为 8.96 g/cm³，无磁性。具有面心立方晶格，无同素异构体。

纯铜具有良好的导电、导热和优良的化学稳定性，强度较低（R_m＝200～250 MPa），硬度很低（30～50 HBS），塑性好（A＝35%～45%），抗蚀性较好。纯铜常作为导电、导热、耐蚀材料使用，主要用来制作导线、散热器、冷凝器、抗磁性的仪器仪表、油管、铆钉、垫圈和各种型材等。

（2）铜合金。虽然冷加工变形可提高纯铜强度，但塑性显著降低，硬度也很低，不能制造受力的结构件。为了满足制造结构件的要求，工业上广泛采用在铜中加入合金元素而制成性能得到强化的铜合金。

1）黄铜。以锌为主加合金元素的铜合金叫黄铜。按其含合金元素种类，又分为普通黄铜、特殊黄铜两种。

①普通黄铜是铜-锌二元合金。普通黄铜的耐蚀性较好，尤其对大气、海水具有一定的抗蚀能力。

普通黄铜的牌号表示方法是：H（"黄"字汉语拼音字首）+平均铜的质量分数（×100），如 H68 表示铜的质量分数为 68%左右，其余为锌的普通黄铜。常用单相黄铜牌号有 H70、H80 等，由于塑性好，适于制造形状复杂、耐腐蚀的冲压件，如弹壳、散热气外壳等。表

2-38 为常用普通黄铜的牌号、化学成分及应用举例。

表 2-38 常用普通黄铜的牌号、化学成分及应用

牌号	化学成分/%			主要特性	用途举例
	w_{Cu}	其他	w_{Zn}		
H80	79.0~81.0	0.3	余量	强度较高，塑性较好，在大气、淡水及海水中有较高的耐蚀性	造纸网、薄壁管、波纹管及装饰品
H70	68.5~71.5	0.3	余量	塑性极好，强度较高，能承受冷、热加工，易焊接	弹壳、冷凝器管、雷管、散热器外壳等冷冲件、深冲件
H62	60.5~63.5	0.5	余量	良好的力学性能，热态下塑性良好，切削加工性好，易焊接耐腐蚀	散热器零件、垫圈、螺母、铆钉、导管、弹簧、气压表零件

②特殊黄铜。在普通黄铜中加入铅、铝、锰、锡、铁、镍、硅等合金元素所组成的多元合金称特殊黄铜。加入合金元素的目的是为了改善黄铜的性能。加入铝、硅、镁、锡、锰、镍可提高黄铜的耐蚀性和耐磨性；加入铅可改善切削加工性；加入铁、锰可提高再结晶温度和细化晶粒；加入硅可改善铸造性能。

特殊黄铜分为压力加工和铸造两类。若特殊黄铜中加入的合金元素较少，则塑性较高，称为压力加工特殊黄铜，牌号表示方法是：H+主加元素的化学符号（除锌以外）+铜及各合金元素质量分数(×100)。如 HSn62－1 表示铜的质量分数为 62% 左右，锡的质量分数为 1% 左右，其余为锌的锡黄铜。加入的合金元素较多，则强度和铸造性能好，称为铸造用特殊黄铜，牌号表示方法是：Z("铸"字汉语拼音字首)+铜元素化学符号+主加元素的化学符号及质量分数(×100)+其他合金元素化学符号及质量分数(×100)。如 ZCuZn38，表示含 $w_{Zn}=38\%$，余量为铜的铸造普通黄铜。

特殊青铜主要用于制造船舶上的零件，如冷凝管、蜗杆、齿轮、螺旋桨及轴承、钟表零件等。常用特殊黄铜的牌号、化学成分及应用见表 2-39 所示。

表 2-39 常用特殊黄铜的牌号、化学成分及应用

牌号	化学成分/%			主要特性	用途举例
	w_{Cu}	其他	w_{Zn}		
HPb59－1	57.0~60.0	Pb0.8~1.9	余量	切削加工性好，具有良好的力学性能，能承受冷热压力加工	销子、螺钉等冲压或加工件
HMn58－2	68.5~71.5	Mn1.0~2.0	余量	耐蚀性好，力学性能良好，导热导电性低，热态下压力加工性好	船舶零件及轴承等耐磨零件
HSn62－1	60.5~63.5	Sn0.7~1.1	余量	在海水上有较高的耐蚀性，良好的力学性能，冷加工时有脆性，可切削性好，易焊接和钎接，但有腐蚀破裂倾向	汽车、拖拉机弹性套管、船舶零件

2)青铜。铜和锡往往伴生而成矿,因此铜锡合金是人类历史上最早使用的合金,因其外观呈青黑色,所以称之为青铜。根据主加元素如锡、铝、铍、铅、硅等,分别称为锡青铜、铝青铜、铍青铜、铅青铜、硅青铜等,其中铜锡合金为锡青铜,其余为特殊青铜(或无锡青铜)。锡青铜的铸造性能、减摩性能和机械性能好,适合于制造轴承、蜗轮、齿轮等。铅青铜是现代发动机和磨床广泛使用的轴承材料。铝青铜强度高,耐磨性和耐蚀性好,用于铸造高载荷的齿轮、轴套、船用螺旋桨等。铍青铜和磷青铜的弹性极限高,导电性好,适于制造精密弹簧和电接触元件,铍青铜还用来制造煤矿、油库等使用的无火花工具。

青铜一般具有高的耐蚀性,较高的电导性、热导性及良好的切削加工性。按工艺特点又分为压力加工青铜和铸造青铜,压力加工青铜牌号用 Q("青"字汉语拼音字首)+主加元素符号+主加元素质量分数及其他元素质量分数表示。铸造青铜的牌号用 Z+Cu+主加元素符号及质量分数+其他元素符号及质量分数表示。

常用青铜牌号成分性能及用途见表 2-40 所示。

表 2-40 常用青铜牌号成分性能及用途

组别	合金牌号（或代号）	Cu 以外成分/%	主要特性	应用举例
铸造锡青铜	ZCuSn10P1	$w_{Sn}=9.0\sim11.5$ $w_P=0.5\sim1.0$	硬度高,耐磨性极好,有较好的铸造性能、切削加工性能、耐蚀性	耐磨零件,如连杆、衬套、轴瓦、齿轮、蜗轮等
铸造锡青铜	ZCuSn5Pb5Zn5	$w_{Sn}=4.0\sim6.0$ $w_{Pb}=4.0\sim6.0$ $w_{Zn}=4.0\sim6.0$	耐磨性、耐蚀性好,易加工,铸造性能和气密性较好	耐磨、耐蚀零件,如轴瓦、缸套、衬套、活塞、蜗轮等
加工锡青铜	QSn4—4—4	$w_{Sn}=3.0\sim5.0$ $w_{Pb}=3.5\sim4.5$ $w_{Zn}=3.0\sim5.0$ 杂质总和 0.2	高的减摩性、良好的切削加工性,在大气、淡水中有良好的耐蚀性,工作温度小于 300 ℃	汽车、拖拉机用的轴承轴套的衬垫,航空仪表材料
加工锡青铜	QSn6.5—0.1	$w_{Sn}=3.0\sim5.0$ $w_{Zn}=3.0\sim5.0$ $w_{Pb}=3.5\sim4.5$ 杂质总和 0.1	高的强度、弹性、耐磨性、抗磁性、压力加工良好,切削加工性好	耐磨零件、抗磁零件,弹簧等
铸造铝青铜	ZCuAl10Fe3	$w_{Al}=8.5\sim11.0$ $w_{Fe}=2.0\sim4.0$	高的力学性能、耐磨性和耐蚀性,可以焊接,不易钎焊	要求强度高、耐磨、耐蚀的重型铸件。如轴套、螺母、蜗轮等
铍青铜	QBe2	$w_{Be}=1.80\sim2.10$ $w_{Ni}=0.2\sim0.5$ 杂质总和 0.5	高的力学性能、耐磨性和耐蚀性、耐热性	重要用途的弹簧、弹性元件,以及高速、高温、高压下工作的齿轮、轴承、轴套

注:表中数据摘自 GB/T5231—2001、GB/T1176—1987

3. 硬质合金

硬质合金是将一种或多种难熔金属的碳化物和起黏合作用的金属钴粉末，用粉末冶金方法制成的金属材料。

(1) 硬质合金的性能特点。硬质合金的硬度高，常温下可达 86～93 HRA（69～81 HRC），热硬性好，在 900 ℃～1000 ℃温度下仍然有较高的硬度，抗压强度高，但抗弯强度低，韧性差。通常情况下不能进行切削加工制成形状复杂的整体刀具，一般将硬质合金制成一定规格不同形状的刀片，采用焊接、黏接、机械紧固等方法将其安装在机体或模具体上使用。

(2) 常用的硬质合金。

1) 钨钴类硬质合金。主要成分为碳化钨（WC）及钴（Co）。其牌号用"YG"（"硬"、"钴"两字的汉语拼音字母字头）加数字表示，数字表示含钴量的百分数。例如：YG8，表示钨钴类硬质合金，含钴量为 8%。

钨钴类合金刀具主要用来切削加工产生断续切屑的脆性材料，如铸铁、非铁金属、胶木及其他非金属材料。

2) 钨钴钛类硬质合金。主要成分为碳化钨 WC、碳化钛 TiC 及钴 Co。其牌号用"YT"（"硬""钛"两字的汉语拼音字母字头）加数字表示，数字表示碳化钛的质量分数（%）。例如：YT5，表示钨钴钠类硬质合金，碳化钛的质量分数为 5%。

硬质合金中，碳化物质量分数越多，钴的质量分数越少，则合金的硬度、热硬性及耐磨性越高，合金的强度和韧性越低，反之则相反。

钨钴钛类合金主要用来切削加工韧性材料，如各种钢。

3) 钨钴钽(铌)类硬质合金

这类硬质合金又称为通用硬质合金或万能硬质合金。其牌号用"YW"（"硬""万"两字汉语拼音字母字头）加顺序号表示，如 YW1，YW2 等。

通用硬质合金既可切削脆性材料，又可切削韧性材料，特别对于不锈钢、耐热钢、高锰钢等难加工的钢材，切削加工效果更好。

常用硬质合金的牌号、化学成分和力学性能如表 2-41 所示。

表 2-41　常用硬质合金的牌号、成分和性能

类别	牌号	化学成分(质量分数/%)				力学性能≥	
		WC	TiC	TaC	Co	HRA	R_m/MPa
钨钴类	YG3X	96.5	—	<0.5	3	91.5	1 079
	YG6	94.0	—	—	6	89.5	1 422
	YG6X	93.5	—	<0.5	6	91.0	1 373
	YG8	92.0	—	—	8	89.0	1 471
	YG8N	91.0	—	1	8	89.5	1 471
	YG11C	89.0	—	—	11	86.5	2 060
	YG15	85.0	—	—	15	87.0	2 060
	YG4C	96.0	—	—	4	89.5	1 422
	YG6A	92.0	—	2	6	91.5	1 373
	YG8C	92.0	—	—	8	88.0	1 716

续表

类别	牌号	化学成分(质量分数/%)				力学性能≥	
		WC	TiC	TaC	Co	HRA	R_m/MPa
钨钛钴类	YT5	85.0	5	—	10	89.5	1 373
	YT15	79.0	15	—	6	91.0	1 150
	YT30	66.0	30	—	4	92.5	883
通用类	YW1	84～85	6	3～4	6	91.5	1 177
	YW2	82～83	6	3～4	6	90.5	1324

钢结硬质合金是近年来开发的一种介于高速工具钢和硬质合金之间的一种新型材料，是以一种或多种碳化物以非合金钢或合金钢粉末(不锈钢或高速钢)为黏结剂，经配料、混料、压制和烧结而成的粉末冶金材料。它可以像钢一样可以进行锻造、切削、热处理及焊接，可以制成各种形状复杂的刀具、模具及耐磨零件等。例如高速钢结硬质合金可以制成滚刀、圆锯片等刀具。

二、新型工程材料简介

长期以来，机械工程材料一直是以金属材料为主，近几十年来，以非金属材料为基础的新型工程材料发展很快，并越来越多地应用于工业、农业、国防和科学技术各个领域。在机器制造工业中，人工合成的高分子材料，特别是塑料，使用性能优良，成本低廉，外表美观，正在逐步取代一部分金属材料。目前，在机械工程中常用的新型工程材料主要有高分子材料、工业陶瓷、复合材料等。这里对新型材料只作简单的介绍。

1. 高分子材料

高分子材料是以高分子化合物为主要组分的材料，高分子材料分为天然和人工合成两大类。天然高分子材料有羊毛、蚕丝、淀粉、纤维素及橡胶等。工程上应用的高分子材料主要是人工合成的，如聚苯乙烯、聚氯乙烯等。机械工程中常用的高分子材料主要有塑料和橡胶。

(1)塑料。塑料是一种高分子物质合成材料。塑料是指以聚合物为主要成分，在一定条件(温度、压力等)下可塑成一定形状并且在常温下保持其形状不变的材料。

按塑料的热性能不同可分为热塑性塑料和热固性塑料。热塑性塑料这类塑料加热时软化，可塑造成形，冷却后变硬，再次加热又软化，冷却又变硬，可多次变化。常用的热塑性塑料有聚乙烯、聚氯乙烯、聚丙烯、ABS、聚甲醛、聚碳酸酯、聚苯乙烯、聚四氟乙烯、聚砜等。这种塑料具有加工成形简单、力学性能较好的优点，缺点是耐热性和刚性较差。热固性塑料是指在受热或其他条件下能固化或具有不溶(熔)特性的塑料，如酚醛塑料、环氧塑料等。热加工成形后形成不熔不溶的固化物，其树脂分子由线型结构交联成网状结构。再加强热则会分解破坏。典型的热固性塑料有酚醛、环氧、氨基、不饱和聚酯、呋喃等材料，还有较新的聚苯二甲酸二丙烯酯塑料等。它们具有耐热性高、受热不易变形等优点。缺点是机械强度一般不高，但可以通过添加填料，制成层压材料或模压材料来提高其机械强度。

按塑料使用范围的不同可分为通用塑料、工程塑料和耐热塑料。通用塑料的产量大、用途广、价格低而受力不大，主要有聚乙烯、聚氯乙烯、聚苯乙烯、聚丙烯、酚醛塑料和氨基塑料等，它们是一般工农业生产和日常生活不可缺少的塑料。工程塑料的力学性能较好、耐热、耐寒、耐蚀和电绝缘性良好，但多数工程塑料的力学性能比金属材料差，耐热性较低，易老化。它们可取代金属材料制造机械零件和工程结构。这类塑料主要有聚碳酸酯、聚酰胺（即尼龙）、聚甲醛等。耐热塑料是指在较高温度下工作的各种塑料，如聚四氟乙烯、环氧塑料和有机硅塑料等均能在 100 ℃～2 000 ℃的温度下工作。

近几年来塑料的生产和应用有很大发展，越来越多地应用于各类工程中。

(2)橡胶。橡胶是一种以生胶为基础，适量加入配合剂而制成的高分子材料。橡胶的弹性模量很低，伸长率很高(100%～1 000%)，具有优良的拉伸性能和储能性能。此外，还有优良的耐磨性、隔音性和绝缘性。

生胶按原料来源不同可分为天然生胶和合成生胶两类。天然生胶是将橡胶树流出来的胶乳经过凝固、干燥、加压后制成的片状固体。合成生胶是用化学合成的方法制成的与天然生胶相似的高分子材料，包括氯丁橡胶、丁苯橡胶、聚氨酯胶等，合成橡胶中有少数品种的性能与天然橡胶相似，大多数与天然橡胶不同，但两者都是高弹性的高分子材料，一般均需经过硫化和加工之后，才具有实用性和使用价值。

配合剂是指为改善和提高生胶性能而加入的物质，主要包括润滑剂、增塑剂、填充剂、防老剂、着色剂等。不同的合成生胶加入不同的配合剂可得到性能有一定差别的橡胶。

在机械零件中，橡胶广泛用于制造密封件、减振件、传动件、轮胎和电线等。

2. 工业陶瓷

工业陶瓷是一种无机非金属材料，主要包括普通陶瓷（传统陶瓷）和特种陶瓷两类。陶瓷在传统上是指陶器和瓷器，也包括玻璃、水泥、石灰、石膏和搪瓷等。这些材料都是用天然的硅酸盐矿物，如黏土、石灰石、长石、硅沙等原料生产的，所以陶瓷材料也称硅酸盐材料。

陶瓷的共同特点是：硬度高、抗压强度大、耐高温、耐磨损、耐腐蚀及抗氧化性能好。但是，陶瓷性脆，没有延展性，经不起碰撞和急冷急热。

普通陶瓷是以天然硅酸盐矿物（如黏土、长石、石英等）为原料经过粉末冶金方法制成成品的，主要用于日用和建筑等。

特种陶瓷主要指具有某些特殊物理、化学或力学性能的陶瓷。它的成品是以氧化物、硅化物、碳化物、氮化物、硼化物等人工合成材料为原料，经过粉末冶金方法制成的。机械工程中常用的特种陶瓷主要有氧化铝陶瓷、碳化硅陶瓷、氮化硅陶瓷、氮化硼陶瓷等。许多特种陶瓷的硬度和耐磨性都超过硬质合金，是很好的硬切削材料。主要用于现代工业和尖端科学技术的特种陶瓷制品、化工、冶金、机械、电子等行业。

目前，陶瓷材料已广泛用于制造零件、工具和工程构件等。

3. 复合材料

金属材料、高分子材料和陶瓷材料在使用性能上各有长处和不足，各有自己的应用范围。随着科学技术的发展，对材料的要求越来越高，使用单一材料来满足这些要求变得越来越困难。因此，出现了一类新的材料——复合材料。复合材料是将两种或两种以上不同化学性质或不同组织结构的材料，以微观或宏观的形式组合在一起而形成的新材料。复合材料与其他材料相比具有抗疲劳强度高、减振性好、耐高温能力强、断裂安全性好、化学稳定性、减磨性和电绝缘性良好等优点。钢筋混凝土、玻璃钢等都是典型的复合材料。

按复合材料增强剂的种类和结构形式的不同，复合材料可分为层叠型复合材料、纤维增强复合材料和细粒复合材料三类。

①层叠型复合材料是将两种或两种以上的不同材料层叠结合在一起形成的材料，常用的有二层复合和三层复合材料。如三合板、五合板、钢-铜-塑料复合的无油润滑轴承材料等就是这类复合材料。

②纤维增强型复合材料以玻璃纤维、碳纤维、硼纤维等陶瓷材料作复合材料的增强剂，将塑料、树脂、橡胶和金属等材料复合而成。如橡胶轮胎、玻璃钢、纤维增强陶瓷等都是纤维复合材料。

③细粒复合材料是由一种或多种材料的颗粒，均匀分散在基体材料内部而形成的，具有某些特殊性能。例如，将铅粉加入塑料中所得到的复合材料具有很好的隔音性能；将陶瓷微粒分散于金属微粒中，经粉末冶金方法制成的金属陶瓷，可使金属的特性与陶瓷的特性互补，更能满足需要。如硬质合金就是由 WC-Co 或 WC-TiC-Co 等组成的细粒复合材料。

纤维复合材料是复合材料中发展最快、应用最广的一种材料。目前常用的纤维复合材料有玻璃纤维-树脂复合材料和碳纤维—树脂复合材料两种。

玻璃纤维-树脂复合材料是以玻璃纤维和热塑性树脂复合的玻璃纤维增强材料，又称之为玻璃钢。它用的树脂有环氧树脂、酚醛树脂和有机硅树脂等。玻璃钢常用于要求自重轻的构件，如汽车、农机和机车车辆上的受热构件、电气绝缘零件，以及船舶壳件、氧气瓶、石油化工的管道和阀门等。

碳纤维-树脂复合材料是碳纤维和环氧树脂、酚醛树脂和聚四氟乙烯等组成的复合材料，在机械工业中常用作承载零件和耐磨件，如连杆、活塞、齿轮和轴承等。此外还用作耐蚀件，如管道、泵和容器等。

知识梳理

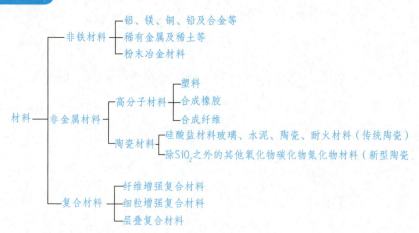

学后评量

1. 常用的变形铝合金有防锈铝合金、硬铝合金、_____和_____。
2. 铜合金分为_____和青铜,青铜分为锡青铜、铝青铜、_____及_____等。
3. 塑料按用途分为通用塑料、_____;按树脂性质不同分为热塑性塑料和_____。

1. 黄铜主要合金元素为(　　)。
   A. 锡　　　　　　B. 锌　　　　　　C. 镍　　　　　　D. 硅
2. 锡青铜与黄铜比(　　)。
   A. 铸造性差　　　B. 铸造性好　　　C. 耐磨性差　　　D. 耐蚀性差
3. 塑料的主要成分(　　)。
   A. 稳定剂　　　　B. 填充剂　　　　C. 增强剂　　　　D. 树脂
4. 玻璃钢是(　　)。
   A. 复合材料　　　B. 塑料　　　　　C. 一种钢　　　　D. 陶瓷
5. 陶瓷有(　　)。
   A. 硬度低　　　　B. 不耐磨损　　　C. 有的导电性好　D. 韧度高

1. 什么是高分子材料?
2. 高分子材料的合成方法是什么?
3. 高分子材料如何分类?
4. 陶瓷的共同特点是什么?
5. 新材料的发展与哪些因素有关?
6. 橡胶一般分成几类?它们的特点和用途是什么?

模块三

热加工基础

- **本章主要内容**

1. 铸造的特点、分类、应用及安全生产；砂型铸造工艺、特种铸造及铸造新工艺和发展方向。

2. 锻压的特点、分类、应用及安全生产；自由锻、模锻及冲压生产工艺和应用范围；锻压新技术、新工艺。

3. 焊接的特点、分类、应用及安全生产；焊条电弧焊的设备及操作、维护的一般方法；气焊、氩弧焊等焊接方法及工艺；焊接新技术、新工艺、新设备。

课题一　铸　造

学习目标

1. 了解铸造的特点、分类、应用及安全生产；
2. 了解砂型铸造工艺、特种铸造及铸造新工艺和发展方向。

课题导入

我们去寺庙时，经常看到人们烧香的大鼎，有的家庭也有烧香用的类似的叫香炉。鼎和香炉都是铸造的，鼎的生产在商朝就有了。

 想一想：

你知道哪些铸造的产品？

知识链接

一、铸造基础知识

1. 铸造及其特点

铸造是将熔融金属浇入型腔，凝固后获得一定形状和性能铸件的成形方法。用铸件方法获得的金属件称为铸件。铸造生产具有以下特点：

①铸件的形状与零件尺寸较接近，可以制成外形和内腔十分复杂的零件，可节省金属材料，减少切削加工工作量。

②原材料来源广泛，还可利用金属废料和报废的机件；工艺设备费用少，生产周期较短，成本较低。

③铸造工序较多，有些工艺过程难以控制，质量不够稳定，废品率较高，铸态组织晶粒粗大，力学性能较差。因此，对于承受动载荷的重要零件一般不采用铸件作为毛坯。

④适用范围较广，能制造各种尺寸和形状复杂的铸件。绝大多数金属均能用铸造方法制成铸件，工业生产中常用的金属材料，如各种铸铁、非合金钢、合金钢、有色金属等都可用来铸造，有些材料（如铸铁）只能用铸造方法来制取零件，铸件的质量可以从几克到200吨以上，铸件占机器总重量的40%～85%。

2. 铸造方法

在铸造生产中最基本的方法是砂型铸造，除砂型以外的铸造方法统称为特种铸造，包括金属型铸造、压力铸造、离心铸造、熔模铸造、挤压铸造、陶瓷铸造、差压铸造、低压铸造、连续铸造、消失模铸造等。

3. 铸造安全技术

铸造是热加工车间，生产工序繁多，技术复杂，劳动条件比较差，事故的发生也比别的工种多，所以，要高度重视安全技术，严格按照操作规程生产，对保证工人的身体健康和生产的正常进行有很重要的意义。不同工种的安全要求不一样，为彻底避免事故的发生，一般要注意以下几个方面：

①熔炼、浇注、型砂处理、备料人员应穿戴专用的防护工作服、帽、皮鞋及防护眼镜。

②混砂时，要严防铁块、铁钉等杂物混入砂中，以免造成设备损坏事故。

③砂箱堆放要平稳，搬动砂箱时要注意轻放，以防砸伤手脚。

④严禁从冒口处观察铁液，浇包对面不准站人以防铁液喷出伤人。

⑤浇注高大铸件时，要选择稳定及有退路的地方站稳，方可浇注。

⑥接触金属熔液、炉渣的工具和浇包，必须保持干燥。挡渣用的铁棍不允许用空心棒，一定要预热，以防爆炸。

⑦浇注小件尽量采用小浇包，浇注大型铸件要有专人扒渣、挡渣、引气，以免发生爆炸。

⑧往浇包内注入金属熔液时,液面与浇包上沿的距离不得小于浇包内壁高度的八分之一。以防金属液外溢伤人。

⑨剩余铁液不得乱倒,必须倒在预热后的锭模中。

⑩所有抬浇包人的行动都要协调,抬起或放下的动作要一致。如果发现金属液飞溅甚至烫伤人时,不能将浇包随意乱丢,以免造成更大的事故。

⑪不要用手脚去接触尚未冷却的铸件。

⑫在炉料破碎或铸件清理时,要注意周围环境,防止伤人。

二、砂型铸造

1. 砂型铸造的工艺过程

砂型铸造是指用型砂紧实成形的铸造方法。砂型铸造工艺过程如图 3-1 所示。图 3-2 为齿轮毛坯的砂型铸造过程。

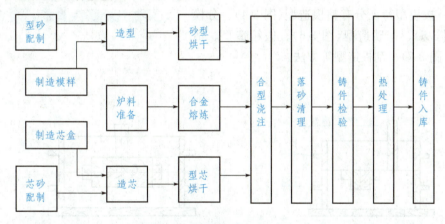

图 3-1 砂型铸造工艺过程

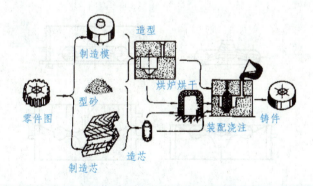

图 3-2 齿轮毛坯的砂型铸造简图

2. 造型材料

制造材料型砂的基本原料是铸造砂和型砂黏结剂。最常用的铸造砂是硅质砂;型砂黏结剂,是将松散的砂粒黏结起来成为型砂。砂型铸造所用铸型一般由外砂型和型芯组合而成,制造铸型或型芯用的材料,称为造型材料。造型材料包括型砂、芯砂及涂料等。

造型材料应具备良好的性能:①可塑性,以便于造型;②足够的强度,以保证在修整、搬运及液体金属浇注时受冲击和压力作用下,不致变形或毁坏;③高的耐火度,以保证在高温液体金属注入时不熔化;④良好的透气性;⑤一定的退让性等。

3. 造型方法

造型就是用型砂和模样制造铸型的过程。造型方法分手工造型和机器造型两大类。一般单件和小批量生产都用手工造型。在大量生产时,主要采用机器造型。

(1)手工造型。全部用手工或手动工具完成的造型工序称为手工造型。按砂箱特征分有两箱造型、三箱造型(图3-3)、脱箱造型、地坑造型、组芯造型;按模型特征分有整模造型(图3-4)、分模造型(图3-5)、挖砂造型(图3-6)、假箱造型、活块造型(图3-7)、刮板造型等方法。

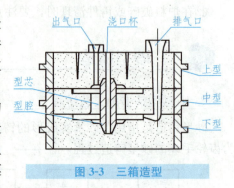

图3-3 三箱造型

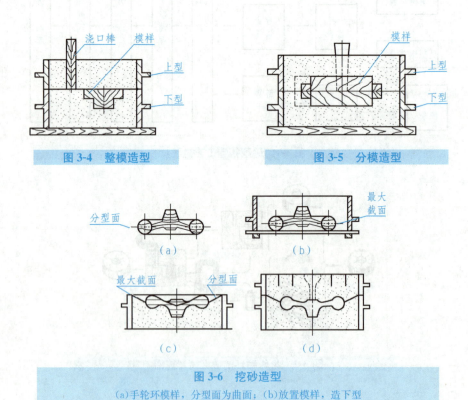

图3-6 挖砂造型
(a)手轮环模样,分型面为曲面;(b)放置模样,造下型
(c)翻转,挖出分型面;(d)造上型,起模,合型

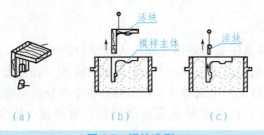

图 3-7 活块造型
(a)模样；(b)取出模样主体；(c)取出活块

几种常用的手工造型方法的特点和适用范围见表 3-1。

表 3-1 几种常用的手工造型

名称	特点	适用范围
两箱造型	最基本的方法，由上型和下型构成，操作简单	各种批量和各种大小铸件
三箱造型	铸型由上、中、下型构成，中箱高度要与铸件两分型面间距相适应	单件小批生产，中间截面小、两端截面大的铸件
挖砂造型	整体模，分型面为曲面，造下型后将妨碍起模的型砂挖去，然后造上型	单件小批生产，整体模，分型面不平
分模造型	将模样沿最大截面分开，型腔位于上、下型内	最大截面在中部的铸件
活块造型	铸件上有妨碍起模的小凸台，制作模样时将这部分做成活动的，拔出模样主体部分后，取出活块	单件、小批生产，带有凸台、难以起模的铸件

(2)机器造型。机器造型是指用机器全部地完成或至少完成紧砂操作的造型工序。机器造型的实质就是用机器代替手工紧砂和起模，它是现代化铸造生产的基本方法，适用于成批大量生产。

机器造型两个主要工序是紧砂和起模。

①紧砂方法常用的紧砂方法有：压实紧实、高压紧实、震击紧实、震压紧实、微震紧实、抛砂紧实、射压紧实、射砂紧实等，其中以震压紧实应用最广。图 3-8(a)、(b)为震压紧实方法。

②起模方法常用的起模方法有顶箱、漏模、翻转三种。图 3-8(c)为顶箱起模方法。随着生产的发展，新的造型设备将会不断出现，使整个造型和造芯过程逐步地实现自动化。

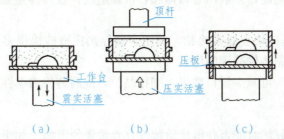

图 3-8 震压式机器造型原理示意图
(a)先震实；(b)后压实；(c)起模

4. 典型浇冒系统

(1) 浇注系统。浇注系统是指液体金属流入砂型型腔的通道。浇注系统能平稳地将金属液导入铸型型腔，控制金属液流入砂型型腔时的方向压力和速度；还可挡渣、排气；供给铸件冷凝收缩时所需补充的金属液体；调节铸件各个部分的温度及控制凝固顺序。它对保证铸件质量极为重要。浇注系统通常由浇口杯、直浇道、横浇道和内浇道组成，如图 3-9 所示。

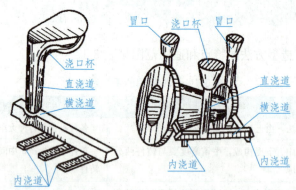

图 3-9 浇注系统和冒口图

① 浇口杯是直接承接铁水且位于直浇道顶部的扩大部分。它既可方便浇注又能减缓金属液对铸型的冲击。浇口杯可单独制造或直接在铸型内制出。

② 直浇道是连接横浇道与浇口杯的垂直通道。盛满金属液后，垂直的液柱形成充型压力，使金属液迅速自动充满型腔。改变它的高度，可改变金属液的充型能力或速度。

③ 横浇道连接内浇道和直浇道的水平通道。位于内浇道的上方，主要起挡渣作用。

④ 内浇道引导金属液进入型腔的道口。内浇道的位置、方向和大小决定着金属液进入型腔的部位、速度和流向，从而可控制铸件的凝固顺序。一般开设在铸件的重要部位（重要的加工面），铸件壁厚均匀的开在薄壁处，壁厚差别大的开在厚壁处。要避免金属液流冲击砂芯或砂型的凸出部分，还要考虑便于清理。内浇道设置的好坏极大地影响着铸件的质量。

(2) 冒口。对于易产生缩孔的铸件，还需开设冒口。它是铸型内储存供补缩铸件用的熔融金属的空腔；还起排气、集渣等作用。冒口一般开设在铸件最后凝固的部位或容易产生缩孔部位的上方或侧面，一般由冒口体和冒口颈组成，冒口体主要存储金属液，冒口颈形成冒口的补缩通道。

(3) 冷铁。冷铁是一块金属激冷物，利用金属导热比型砂快得多的原理，调节铸件各部分的冷却速度，控制铸件凝固顺序。

冒口和冷铁配合，可减少冒口数量，细化晶粒，提高铸件力学性能。

5. 熔炼

金属熔炼质量的好坏对能否获得优质铸件有着重要的影响。如果金属液的化学成分不合格，就会降低铸件的力学性能和物理性能。金属液的温度过低，会使铸件产生冷隔、浇不足、气孔和夹渣等缺陷；金属液的温度过高会导致铸件总收缩量增加、吸收气体过多、粘砂等缺陷。铸造生产常用的熔炼设备有冲天炉（适于熔炼铸铁）、电弧炉（适于熔炼铸钢）、坩埚炉（适于熔炼有色金属）、感应加热炉（适于熔炼铸钢和铸铁等）。

6. 合型、浇注、落砂、清理和检验

合型是指将铸型的各个组元，如上型、下型、型芯、浇口杯等组合成一个完整铸型的操作过程。合型后要保证铸型型腔几何形状、尺寸的准确性和型芯的稳固性。型芯放好并经检验后，才能扣上上型和放置浇口杯。合型后应将上、下型两型紧扣或用压铁压住，以防金属液抬起上砂箱流出型外。

将金属液从浇包注入铸型的操作，称为浇注。金属液的浇注温度对铸件质量有很大影响。若浇注温度过高，金属液吸气多，液体收缩大，铸件容易产生气孔、缩孔、裂纹及粘砂等缺陷。若浇注温度过低，金属液流动性变差，会产生浇不足、冷隔等缺陷。

落砂是指用手工或机械使铸件和型砂（芯砂）、砂箱分开的操作过程。浇注后，必须经过充分的凝固和冷却才能落砂。落砂过早，铸件易产生较大应力，从而导致变形或开裂；此外，铸铁件还会形成白口组织，从而使铸件切削加工困难。

落砂后，从铸件上清除表面粘砂、型砂（芯砂）、多余金属等操作称为清理。清理主要是去除铸件上的浇口、冒口、型芯、粘砂以及飞边毛刺等部分。

清理后对铸件进行检验，检验合格后成为铸件。

三、特种铸造

与砂型铸造相比，特种铸造能避免砂型起模时的型腔扩大和损伤、合型时定位的偏差、砂粒造成的铸件表面粗糙和粘砂，并降低表面粗糙度，从而使铸件的质量大大提高。

1. 金属型铸造

金属型铸造是指在重力作用下将熔融金属浇入金属型获得铸件的铸造方法。金属型一般用铸铁和铸钢制成，铸件的内腔既可用金属型芯、也可用砂芯。

一个金属型可以浇注几百次至几万次，实现了"一铸多型"，节省了造型的工时和材料，提高了生产率，改善了劳动条件，所得到的铸件尺寸精确，表面光洁，机械加工余量小，结晶颗粒细，力学性能较高。

但金属型铸造周期较长，制造成本高，无退让性，铸型热导速度快，使金属的流动性很快降低，易产生浇不足、冷隔、气孔、裂纹等缺陷。故不适用于单件、小批生产和形状复杂的大型薄壁零件。图3-10是垂直分型式金属型。

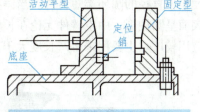

图 3-10　垂直分型式金属型

金属型主要用于非铁合金（铝合金、铜合金或镁合金）铸件的大批生产，如活塞、气缸体、气缸盖、液压泵壳体等。

2. 压力铸造

压力铸造是将熔融金属在高压下高速充型，并在压力下凝固的铸造方法。

压铸机是压力铸造的主要设备。压铸机可分为热压室式和冷压室式两类。冷压室式有立式和卧式两种,图3-11是立式冷压室式压铸机工作原理示意图。其工艺过程为,首先使动型与定型合紧,用活塞将压塞中的熔融金属压射到型腔,凝固后打开铸型并顶出铸件。

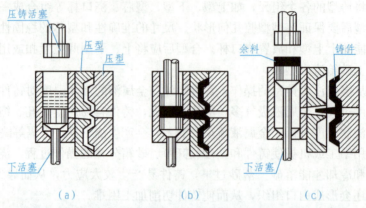

图 3-11 立式冷压室式压铸机工作原理
(a)浇注;(b)压射;(c)开型

压力铸造以金属为基础,保留了金属型铸造的一些特点。压力铸造是高压高速下注入金属液,故可铸造形状复杂、轮廓清晰的薄壁铸件,各种孔眼、螺纹、精细的花纹图案,都可采用压力铸造。压力铸造产品质量好,生产效率高,经济效果优良。

3. 离心铸造

将熔融金属浇入到水平、倾斜或立轴旋转的铸型,在离心力作用下凝固成铸件的方法,称为离心铸造。

离心铸造机根据转轴位置不同,分为立式、卧式和倾斜式三种,铸型的旋转轴线处于水平状态或与水平线夹角很小(4°)时的离心铸造称为卧式离心铸造。铸型的旋转轴线处于垂直状态时的离心铸造称为立式离心铸造。铸型旋转轴线与水平线和垂直线都有较大夹角的离心铸造称为倾斜轴离心铸造,但应用很少。工作原理如图3-12所示。当铸型绕垂直轴线回转时,浇注入铸型中的熔融金属的自由表面呈抛物线形状,因此它主要用来生产高度小于直径的圆环类短铸件。当铸型绕水平轴线回转时,浇注入铸型中的熔融金属的自由表面呈圆柱形,中空铸件无论在长度或圆周方向的壁厚都比较均匀。故卧式离心铸造机的应用较广,主要用来生产长度大于直径的套类和管类铸件。

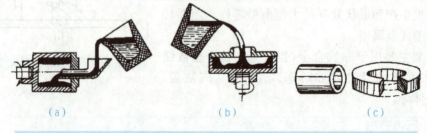

图 3-12 离心铸造示意图
(a)绕水平轴旋转;(b)绕垂直轴旋转;(c)铸件

铸造圆形中空铸件不用型芯，不用浇注系统，减少了金属耗材，还可以铸造双层金属铸件。离心铸造主要用于铸造钢、铸铁、有色金属等材料的各类管状零件的毛坯。

4. 熔模铸造

熔模铸造又称失蜡铸造是指用易熔材料（如蜡料）制成模样，在模样上包覆若干层耐火涂料，制成形壳，熔出模样后经高温焙烧，即可浇注的铸造方法。包括压蜡、修蜡、组树、沾浆、熔蜡、浇铸金属液及后处理等工序。熔模铸造工艺过程如图3-13所示。

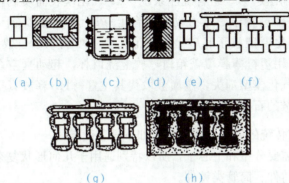

图3-13 熔模铸造工艺示意图
(a)母模；(b)压型；(c)熔蜡；(d)铸造蜡模；
(e)单个蜡模；(f)组合蜡横；(g)结壳熔出蜡模；(h)填沙、浇注

图3-13中母模是用钢或铜合金制成的标准铸件，用来制造压型。压型是制造蜡模的特殊铸型，为了保证蜡模质量，压型的尺寸精度和表面质量要求很高。当铸件精度高或大批量生产时，压型用钢、铝合金或锡青铜制成；铸件精度不高或生产批量不大时，可用易熔金属（锡、铅、铋等）直接浇注出来。把配制熔化的蜡基材料（一般用50%石蜡和50%硬脂酸等）压入压型，待冷却凝固后取出，即得到单个蜡模。许多蜡模连接在浇注系统上，成为蜡模组，将蜡模组浸挂由黏结剂（如水玻璃等）和耐火材料（如石英粉等）配成的涂料后，然后放入硬化剂（通常为氯化铵溶液）中做硬化处理，如此重复结成5～10 mm的硬壳为止，即成形壳。再将型壳放入85 ℃～95 ℃热水中或高压蒸汽中，使蜡熔化流出，形成具有空腔的铸型，如图3-13(g)所示。再为了提高铸型强度及排除残留挥发物和水分，需将型壳加热到850 ℃～950 ℃焙烧，然后将铸型放置在砂箱内，周围填砂，即可进行浇注。

熔模铸造的特点：铸型是一个整体，无分型面，不需起模和合箱等工序，所以浇注的铸件尺寸精确、表面粗糙度低。铸型加热到高温才能浇注，使金属液充填铸型的能力大大改善，故可浇注各种复杂形状的薄壁铸件。一般用熔模铸造制得的铸件，可减少或无须切削加工，甚至某些铸件只留打磨、抛光余量，大幅度节约金属原材料。但熔模铸造生产工艺复杂，生产周期长，成本高，铸件重量不能太大。故常用于中、小型形状复杂的精密铸件或高熔点、难以锻压或切削加工的铸件。如汽轮机叶片、汽车上的小型零件以及刀具等，可以避免了机械加工后残留刀纹的应力集中。

5. 消失模铸造

消失模铸造(又称实型铸造)是将与铸件尺寸形状相似的石蜡或泡沫模型黏结组合成模型簇，刷涂耐火涂料并烘干后，埋在干石英砂中振动造型，在负压下浇注，使模型气化，液体金属占据模型位置，凝固冷却后形成铸件的新型铸造方法。

(1)消失模铸造的工艺流程。

> A. 制作泡塑气化模→B. 组合浇注系统→C. 气化模表面喷刷特制耐火涂料并烘干→D. 将特制隔层砂箱置于三维振动工作台上→E. 填入底砂(干石英砂)振实，刮平→F. 将烘干的气化模型放于底砂上，按工艺要求填满干砂，数控振动适当时间，然后刮平箱口→G. 用塑料薄膜覆盖箱口，放上浇口杯，起动真空系统，干砂紧固成形后，进行浇注，气化模型消失，金属液取代其位置→H. 释放真空，按工艺待铸件冷凝后翻箱，从松散的石英砂中取出铸件。

(2)消失模铸造与传统的砂型铸造相比有如下显著优点：

①消失模铸造不需要分型和下芯子，所以特别适用于几何形状复杂、传统铸造难以完成的箱体类、壳体类铸件、筒管类铸件。

②消失模铸用干砂埋模型，可反复使用，工业垃圾少，成本明显降低。

③消失模铸造没有飞边毛刺，清理工时可以减少80%以上。

④消失模铸造可以一线多用，不仅可以做铸铁、球铁，还可以同时做铸钢件，所以转项灵活，适用范围广。

⑤消失模铸造不仅适用批量大的铸造件进行机械化操作，也适用于批量小的产品手工拼接模型。

⑥消失模铸造如果投资到位，可以实现空中无尘，地面无砂，劳动强度低，作业环境好，可将以男工为主的行业变成以女工为主的行业。

⑦消失模铸造取消了造型工序，有一定文化水平的人，经过短时间的培训就可以成为熟练的工人，特别适用技术力量缺乏的地区和企业。

⑧消失模铸造适合群铸，干砂埋型脱砂容易，某些材质的铸件还可以根据用途进行余热处理。

⑨消失模铸造不仅适用于中小件，更适用做大型铸件，如：机床床身、大口径管件、大型冷冲模件，大型矿山设备配件等，因为模型制作周期短、成本低、生产周期也短，所以特别受到好评。

四、铸造新技术、新工艺

1. 造型技术的新进展

(1)气体冲压造型。这是近年来发展迅速的低噪声造型方法。其主要特点是，将型砂填入砂箱和辅助框内，然后在短时间内快速释放阀门而给气，对松散的型砂进行脉冲冲击紧实成形，气体压力逐步增大(达 $3×10^5$ Pa)，可一次紧实成形，无须辅助紧实。它包括空气冲击造型和燃气冲击造型两类。气体冲击造型具有砂型紧实度高、均匀合理、能生产复杂铸件、噪声小、节约能源、设备结构简单等优点，近年来发展较快，主要用于汽车、拖拉机、纺织机械所用铸件及水管的造型。

（2）静压造型。静压造型是黏土模砂生产工艺的一种，铸型的紧实方法是通过高压气体进行预紧实，然后再进行一次压头紧实的造型方式。静压造型的特点是消除了震压造型的噪声污染，型砂紧实效果好，铸件尺寸精度高。其工艺过程为：首先将填满型砂的砂箱置于装有通气塞的模板上，通以压缩空气，使之穿过通气塞排出，同时型砂被压实在模板上。越靠近模板，型砂紧实度越高。最后用压实板在型砂上部进一步压实，使其上、下紧实度均匀，起模后即成为铸型。

它不需要刮去大量余砂，维修简单，因而较适合于我国国情，目前主要由于汽车和拖拉机的气缸等复杂件的生产。

（3）真空密封造型（V法造型）。真空密封造型（V法造型）又称真空薄膜造型法、减压造型法，是一种物理造型法，其基本原理是将真空技术与砂型铸造结合，靠塑料薄膜将砂型的型腔面和背面密封起来，借助真空泵抽气产生负压，造成砂型内、外压差使型砂紧固成形，经下芯、合箱、浇注，待铸件凝固，解除负压或停止抽气，型砂便随之溃散而获得铸件。真空密封造型有利于金属液的充型，生产的铸件尺寸精度高、轮廓清晰、表面光洁，适合于铸造薄壁铸件，是目前较先进又非常具有发展前途的铸造方法。在航空、冶金、机械加工等领域，配合使用计算机技术进行辅助模拟，预测铸造缺陷的产生，能大幅度节约时间，降低生产费用，提高铸件的生产效率。

2. 快速成形技术（RPT）

快速成形技术是用激光作为能源的快速成形技术，它集成了现代数控技术，CAD/CAM技术、激光技术和新型材料科学成果等多学科交叉多技术集成的先进制造技术。突破了传统的加工模式，大大缩短了产品的生产周期。快速成形属于添加成形，严格的讲是离散/堆积成形，将计算机上制作的零件三维模型进行网格化处理并储存，对齐进行分层处理，得到各层截面的二维轮廓信息，按照这些轮廓信息生成加工路径，由成形头在控制系统的控制下，选择性地固化或切割一层层的成形材料，形成各个截面轮廓薄片，并逐渐顺序叠加成三维坯件，然后进行坯件的后处理，形成零件。目前正在应用与开发的快速成形技术（RPT）有：SLA（激光立体光刻成形技术）、SLS（激光粉末选区烧结成形技术）、FDM（熔丝沉积成形工艺）、LOM（分层叠纸制造成形工艺）和DSPC（直接制壳生产铸件的工艺）等。每种技术都基于相同的原理，只是实现的方法不同而已。

3. 计算机在铸造中的应用

当前，计算机在铸造过程中的管理、设计、制造、测控、工艺、凝固模拟等方面得到了广泛的应用。

一个完整的铸造工艺计算机辅助设计CAD系统包括三个功能模块：设计计算和数值模拟；图形生成和编辑；相关数据库。设计过程包括前处理、工艺设计、校核检验和后处理四部分。计算机辅助设计CAD系统就是利用计算机协助制造工艺设计者确定方案、分析铸件质量、优化铸造工艺、估计铸造成本、显示并绘制铸造工艺图等，把计算机的快速性、准确性与设计人员的思维、综合分析能力结合起来，可以加快设计进程，提高设计质量，加速产品更新换代，提高产品竞争能力。

计算机在精铸业中的应用,克服了精铸生产过程的缺点,使得精铸生产技术更加灵活,适应性更强,更适应现代工业对铸件快速、优质、复杂的要求。与传统的铸造工艺设计方法相比,用计算机设计铸造工艺有如下特点:

①为技术人员设计合理的工艺方案提供依据。
②压型和熔模制造周期大大缩短。
③DSPC法直接制造型壳,省去了传统制壳一层一层涂挂型壳的漫长周期。
④利用计算机控制激光制作陶瓷型芯,可以生产出复杂的陶瓷型芯.
⑤计算机技术的应用将成为精铸业的发展趋势。

知识梳理

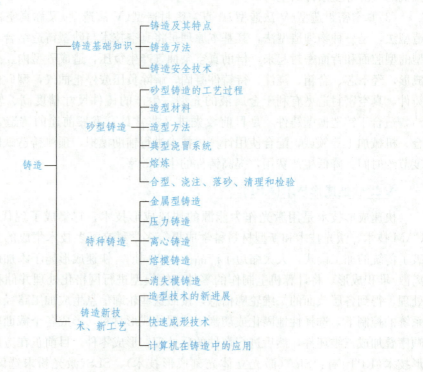

学后评量

1. 特种铸造是除砂型铸造以外的其他铸造方法的统称,如_____、_____、熔模铸造、离心铸造、连续铸造及消失模铸造等。

2. 金属型铸造是指在重力作用下将熔融金属浇入_____获得铸件的铸造方法。

3. 熔模铸造的铸型是一个整体,无分型面,不需_____和_____等工序,所以浇注的铸件尺寸精确、表面粗糙度低。

1. 成批大量铸造有色金属铸件选(　　)。
   A. 砂型铸造　　　B. 压力铸造　　　C. 熔模铸造　　　D. 金属型铸造

2. 金属型铸造比砂型铸造尺寸精度（　　）。
   A. 高　　　　　　B. 低　　　　　　C. 相同　　　　　　D. 无法比较
3. 下列铸件尺寸精度最高的是（　　）。
   A. 砂型铸造　　　　　　　　　　B. 金属型铸造
   C. 压力铸造　　　　　　　　　　D. 无法比较

1. 什么是铸造？铸造生产有何特点？
2. 造型材料型砂和芯砂应具备哪些性能？
3. 试述砂型铸造手工造型的特点和应用。
4. 试述整模造型、分模造型方法的特点及应用场合。
5. 为什么说机器造型是现代砂型铸造生产的基本方式？
6. 什么叫浇注系统？浇注系统各部分的作用如何？
7. 金属型铸造有什么优缺点？适用范围如何？
8. 试说明压力铸造的特点和适用范围。
9. 离心铸造、熔模铸造各有哪些特点？应用在哪些场合？

课题二　锻　压

学习目标

1. 了解锻压的特点、分类、应用及安全生产；
2. 了解自由锻、模锻及冲压等生产工艺和应用范围；
3. 了解锻压新技术、新工艺。

课题导入

2015年4月由中国重型机械研究院自主研发的19 500吨自由锻造油压机在江苏江阴一次热负荷试车成功，成为已投产的世界最大吨位的自由锻造油压机，整体装机水平世界领先，如图3-14所示。

图3-14　锻压机锻压钢锭的现场

想一想：
国外锻压钢锭最重的是在那个国家？最大可以锻压多重的钢锭？

一、锻压基础知识

锻压是指在加压设备及工（模）具的作用下，使坯料或铸锭产生局部或全部的塑性变形，以获得一定几何尺寸、形状和质量的锻件的加工方法。

主要锻造类别：模锻、自由锻、挤压和辗环。

1. 锻压的特点

（1）改善金属内部组织，提高力学性能。金属经锻压加工后，使原铸造组织中的内部缺陷（如微裂纹、气孔、缩松等）压合，可使金属毛坯的晶粒变得细小，使金属的力学性能提高。

（2）节省金属材料。采用精密锻压时，可使锻压件的尺寸精度和表面粗糙度接近成品零件，做到少切削或无切削加工。由于金属强度等力学性能的提高，相对地缩小了同等载荷下零件的截面尺寸，减轻了零件的质量。

（3）精度不高。锻件（锻造毛坯）的尺寸精度不高，难以直接锻制外形和内形复杂的零件且设备费用较高。

（4）生产率较高。除自由锻造外，其他压力加工都具有较高的生产率，如齿轮轧制、滚轮轧制等制造方法均比机械加工的生产率高出几倍甚至几十倍以上。

2. 锻压的分类及应用

各类钢材和大多数非铁金属及其合金都具有一定的塑性，它们均可以在热态或冷态下进行锻压加工。锻压包括锻造和冲压两大部分：锻造（自由锻、模锻等）主要用于生产重要的机器零件，如机床的齿轮和主轴、内燃机的连杆及起重机吊钩等；冲压主要用于板料加工，广泛应用于航空、车辆、电器、仪表及日用品等工业部门。锻压其他加工方法有轧制、挤压、拉拔等，主要用于生产型材、棒材、板材、线材。锻压加工的主要生产方式如图 3-15 所示。

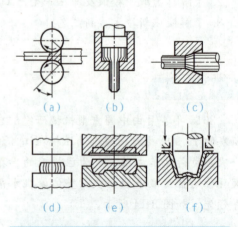

图 3-15 锻压加工加工的生产方式
(a)轧制；(b)挤压；(c)拉丝；
(d)自由锻造；(e)模型锻造；(f)板料冲压

3. 锻压的安全技术

(1)锻造安全技术。

①锻造前必须仔细检查设备及工具，看楔铁、螺钉等有无松动，火钳、摔锤、砧铁、冲头等有无开裂或其他损坏现象。

②锻造生产是在金属灼热的状态下进行的（如低碳钢锻造温度范围在 750 ℃～1 250 ℃ 之间），由于有大量的手工作业，稍不小心就可能发生灼伤。锻造作业的加热炉和灼热的钢锭、毛坯及锻件，不断地发散出大量的热辐射，工人经常受到热辐射的侵害。燃烧过程中产生的烟尘排入车间的空气中，降低了车间内的能见度，影响工人的健康和安全。

③选择火钳必须使钳口与锻件的截面形状相适应，以保证夹持牢固。锻件应放在下砧铁中部。锻件及其他工具必须放正、放平、放稳，以防飞出。

④握钳时应紧握火钳尾部，严禁将钳把或其他工具的柄部对准身体正面，而应置于体侧，以免工具受力后退时戳伤身体。

⑤踏杆时脚跟不许悬空，这样才能稳定身体和灵活地操纵踏杆，不锤击时，应随即将脚离开踏杆，以防误踏出事。

⑥严禁用锤头空击下砧铁，也不许锻打过烧或已冷却的金属，以免损坏机器、金属迸溅或工件飞出。

⑦放置及取出工件和清除氧化皮时，必须使用火钳、扫帚等工具，不许将手伸入上、下砧铁之间。

⑧两人或多人配合操作时，必须听从掌钳者的统一指挥，冲孔及剁料时，司锤者应听从拿剁刀及冲子者的指挥。

⑨锻造设备在工作中的作用力是很大的，如曲柄压力机、拉伸锻压机和水压机这类锻压设备，如果机件的损坏可能造成人身事故。另外产生噪声和振动，影响人的听觉和神经系统，危害人的健康，分散人的注意力，也增加了发生事故的可能性。

(2)冲压安全技术。冲压操作貌似简单，但危险性很大，稍一疏忽，就会发生人身事故。因此，在操作过程中，一定要切记安全，注意下列事项：

①操作人员首先应了解机器的结构、性能和技术参数；绝对不允许超负荷使用，待压工件的变形力一定要小于机器的公称压力。模具不许偏装，工件不许偏压裁。应检查冲压机有无异常状况，如各机构装置包括离合器、制动器、刹车系统、脚踏板等是否正常，摩擦部分及润滑部分有无磨损现象，油杯灌满润滑油。

②无论在运转或停车中，对操作者的安全保护应采用：工具给进或取出工件，即将操作者的手隔离于模具危险区之外，常用的工具有镊子、夹子、钩子、真空吸盘、永磁细盘、电磁细盘等。不许把手或身体伸进模具中间。

③除连续作业外，不许把脚一直放在离合器踏板上进行操作，应每踩一下就把脚离开。

④当设备处于运转状态时，操作者不得离开操作岗位。

⑤操作停止时，一定要切断电源使设备停止运转。

⑥不许掀动停车状态下的压力机开关和踏动离合器踏板。

⑦安全保护装置的防护高度应等于或大于滑块行程长度和调节长度之和，必须符合国家规定。

二、自由锻造

自由锻造是指靠人工用简单的通用性工具或在锻造设备的上、下砧铁之间直接使坯料变形来控制锻件获得所需的几何形状及内部质量的锻造方法。锻造时，被锻金属受力时的变形是在上、下砧铁平面之间作自由流动，故称自由锻。

1. 自由锻造的特点

所用工具设备简单，通用性好，成本低，工艺灵活，同铸造毛坯相比，自由锻消除了缩孔、缩松、气孔等缺陷，使毛坯具有更高的力学性能。锻件形状简单，操作灵活。可锻造小至几克大至数百吨的锻件，但锻件精度低，工人劳动强度大，要求工人技术水平较高，生产率低。故多用于形状简单、精度要求不高的单件、小批量生产。

2. 自由锻造设备

自由锻分手工锻和机器锻两种。机器锻是自由锻的基本方法。根据对坯料作用力的性质不同，机器锻造设备分为锻锤和液压机两大类。生产中使用的锻锤有空气锤和蒸汽－空气锤，有些厂还使用结构简单，投资少的弹簧锤、夹板锤、杠杆锤和钢丝锤等。

锻锤产生冲击力使金属变形，吨位的大小用其落下部分的质量来表示。主要用于生产中、小型锻件。空气锤的构造如图 3-16 所示。通过控制上下气阀的不同位置，空气锤可以完成锤头悬空、单打、连打和压住锻件等四个动作。

生产中使用的液压机主要是水压机和油压机，水压机主要由固定系统和活动系统两部分组成。水压机产生静压力使金属产生变形，吨位的大小是用其产生的最大压力来表示。它可以完成质量达 300 吨锻件的锻造任务，是巨型锻件唯一的成形设备。

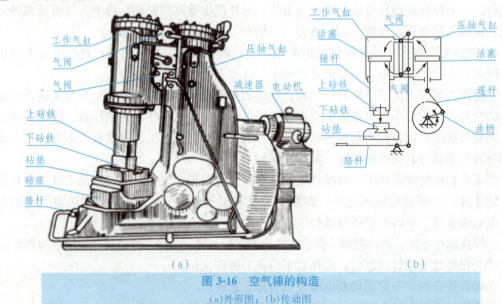

图 3-16 空气锤的构造
(a)外形图；(b)传动图

21 世纪油压机得到高速发展，逐步取代水压机。油压机由主机及控制机构两大部分组成。油压机主机部分包括机身、主缸、顶出缸及充液装置等。动力机构由油箱、高压泵、低压控制系统、电动机及各种压力阀和方向阀等组成。动力机构在电气装置的控制下，通过泵和油缸及各种液压阀实现能量的转换、调节和输送，完成各种工艺动作的循环。油压机按结构形式分类现主要分为：四柱式油压机(三梁四柱式、五梁四柱式)、双柱式油压机、单柱式油压机(C形结构)、框架式油压机等。按油压机的用途分类主要分为金属成形油压机、折弯油压机、拉伸油压机、冲裁油压机、粉末(金属，非金属)成形油压机、压装油压机、挤压油压机。

3. 自由锻的工序

自由锻的工序分基本工序、辅助工序、精整工序。

(1)基本工序。基本工序是使金属产生一定程度塑性变形，以达到所需形状和尺寸的工艺过程，包括镦粗、拔长、冲孔、切割、弯曲、扭转、错移及锻接等。

①使毛坯高度减小，横断面积增大的锻造工序称为镦粗，如图3-17所示。镦粗常用于锻造高度小、截面大的工件，如齿轮、圆盘等。镦粗时，坯料的两个端面与上下砧铁间产生的摩擦力具有阻止金属流动的作用，故圆柱形坯料经镦粗之后呈鼓形。将坯料的一部分进行镦粗，称为局部镦粗。局部镦粗又分为完全镦粗、端部镦粗和中间镦粗。

②拔长也称延伸，是指使毛坯横断面积减小、长度增加的锻造工序。如图3-18所示。拔长常用于锻造长而截面小的杆、轴类零件的毛坯，如轴、拉杆、曲轴等。

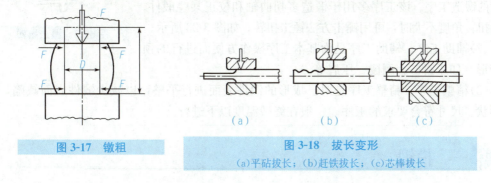

图3-17 镦粗

图3-18 拔长变形
(a)平砧拔长；(b)赶铁拔长；(c)芯棒拔长

③冲孔是指在坯料上冲出透孔或不透孔的锻造工序，如图3-19所示。冲孔常用于锻造齿轮坯、环套类等空心锻件。有双面冲孔法和单面冲孔法。

④切割指将坯料分成几部分或部分地切割的锻造工序，如图3-20。常用于切除锻件的料头、钢锭的冒口等。

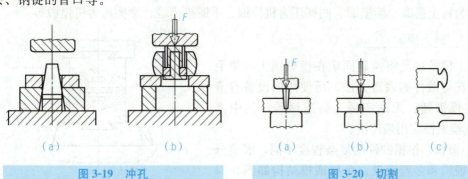

图3-19 冲孔
(a)实心冲头冲孔；(b)空心冲头冲孔

图3-20 切割
(a)单面；(b)双面；(c)局部切割后拔长

⑤弯曲是将坯料弯成所规定的外形的锻造工序(图3-21)，常用于锻造角尺、弯板、吊钩等轴、线弯曲的零件。弯曲方法有锻锤压紧弯曲法和模弯曲法。

⑥锻接是将两件坯料在炉内加热至高温后用锤快击，使两者在固态结合的锻造工序。锻接的方法有搭接、对接、咬接等，如图3-22所示。

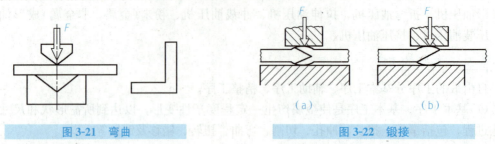

图3-21 弯曲　　　　　　　图3-22 锻接

⑦错移是指将坯料的一部分相对另一部分平行错开一段距离的锻造工序，常用于锻造曲轴类零件。错移时，先对坯料进行局部切割，然后在切口两侧分别施加大小相等、方向相反且垂直于轴线的冲击力或压力，使坯料实现错移。

⑧扭转是将坯料的一部分相对于另一部分绕其轴线旋转一定角度的锻造工序。该工序多用于锻造多拐曲轴和校正某些锻件。坯料扭转角度不大时，可用锤击方法锤击扭转，如图3-23所示。

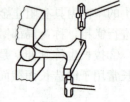

图3-23 锤击扭转

(2)辅助工序。辅助工序是为基本工序操作方便而进行的预先变形。如压钳口、倒棱、压肩等。

(3)精整工序。精整工序是对已成形的锻件表面进行平整，以减少锻件表面缺陷，使其形状、尺寸符合要求的工序。一般在终锻温度以下进行。

三、模锻

模锻是在模锻锤或压力机上用锻模将金属坯料锻压加工成形的工艺。模锻与自由锻比较有很多优点，比如：生产率较高，有时可比自由锻高几十倍；锻件形状和尺寸比较精确，加工余量少，能锻制形状比较复杂的零件；模锻操作技术要求不高，工人劳动强度低。但模锻受到设备能力的限制，锻模制造成本高，模锻需要专门设备。根据设备不同，模锻分为锤上模锻、胎模锻、曲柄压力机模锻、平锻机模锻、摩擦压力机模锻等。

1. 锤上模锻

锤上模锻就是将模具固定在模锻锤上，使毛坯变形获得锻件的锻造方法。所使用的设备有蒸汽-空气模锻锤、无砧座锤、高速锤等，其中蒸汽-空气模锻锤应用最广泛。

(1)锻模。根据锻件的复杂程度不同，锻模分为单膛锻模和多膛锻模。单膛锻模结构如图3-24所示，锻模由活动上模和固定下模两部分组成，

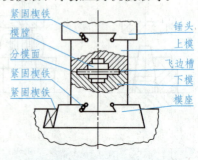

图3-24 单膛锻模结构

并分别用楔铁紧固在锤头和模座上。上、下模合模后,其中部形成完整的模膛、分模面和飞边槽。多膛锻模是将多工步模膛安排在一个锻模内,使坯料经几道预锻工序后,形状基本接近模锻件形状后终锻成形,以适应形状复杂的锻件生产。多膛锻模一般含有拔长模膛、滚压模膛、弯曲模膛、预锻模膛和终锻模膛。图 3-25 是弯曲连杆模锻件的多膛锻模。

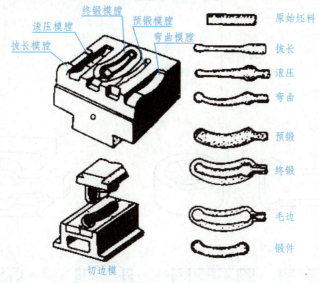

图 3-25 弯曲连杆的多膛锻模

(2)锤上模锻工艺规程的制定。模锻生产工艺过程一般为:切断毛坯→加热坯料→模锻→切除飞边→校正锻件→锻件热处理→表面清理→检验→成堆存放。制订模锻工艺规程的内容包括绘制模锻件图、坯料尺寸计算、确定模锻工步(选择模膛)、选择模锻设备、安排修整及辅助工序等。

锤上模锻可以锻出尺寸相对精确、形状比较复杂的锻件;锤头打击速度可调节,能实现轻重不同的打击;加工余量小,比自由锻节省材料;操作简单,生产率高,劳动强度低,适应性广,易于实现机械化和自动化生产。其不足之处在于坯料要整体变形,故变形抗力较大,而且锻模制造的成本很高,适合中、小型锻件的大批量生产。

2. 胎模锻

在自由锻设备上使用可移动模具生产模锻件的一种锻造方法,称为胎模锻。锻造时,一般操作是先将坯料经过自由锻预锻成近似锻件的形状,然后用胎模终锻成形。胎模锻是介于自由锻和锤上模锻之间的一种锻造方法,工艺操作灵活,可以局部成形;扩大了自由锻设备的应用范围,胎模锻件在胎模内成形,锻件内部组织致密,纤维分布更符合性能要求,而且锻件表面质量、形状和尺寸精度都高于自由锻造,但低于锤上模锻。不足之处是,模具易损坏,工人劳动强度较大,生产率较锤上模锻低,适于中小批量生产。胎模锻的分类:

①型捶用于锻造回转体轴类锻件,操作时需不断转动坯料,其主要作用是拔长,如圆柱体或六棱柱等,如图 3-26(a)所示。

②扣模用来对坯料进行全部或局部扣形,主要生产杆状非回转体锻件,如图 3-26(c)所示。

③筒模用于锻造齿轮、法兰盘类锻件，如图 3-26(d)、(e)、(f)所示。

④合模主要用于生产形状较复杂的连杆、叉形件等非回转体锻件，如图 3-26(g)所示。

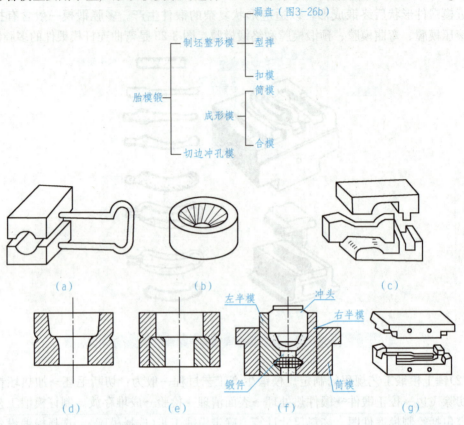

图 3-26　几种胎模锻
(a)型捶；(b)漏盘；(c)扣模；(d)整体筒模；(e)镶块筒模；(f)组合筒模；(g)合模

锻件冷却后应进行质量检验，锻件合格后应进行去应力退火或正火或球化退火，为切削加工做准备。变形较大的锻件应矫正，技术条件允许焊补的锻件缺陷应进行焊补。

四、冲压

冲压是靠压力机和模具对板材、带材、管材和型材等施加外力，使之产生塑性变形或分离，从而获得所需形状和尺寸工件(冲压件)的成形加工方法。板料冲压都是在冷态下进行的，故又称冷冲压。只有当板料厚度超过 8～10 mm 时，才采用热冲压。冲压工艺与模具、冲压设备和冲压材料构成冲压加工的三要素。

1. 板料冲压的特点及应用

板料冲压应用十分广泛，如汽车、拖拉机、农业机械、航空、电器、仪表以及日用品等工业部门。主要是由于板料冲压可以压制形状复杂的零件，冲压件具有较高的尺寸精度和表面质量，互换性好，一般不需要切削加工，废料较少。冲压件的重量轻、强度和刚度好。冲压操作简单，工艺过程便于实现机械化和自动化，生产率高，成本低。由于冲模制造复杂，大批量生产时，板料冲压的优越性显得尤为突出。

2. 冲压设备

冲压设备主要是冲床和剪床。

（1）冲床。冲床的种类较多，主要有单柱冲床、双柱冲床、双动冲床等。图 3-27 是合力冲床的外观图及原理图。

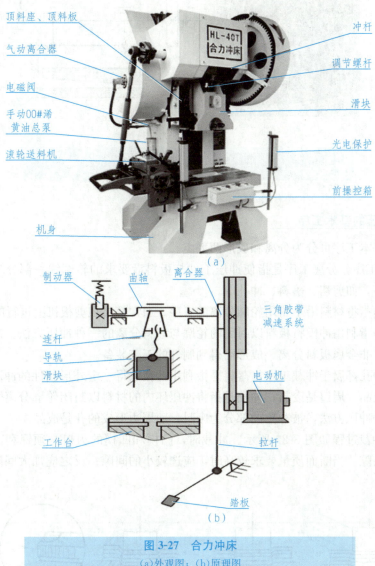

图 3-27 合力冲床
(a)外观图；(b)原理图

冲压机工作原理：踩下踏板通过电动机驱动飞轮，并通过离合器，传动齿轮带动曲柄连杆机构使滑块上下运动，使模具冲压成形。放松踏板，离合器脱开，制动器立刻停止曲轴转动，滑块停留在待工作位置。

（2）剪床。剪床用于把板料切成需要宽度的条料，以供冲压工序使用。图 3-28 是剪床的外型及传动机构原理图，电动机通过皮带轮使传动轴转动，再通过齿轮传动及离合器使曲轴转动，于是带有刀片的滑块便上下运动，进行剪切工作。生产中，常用剪床还有平刃剪、圆盘剪等。

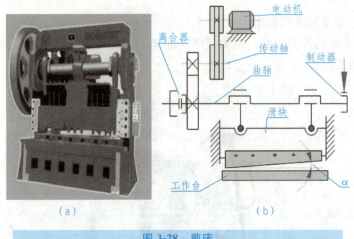

图 3-28 剪床
(a)外观图；(b)原理图

3. 冲压的基本工序

冲压的基本工序可分为分离和成形两大类。

（1）分离工序。分离工序是指使冲压工件与板料沿要求的轮廓线一部分与另一部分相互分离的工序，如剪切、落料、冲孔等。

①剪切是指将材料沿不封闭轮廓分离的工序。通常都是在剪板机上进行的。

②冲裁是指利用冲模将板料以封闭的轮廓与坯料分离的一种冲压方法。冲模是指通过加压将金属、非金属板料分离、成形而得到制件的工艺装备。

落料和冲孔都属于冲裁工序。落料是指利用冲裁取得一定外形制件的冲压方法，被冲落的部分为成品，周边是废料；冲孔是指将冲压坯内的材料以封闭轮廓分离开来，得到带孔制件的一种冲压方法，被冲落的部分为废料，而周边形成的孔是成品。

板料的冲裁过程如图 3-29 所示。冲裁时，凸模和凹模的刃口必须锋利，并且二者之间有合理的间隙。当断面质量要求较高时，应选较小的间隙；反之应加大间隙，以提高冲模寿命。

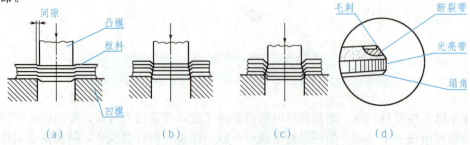

图 3-29 板料的冲裁过程
(a)弹性变形；(b)塑性变形；(c)分离；(d)落下部分的放大图

(2) 成形工序。成形工序是指毛坯在不被破坏的条件下发生塑性变形，获得所需形状、尺寸和精度的加工方法的工序，如弯曲、拉深等。

① 弯曲是将板料、型材或管材在弯矩作用下弯成具有一定曲率和角度的成形方法，如图 3-30 所示。弯曲模的凹模工作部分应制作成一定的圆角，以防止外表拉裂。

② 拉深是指变形区在拉、压应力作用下，使板料（或浅的空心坯）成形为空心件（或深的空心件）的加工方法，拉深过程如图 3-31 所示。拉深模具的凸模和凹模边缘必须是圆角，凸模和凹模之间应采用比坯料厚度略大的间隙。为防止起皱，可用压边圈将坯料周边压紧，进行拉伸。压力的大小以工件不起皱，不拉裂为宜。当拉深件的深度较大，不能一次拉深成形时，可多次拉深。拉深可以制成筒形、阶梯形、盒形、球形及其他复杂形状的薄壁零件。

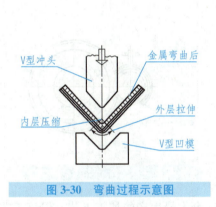

图 3-30 弯曲过程示意图

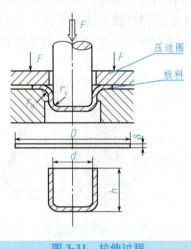

图 3-31 拉伸过程

此外，成形工序还包括翻边、胀形、缩口及扩口等工序。

五、轧制

金属坯料在旋转轧辊的压力作用下，产生连续塑性变形，获得要求的截面形状并改变其性能的方法，称为轧制。轧制除了生产板材、无缝管材和型材外，现已广泛用来生产各种零件。轧制具有生产率高、质量好、节约材料、成本低和力学性能好等优点，是少切削甚至无切削加工方法之一。轧制零件常用的方法有辊锻、辗环和斜轧等。

(1) 辊锻。用一对相向旋转的扇形模具使坯料产生塑性变形，获得所需锻件或锻坯的锻造工艺称为辊锻，是回转锻造的一种。辊锻分为制坯辊锻和成形辊锻两类。辊锻变形是复杂的三维变形。大部分变形材料沿着长度方向流动使坯料长度增加，少部分材料横向流动使坯料宽度增加。辊锻过程中坯料截面面积不断减小。辊锻适用于轴类件拔长，板坯辗片及沿长度方向分配材料等变形过程。如图 3-32 所示，当扇形模具分开时，将加热的

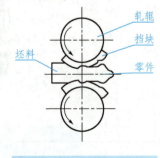

图 3-32 辊锻轧制

坯料送至挡块处，轧辊转动，夹紧坯料并压制成形。辊锻可作为模锻前的制坯工序，也可直接制造锻件。辊锻可用于生产连杆、麻花钻头、扳手、道钉、锄、镐和透平叶片等。

（2）辗环。环形坯料在旋转的轧辊中进行轧制的方法称为辗环。辗环是连续局部塑形成形工艺，如图 3-33 所示，加热后的坯料套在芯辊上，辗压辊带动坯料和芯辊一起旋转。随辗压辊下压，坯料的内外径不断扩大，壁厚减薄。导向辊迫使坯料保持圆形，使其旋转平稳。用不同形状轧辊可生产不同截面形状的环形锻件，如火车轮箍、齿圈、轴承座圈、法兰、轮毂、薄壁筒形件、起重机旋转轮圈等。

（3）齿轮轧制。用带齿的工具（轧辊）边旋转边进给，使毛坯在旋转过程中形成齿的成形方法，称为齿轮轧制，齿轮轧制可分为热轧、冷轧和冷精轧等工艺。如图 3-34 所示。除了轧辊径向进给法外，采用坯料轴向进给法也可轧出齿轮，此时轧辊中心距不变。冷轧齿轮的表面粗糙度值可达到 $Ra0.4~\mu m$ 或更低，精度最高可达 IT7～IT6 级，由于金属纤维流向大体沿齿形连续分布，以及冷作硬化的作用，与切削齿轮相比、其强度大约可提高 15%。

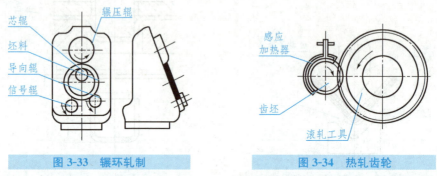

图 3-33　辗环轧制　　　　　　图 3-34　热轧齿轮

冷轧齿轮工艺加工时间短，加工精度高，是适合大量生产的加工工艺。但该工艺受到坯料塑性的限制和轧轮强度的限制，因而主要用来轧制小模数（$m \leqslant 2.5~mm$）的传动齿轮和细齿零件。

（4）斜轧（螺旋轧制）。轧辊相互倾斜配置，作同向旋转，轧件在轧辊作用下反向旋转，同时还作轴向运动，即螺旋运动，这种轧制称为斜轧，又称为螺旋斜轧，如图 3-35 所示。无缝钢管、棒料在轧辊间的螺旋形槽中受轧制，轧辊每转一周即可轧制一个球，斜轧钢球过程是连续进行的。斜轧还可轧制周期变截面型材、冷轧丝杠，也可直接热轧出带螺旋线的高速工具钢滚刀体等。

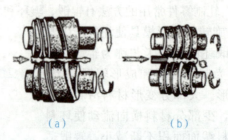

图 3-35　螺旋斜轧
(a)截面周期变化轧制；(b)轧制钢球

六、挤压

坯料在三向不均匀压应力作用下,从模具孔口或缝隙挤出,使横截面积减小,长度增加,成为所需制品的加工方法,称为挤压。挤压可以获得长杆、深孔、薄壁、异型断面等各种复杂截面的型材或零件,是重要的少切削甚至无切削加工工艺。按金属坯料所具有的温度不同,可分为冷挤压(常温)、温挤压(100 ℃～800 ℃)、热挤压(锻造温度)几种。它主要用于低碳钢等金属的成形,也可用于塑料、橡胶、石墨和黏土坯料等非金属的成形。

七、拉拔

坯料在牵引力作用下通过模孔拉出,产生塑性变形而得到截面缩小、长度增加的制品加工方法,称为拉拔,如图 3-36 所示。拉拔一般在冷态下进行,故又称冷拉。拉拔的原始坯料为轧制或挤压的棒(管)材。拉拔时最好选用专用拉拔油,这样能有效减少工件与模具的摩擦,降低磨损。具有强韧性的油膜,可有效减少叫模、划痕、划伤、烧结焊合、破裂等现象的发生。

拉拔模用工具钢、硬质合金或金刚石制成,金刚石拉拔模用于拉拔直径小于 0.2 mm 的金属丝。

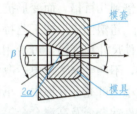

图 3-36 拉拔模

八、新技术、新工艺

随着科技发展,金属压力加工生产出现了许多新工艺和新技术,力求零件的精度、表面粗糙度接近成品,使压力加工不仅生产毛坯,也可直接生产零件,以实现少切削甚至无切削加工。金属压力加工发展的基本趋势是不断提高机械化、自动化的程度,具有更高的生产率。十几年来,我国锻压生产中已经广泛采用各种锻压新工艺,如精密模锻、轧制、挤压以及粉末压制等。

1. 精密模锻

精密模锻是在一般模锻设备上锻造形状复杂、尺寸精度要求高的锻件的一种先进模锻工艺方法。如精密模锻锥齿轮、叶片等。其工艺特点是:需要精确计算原始坯料的尺寸,严格按坯料质量下料。否则会增大锻件尺寸公差,降低精度。在使用普通的模锻设备进行锻造时,一般采用预锻和终锻两套锻模,对形状简单的锻件也可用一套锻模。锻造时,先使用粗模锻造,留有 0.1～1.2 mm 的精锻余量。精锻模腔的精度一般要比锻件精度高两级,精锻模有导向结构,以保证合模准确。为排除模腔中的气体,减少金属流动阻力,容易充满模腔,在凹模上应开设排气孔,进行润滑和冷却锻模。锻件公差、余量约为普通锻件的 1/3,表面粗糙度 Ra 值为 3.2～0.8 μm,尺寸精度可达±0.2 mm,实现了少、无切削加工。

2. 高速锤锻造

高速锤锻造是利用高压气体(压力为 14 MPa 的空气或氮气)在极短时间内突然膨胀释

放高能量，推动锤头和框架系统作高速相对运动，对坯料进行悬空对击的工艺方法。

高速锤打击速度高，约为 9～24 m/s(一般模锻锤为 6～7 m/s)，坯料变形时间极短，约为 0.001～0.002 s，因此变形热效应大，金属充型性能好，对形状复杂、有薄而高的肋等零件和塑性差、强度高、难变形的材料都可锻造；由于悬空对击，故传给地面振动小，但噪声大；高速锤锻造采用少、无氧化加热，锻造时一般一次打击成形。锻件精度为 IT9～IT8，表面粗糙度 Ra 值为 3.2～0.8 μm，并可使流线沿锻件的外形合理分布，组织均匀致密，力学性能高，实现了少、无切削加工。但是高速锤锻造不能进行偏心打击，故仅适于单模膛锻造对称的锻件，且模具磨损快。

3. 超塑性成形

所谓超塑性是指金属在特定的组织、温度条件和变形速度下变形时，塑性比常态提高几倍到几百倍，而变形抗力降低到常态的几分之一甚至几十分之一的异乎寻常的性质。

超塑性成形的工艺特点是：①扩大了可锻金属材料的种类；②金属填充模膛性能好，锻件尺寸精度高，可少用或不用切削加工，降低了金属材料的消耗。③金属在拉伸过程中，不产生缩颈现象；锻件晶粒组织均匀细小，整体力学性能均匀一致；④金属的变形抗力小，可充分发挥中、小设备的作用。目前，常用的超塑性成形材料有锌铝合金、铝基合金、钛合金及高温合金等。超塑性成形还可应用于板料冲压(图 3-37)、板料气压成形及挤压成形等加工工艺。

4. 液态模锻

如图 3-38 所示，液态模锻是将定量的液态金属直接浇入金属模内，然后在一定时间内以一定的压力作用在金属液(或半液态)上，经结晶、塑性流动使之成形的加工工艺。液态模锻的一般工艺流程为原材料配制→熔炼→浇注→加压成形→脱模→灰坑冷却→热处理→检验→入库。液态模锻实际上是压力铸造与模锻的组合工艺，既有铸造工艺简单、成本低的特点，又兼有锻造产品性能好、质量可靠的优点。它适合于铝、铜合金、灰铸铁、碳钢、不锈钢等各种类型合金的生产。

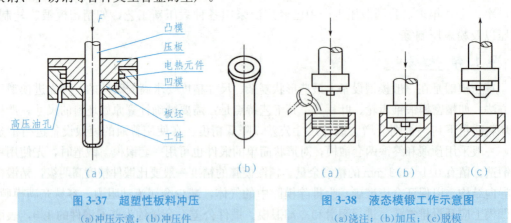

图 3-37　超塑性板料冲压
(a)冲压示意；(b)冲压件

图 3-38　液态模锻工作示意图
(a)浇注；(b)加压；(c)脱模

5. 粉末锻造

将各种原料先制成粉末，按一定的比例配置成所需的化学成分，利用粉末冶金技术与精密的锻造技术结合，加工成产品的方法称为粉末锻造。

粉末锻造的工艺流程：制粉→混粉→冷压制坯→烧结加热→模锻→热处理→成品。

6. 计算机技术在锻压中的应用

计算机在锻压技术中已得到有效地利用。利用计算机先进行模锻工艺设计，包括工艺参数确定在内的常规设计，冷热锻件设计以及工步和坯料设计。然后进行模锻模具CAD。目前，柔性冲压生产的大型多工位压力机，代表了当今国际锻压技术的最高水平，是目前世界上大型覆盖件冲压设备的最高级发展阶段，也是冲压成形生产的发展方向。

知识梳理

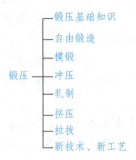

学后评量

1. 锻压是指在加压设备及工（模）具的作用下，使坯料或铸锭产生局部或全部的_____，以获得一定几何尺寸、形状和质量的锻件的加工方法。
2. 按锻造的加工方式不同，锻造可分为自由锻、模锻、_____等类型。
3. 自由锻造的基本工序主要有镦粗、拔长、冲孔、弯曲、_____、_____等。
4. 根据胎模的结构特点，胎模可分为_____、_____、套模和合模等。
5. 冲压的基本工序可分为两大类，一是_____、二是_____。

1. 锻造前对金属毛坯进行加热温度太高，锻件（　　）。
   A. 质量好　　　　　　　　　　B. 质量不变
   C. 质量下降　　　　　　　　　D. 易断裂
2. 拉深是（　　）。
   A. 自由锻造工序　　　　　　　B. 成形工序
   C. 分离工序　　　　　　　　　D. 模锻
3. 在终锻温度以下继续锻造，工件易（　　）。
   A. 弯曲　　　　　　　　　　　B. 变形
   C. 热裂　　　　　　　　　　　D. 锻裂

模 块 三　热加工基础

4. 锻造前对金属进行加热，目的是(　　)。
　　A. 提高塑性　　　　　　　　　B. 降低塑性
　　C. 增加变形抗力　　　　　　　D. 以上都不正确
5. 使坯料高度缩小，横截面积增大的锻造工序是(　　)。
　　A. 冲孔　　　　　　　　　　　B. 镦粗
　　C. 拔长　　　　　　　　　　　D. 弯曲
6. 为防止坯料在镦粗时产生弯曲，坯料原始高度应小于其直径(　　)。
　　A. 1 倍　　　　　　　　　　　B. 2 倍
　　C. 2.5 倍　　　　　　　　　　D. 3 倍
7. 圆截面坯料拔长时，要先将坯料锻成(　　)。
　　A. 圆形　　　　　　　　　　　B. 八角形
　　C. 方形　　　　　　　　　　　D. 圆锥形
8. 利用模具使坯料变形而获得锻件的方法(　　)。
　　A. 机锻　　　　　　　　　　　B. 手工自由锻
　　C. 模锻　　　　　　　　　　　D. 胎模锻

1. 何谓金属压力加工？为什么金属压力加工在机械工业中能获得广泛应用？
2. 何谓始锻温度和终锻温度？始锻或终锻温度过高或过低对锻造有什么影响？
3. 何谓自由锻、模锻？比较它们的优缺点。
4. 自由锻造的基本工序有哪几种？它们可完成哪些工作？
5. 模型锻造的锻件为什么带有飞边？飞边有什么作用？
6. 胎模锻与自由锻、锤上模锻相比，有哪些特点？适用于什么生产场合？
7. 试述板料冲压的特点和应用？板料冲压有哪些主要工序？
8. 为什么零件在拉深时会形成折皱？在实际生产中如何防止零件的折皱？
9. 常用的零件轧制方法有哪几种？它们的应用范围是什么？

课题三　焊　接

学习目标

1. 了解焊接的特点、分类、应用及安全生产；
2. 掌握焊条电弧焊的设备及操作、维护的一般方法；
3. 掌握气焊、氩弧焊等焊接方法及工艺；
4. 了解焊接新技术、新工艺、新设备。

课题三 焊 接

> **课题导入**
>
> 我国 90 年代从乌克兰买了一艘航母,名叫"瓦良格"。这艘航母长 300 多米,满载排水量为 67 500 吨,最多承载 3 000 人、36 架战斗机、14 架反潜直升机、2 架电战直升机与 2 架搜救直升机。这么大的航母,它用的舰体的板是整块的吗?有这么大的板块吗?

> **考一考:**
> 你知道第一台电焊机是哪一年发明的吗?是用于什么焊接?

知识链接

一、焊接基础知识

焊接是指通过加热或加压(或两者并用),并且用(或不用)填充材料,使工件结合成一个整体的加工方法。

1. 焊接的分类

焊接的种类很多,按照焊接过程的特点通常分为以下三大类(如图 3-39 所示):
(1)熔焊是利用局部加热的方法,将待焊处的母材金属熔化以形成焊缝的焊接方法。
(2)压焊是焊接过程中,无论加热或不加热,都对焊件施加压力以完成焊接的方法。
(3)钎焊采用比母材熔点低的金属材料作钎料,将焊件和钎料加热到高于钎料熔点,低于母材熔化温度,利用液态钎料润湿母材,填充接头间隙并与母材相互扩散实现连接焊件的方法。

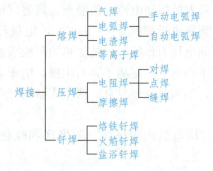

图 3-39 焊接的分类

2. 焊接的特点及应用

随着焊接技术的迅速发展及计算机技术在焊接中的应用,焊接质量及生产率的不断提

高,焊接在桥梁、建筑、舰船、容器、锅炉、电子等结构制造中得到了广泛的应用。焊接主要有以下特点:

(1)减轻结构质量,节省金属材料,密封性好。用焊接代替铆接,不但金属材料可以节省15%~20%,节约了材料,而且金属结构的自重也得以减轻。

(2)以小拼大,化复杂为简单。在制造大型构件或形状复杂的结构件时,可先把材料分大为小,然后用逐步装配焊接的方法以小拼大。例如大型的舰体等。

(3)便于制造双金属结构。用焊接可以对不同性能的材料进行连接,不仅发挥了各金属的性能,而且降低了成本。

(4)结构强度高,产品质量好。焊接使焊件之间实现原子结合,在多数情况下焊接接头都能达到与母材等强度,甚至接头强度高于母材的强度。因此,焊接结构的产品质量比铆接要好。目前,焊接已基本上取代了铆接。

(5)生产率较高,易于实现机械化与自动化,是解决恶劣劳动条件的重要方向。

但焊接也存在不足之处,焊接是一个不均匀的加热和冷却过程,焊接接头组织不均匀,所以,焊后会产生焊接应力与变形,焊缝的质量检验仍有困难。

二、焊条电弧焊

焊条电弧焊(又称手工电弧焊)是用手工操纵焊条进行焊接的电弧焊方法,如图3-40所示。它是利用焊条与焊件之间产生的电弧热,熔化焊条和焊件接头处,再经冷却凝固,达到原子结合的焊接过程。焊条电弧焊因操作方便、灵活,设备简单等优点,是目前生产中应用最为广泛的一种焊接方法。

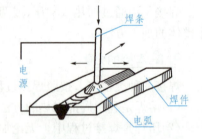

图3-40 焊条电弧焊

1. 焊接电弧

(1)焊接电弧的产生。焊接电弧的产生过程如图3-41所示,是在焊件和焊条之间气体介质中发生的一种放电现象。当焊条的一端与焊件瞬时接触时,造成短路,产生很大的短路电流,接触点金属温度迅速升高,使相接触的金属很快熔化并产生金属蒸气,当把电极提起2~4 mm时,电极与焊件之间高热的气体和金属蒸气极易被电离,在两极间电场力作用下,被加热的阴极表面发射出电子并撞击气体介质,使气体介质电离成正离子和电子。正离子奔向阴极,电子奔向阳极。它们在运动过程中及到达电极与工作表面时,不断碰撞和复合,产生大量的光和热,在焊条端部与焊件之间形成电弧。

(2)焊接电弧的组成。焊接电弧由阴极区、阳极区和弧柱区三部分组成,如图3-42所示。

阳极区是指电弧紧靠正电极的区域,接收电子,由于高速电子撞击阳极表面,因而产生较多的能量,占到电弧总热量的43%左右,温度约为2 600 K。

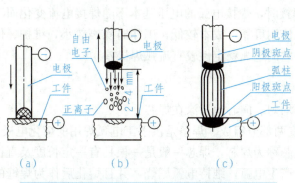

图 3-41 焊接电弧产生过程示意图
(a)电极与工件接触；(b)拉开电极；(c)引燃电弧

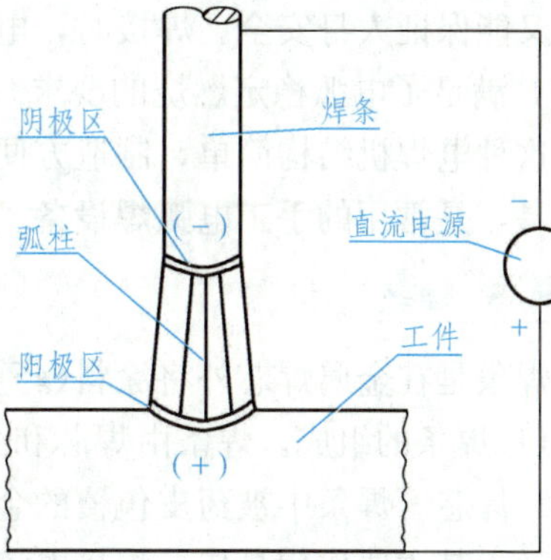

图 3-42 焊接电弧的组成

阴极区是指电弧紧靠负电极的区域发射电子。因发射电子需消耗一定能量，所以阴极区产生的热量不多，只占电弧总热量的 36% 左右，温度约为 2 400 K。

弧柱区是指阴极区与阳极区之间的气体空间区域。由于阳极区和阴极区厚度很小，所以弧柱区长度基本上等于电弧长度。弧柱是由电子、正离子和电离的原子组成，但弧柱中心温度最高，可达 5 000～8 000 K。产生的热量约占电弧总热量的 21%。

(3)焊接电弧的极性及应用。采用直流弧焊机焊接有正接与反接之分。

当把焊件接正极、焊条接负极时，称为正接法，电弧热量大部分集中在焊件上使焊件熔化速度加快，保证了足够的熔深，故多用于焊接较厚的焊件。

如果焊件接负极、焊条接正极时，称反接法，适合于焊接较薄的焊件或不需要较多热量的焊件，如非铁金属、不锈钢、铸铁。

使用交流电源进行焊接时，由于电源极性瞬时交替变化，焊件与焊条得到的总热量是一样的。

电弧电压主要与电弧长度(焊件与焊条间的距离)有关。电弧越长，相应电弧电压也越高。电弧热量的多少与焊接电流与电压的乘积成正比。焊接电弧开始引燃时的电压称为引弧电压(电焊机空载电压)，一般为 50～80 V。电弧稳定燃烧时，焊件与焊条之间的电压，称为电弧电压(工作电压)，一般为 20～30 V。由于电弧电压变化较小，生产中主要是通过调节焊接电流来调节电弧热量，焊接电流越大，则电弧产生的总热量就越多；反之则总热量就越少。

2. 焊条电弧焊设备

焊条电弧焊的主要设备是弧焊机。按产生电流的种类不同，弧焊机可以分为交流弧焊机和直流弧焊机两类。

(1)直流弧焊机。直流弧焊机所供给焊接电弧的电流是直流电。直流弧焊机分为两种：一种为焊接发电机，即由交流电动机带动直流发电机；另一种为焊接整流器。其特点是能够得到稳定的直流电，因此电弧燃烧稳定、焊接质量较好。与交流电焊机相比，直流弧焊机构造复杂、维修困难、使用时噪声较大、成本高，使用较少，适合于焊接较重要的焊件。

(2)交流弧焊机。交流弧焊机实际上是一种满足焊接要求的特殊降压变压器。它将 220 V 或 380 V 的电源电压降到 60～80 V(即电焊机的空载电压)，从而既能满足引弧的需要,又能保证人身安全。焊接时,电压会自动下降到电弧正常工作时所需的工作电压20～30 V,满足了电弧稳定燃烧的要求。焊接时,焊接电弧的电压基本不随焊接电流变化而变化。这种电焊机结构简单,制造方便,使用可靠,成本较低,工作时噪声较小,维护、保养容易,是常用的手工电弧焊设备。但它的电弧稳定性较直流弧焊机差。

3. 焊条

焊条是在金属焊芯外将涂料(药皮)均匀、向心地压涂在焊芯上。

(1)焊条的组成。焊条由焊芯和药皮两部分组成。焊条是供手工电弧焊用的熔化电极。

1)焊芯。焊条中被药皮包覆的金属芯称为焊芯,焊芯一般是一根具有一定长度及直径的钢丝。其主要作用是传导焊接电流,产生电弧,维持电弧燃烧,并且熔化后作为焊缝的填充金属。为了保证焊缝的质量与性能,对焊芯中各金属元素的含量都有严格的规定,特别是对有害杂质(如硫、磷等)的含量,应有严格的限制,要优于母材。焊芯的牌号以"焊"字汉语拼音字首"H"和一组数字及化学元素符号组成。数字与符号的意义与合金结构钢号表示法完全一样,例如 H08、H08MnA、H10Mn2 等。

2)药皮。药皮是压涂在焊芯表面的涂层,由矿物质、有机物、铁合金和黏结剂组成。药皮在焊接过程中分解熔化后形成气体和熔渣,它的主要作用是提高焊接电弧燃烧的稳定性;对焊缝金属脱氧、脱硫、脱磷、去氢等冶金处理,起到机械保护和防止空气影响熔化金属的作用,改善工艺性能。添加合金元素,能提高焊缝力学性能。

(2)焊条的分类、型号。

1)焊条的分类。焊条的分类方法很多。按照焊条药皮中氧化物的性质分为酸性焊条和碱性焊条两类。酸性焊条熔渣中酸性氧化物(如 SiO_2、TiO_2、Fe_2O_3)的比例较高,具有电弧稳定、熔渣飞溅小、易脱渣、流动性和覆盖性较好等优点。因此焊缝美观,对铁锈、油脂、水分的敏感性不大,但焊接中对药皮合金元素烧损较大,抗裂性较差,一般适用于焊接低碳钢和不重要的结构件。

碱性焊条熔渣中碱性氧化物(如 CaO、FeO、MnO、Na_2O)的比例较高,具有电弧不够稳定、熔渣的覆盖性较差、焊缝不美观、焊前要求清除掉油脂和铁锈等缺点。但碱性焊条焊缝金属中含锰量比酸性焊条高,有害元素比酸性焊条少,故碱性焊条的力学性能比酸性焊条好,它的脱氧去氢能力较强,焊接后焊缝的质量较高,适用于焊接重要的结构件。

按用途焊条分为碳钢焊条、低合金钢焊条、不锈钢焊条、铸铁焊条、堆焊焊条、镍和镍合金焊条、铜和铜合金焊条、铝和铝合金焊条等。

2)焊条的型号。常用的碳钢焊条型号是根据 GB/T 5117—1995《碳钢焊条》的规定,用字母"E"表示焊条类型,此后的前两位数字表示熔敷金属抗拉强度的最小值(单位为MPa),第三位数字表示焊条的焊接位置,第三位和第四位数字组合表示焊接电流种类及药皮类型。在第四位数字后附加"R"表示耐吸潮焊条,附加"M"表示耐吸潮和力学性能有特殊规定的焊条,附加"-1"表示冲击性能有特殊规定的焊条。如 E4303 表示焊缝金属的抗拉强度 $R_m \geqslant 430$ MPa,适用于全位置焊接,药皮类型是钛钙型,电流种类是交流或直流正、反接。

(3)焊条选用原则。

①根据焊件的力学性能和化学成分来选用。焊接低碳钢或低合金钢时,一般都要求焊

缝金属与母材等强度。可选用酸性焊条。

②根据焊件的结构复杂程度和刚性来选用。对于形状复杂、刚性较大的结构，及焊接承受冲击载荷、交变载荷的结构时，应选用抗裂性好的碱性焊条。

③根据焊件的工艺条件和经济性来选用。焊接难以在焊前清理的焊件时，可采用对锈、氧化物和油敏感性较小的酸性焊条，在满足使用性能要求的前提下，尽量选用高效率、价廉的焊条。如酸性焊条。

④在特殊环境下工作的焊接结构，如耐腐蚀、高温或低温等，为了保证使用性能，应根据熔敷金属与母材性能相同或相近原则选用焊条。焊接耐热钢、不锈钢等主要考虑熔敷金属的化学成分与母材相当。

此外还要根据劳动生产率、劳动条件、焊接质量等选用。

4. 焊条电弧焊工艺

（1）焊接接头基本形式和坡口基本形式。根据工件结构形状、厚度及工作条件的不同，其接头形式和坡口形式也不同。基本的焊接接头形式有对接接头、角接接头、T形接头、搭接接头等。基本的坡口形式有I形坡口（不开坡口）、单边V形坡口、V形坡口、双边V形坡口、U形坡口和双U形坡口等。如表3-2 手工电弧焊焊接接头的基本形式与尺寸所示。

表3-2 手工电弧焊焊接接头的基本形式与尺寸

接头形式	坡口形式			
对接接头	不开坡口	V形坡口	X形坡口	
	U形坡口	双U形坡口		
T型接头	不开坡口	单边V形坡口	K形坡口	单边双U形坡口
角接接头	不开坡口	单边V形坡口	V形坡口	K形坡口
搭接接头	$L > 4\delta$	塞焊		

(2)焊缝的空间位置。焊接时,按焊缝在空间位置的不同可分为平焊、横焊、立焊和仰焊四种如图 3-43 所示。其中平焊熔化金属不会外流、飞溅少、操作容易、劳动条件好、生产率高、质量易于保证;横焊、立焊、熔化金属有下流的倾向,不易操作;仰焊时焊接操作困难,应尽量避免。若无法避免时,可选用小直径的焊条,较小的电流,调整好焊条与焊件的夹角与弧长后再进行焊接。

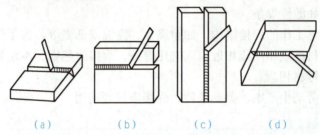

图 3-43　各种空间位置的焊缝
(a)平焊;(b)横焊;(c)立焊;(d)仰焊

(3)焊接工艺参数的选择。为了保证焊接质量,焊接时选定的各物理量的总称叫焊接工艺参数。焊接工艺参数主要包括焊接电流、焊条直径、焊接层数、电弧长度和焊接速度等。

焊条直径的大小与焊件厚度、焊接位置及焊接层数有关。一般焊件厚度大时应采用大直径焊条;平焊时,焊条直径应大些;多层焊在焊第一层时应选较小直径的焊条。焊件厚度与焊条直径的关系见表 3-3。

表 3-3　焊件厚度与焊条直径的关系

焊件厚度/mm	≤1.5	2	3	4~5	6~12	>12
焊条直径/mm	1.6	1.6~2.2	2.5~3.2	3.2~4.0	4~5	4~6

主要根据焊条直径来选择焊接电流。电流过大会造成熔融金属向熔池外飞溅;电流过小则熔池温度低,熔渣与熔融金属分离困难,焊缝中容易夹渣。平焊时可选用较大的焊接电流,而其他位置焊接时,焊接电流比平焊要小些,使用酸性焊条时,焊接电流比碱性焊条要大些。

在焊条电弧焊的焊接过程中,靠手工操作来掌握电弧的长度。电弧过长,会使电弧不稳定,熔深减小,飞溅增加,还会使空气中的氧和氮侵入熔池内,降低焊缝质量,所以电弧长度尽量短些。

一般由焊工根据焊缝尺寸和焊条特点自行掌握焊接速度,不应过快或过慢,应以焊缝的外观与内在质量均达到要求为适宜。

中、厚焊件焊接时必须开坡口,进行多层焊接。由于后焊的焊层对先焊的焊层有热处理作用,多层焊有利于提高焊缝的质量。

总之,焊接工艺参数的选择,应在保证焊接质量的条件下,尽量采用较大直径焊条和较大电流进行焊接,以提高劳动生产率。

5. 焊条电弧焊的安全技术

焊条电弧焊的安全技术如表 3-4。

表 3-4 焊条电弧焊的安全技术

安全技术内容	具体要求
防止触电	焊前检查焊机接地是否良好
	焊钳和电缆的绝缘必须良好
	不准赤手接触导电部分
	焊接时应站在木垫板上
防止弧光伤害和烫伤	穿好工作衣、裤、鞋,女同学戴女工帽
	焊接时必须用面罩、穿围裙、护袜、戴电焊手套。要挂好布帘,以免弧光伤害他人
	除渣时要防止焊渣烫伤脸目
	工件焊后只许用火钳夹持,不准直接用手拿
保证设备安全	线路各连接点必须紧密接地,防止因松动接触不良而发热
	发现焊机或线路发热烫手时,应立即停止工作
	焊钳任何时候都不得放在工作台上,以免短路烧坏焊机
	操作完毕或检查焊机及电路系统时必须拉闸
	焊接时周围不能有易燃易爆物品

三、其他焊接方法

1. 气焊

气焊是利用氧气和可燃气体混合燃烧所产生的热量将焊件和焊丝局部熔化而进行焊接的工艺。可燃性气体主要有乙炔、氢气、液化石油气等,其中最常用的是乙炔。

气焊火焰易于控制,灵活性强,不需电源,能焊接多种材料;但气焊火焰温度较低,加热缓慢,热影响区较宽,焊件易变形且难于实现机械化。气焊适合焊接厚度在 3 mm 以下的薄钢板、低熔点有色金属及其合金和铸铁的补焊等。

(1)气焊设备及工具。主要包括可燃气体瓶、氧气瓶、减压器、胶管、焊炬、焊丝和焊剂等。

(2)气焊火焰。气焊质量的好坏与所用气焊火焰的性质有极大的关系。气焊使用的可燃气体通常是乙炔。根据氧气和乙炔的比例不同,得到三种不同性质的气焊火焰,如图3-44所示。氧气和乙炔混合燃烧的火焰为氧乙炔焰。氧乙炔焰由焰心、内焰和外焰三部分组成。靠近焊咀处为焰芯,呈白亮色;其次为内焰,呈蓝紫色;最外层为外焰,呈橘红色。

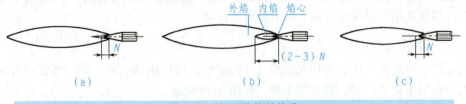

图 3-44 氧乙炔焰的构造
(a)中性焰;(b)碳化焰;(c)氧化焰

①中性焰又称正常焰。氧气和乙炔气体的体积比为 1～1.2 时，氧气与乙炔充分燃烧，火焰燃烧后既无过量氧又无游离碳。内焰的最高温度可达 3 150 ℃。适合于焊接低中碳钢、低合金钢、紫铜、铝及其合金等。中性焰是焊接时常用的火焰。

②碳化焰。氧气和乙炔气体的体积比小于 1～1.2 时，火焰中有过剩的乙炔，分解为氢气和碳，使火焰中含有游离碳，具有较强的还原作用，也有一定渗碳作用。碳化焰的最高温度为 3 000 ℃，焊接时易使焊缝金属增碳，会改变焊缝金属的力学性能，硬度提高，塑性降低。适合于焊接高碳钢、高速钢、铸铁及硬质合金等。

③氧化焰。氧气和乙炔气体的体积比大于 1～1.2 时，火焰中有过量的氧，在尖形焰芯外面形成一个有氧化性的富氧区的火焰。由于氧气充足，燃烧剧烈，因此最高温度可达 3 300 ℃，由于整个火焰具有氧化性，影响焊缝质量，这种火焰很少采用。适合于焊接黄铜、镀锌铁皮等。

(3) 接头的运用方法。气焊时主要采用对接接头。角接接头和卷边接头只是在焊薄板时使用，搭接接头和 T 形接头很少采用。在对接接头中，当焊件厚度小于 5 mm 时，可以不开坡口，只留 0.5～1.5 mm 的间隙；厚度大于 5 mm 时必须开坡口。坡口的形式、角度、间隙及钝边等与焊条电弧焊基本相同。

(4) 基本操作方法。气焊操作时，一般右手持焊炬，将拇指位于乙炔开关处，食指位于氧气开关处，以便于随时调节气体流量。用其他三指握住焊炬柄。右手拿焊丝气焊的基本操作：气焊前，先调节好氧气和乙炔气压力；点火时，先打开氧气阀门，再打开乙炔气阀门，点燃火焰后，再调节成所需火焰；灭火时，先关乙炔气阀门，再关氧气阀门，否则容易引起回火。

气焊时，根据焊炬的运作方向，可分为向左焊法和向右焊法两种，如图 3-45 所示。

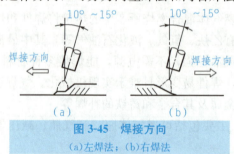

图 3-45　焊接方向
(a)左焊法；(b)右焊法

①向左焊时，焊炬的火焰指向焊件未焊部分，热量散失大，焊缝易氧化，冷却较快，热量利用率较低。适于焊接厚度在 5 mm 以下的薄板和低熔点金属。

②向右焊时，焊炬火焰指向已焊部分，因此热量集中，焊速快，熔深大，效率高；同时火焰遮盖着整个熔池，防止了焊缝金属的氧化，并使焊缝缓慢地冷却，提高了焊缝质量。右向焊法适用于厚度在 5 mm 以上焊件的焊接。

2. 氩弧焊

氩弧焊是使用氩气作为保护气体的气体保护焊。按所用的电极不同，氩弧焊分为熔化极氩弧焊和不熔化极（钨极）氩弧焊两种，如图 3-46 所示。

由于氩气是惰性气体，既能保护熔池不被氧化，本身也不与熔化金属起化学反应，焊缝质量高、成形好；电弧在氩气流压缩中燃烧，热量集中，热影响区小，焊接变形小。

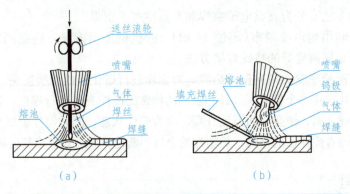

图 3-46 氩弧焊示意图
(a)熔化极氩弧焊；(b)不熔化极(钨极)氩弧焊

熔化极氩弧焊用连续送进的焊丝做电极，焊丝熔化后为填充金属，当焊接电流较大时，熔滴常呈很细颗粒的"喷射过渡"，生产率比钨极氩弧焊高几倍。熔化极氩弧焊为了使电弧稳定，通常采用直流反接，这对于易氧化合金的工件正好有"阴极破碎"作用，适用于焊接 3～25 mm 的中厚板。

钨极氩弧焊需加填充金属，填充金属可以是焊丝，也可以在焊接接头中附加填充金属条或采用卷边接头等。填充金属可采用母材的同种金属，有时可根据需要增加一些合金元素，在熔池中进行冶金处理，以防止气孔等。钨极氩弧焊虽焊接质量优良，但因为钨极载流能力有限，焊接电流不能太大，所以焊接速度不高，而且一般只适用于焊接厚度 0.5～4 mm 的薄板。

氩弧焊是一种明弧焊，便于操作，适宜于各种位置的焊接，电弧稳定，飞溅小，焊后无熔渣，易实现焊接机械化和自动化。但氩弧焊所用的设备及控制系统比较复杂，维修困难，氩气价格较贵，焊接成本高。

氩弧焊应用范围广泛，目前主要用于焊接有色金属(如铝、镁及其合金)，低合金钢、耐热钢及不锈钢，稀有金属(如钼、钽、钛及其合金)等。

此外，还有埋弧焊、CO_2 气体保护焊、电阻焊、电渣焊、钎焊等多种焊接方法。

四、焊接新技术、新工艺简介

随着社会的发展，科学的进步，焊接设备不断更新，新型的焊接材料也在不断地开发并得以应用，如铁粉焊条、重力焊条、躺焊焊条等；还研制出了各种送丝方式和焊缝跟踪装置，甚至弧焊机器人等。特别是计算机技术在焊接中也得到了广泛的应用。从焊接的设计、焊接的计算机控制系统到焊接的生产制造都广泛地使用着计算机技术及模糊控制技术。焊接机器人在我国也已经进入了实用阶段。

另外焊接技术也正在不断地发展，进一步地完善。当前焊接工作人员正进行太阳能焊接试验的研究，开展了以焊代铸、以焊代锻、以焊代机加工等的研究，并取得了一定的成果。新技术主要有电子束焊、超声波焊、激光焊、搅拌摩擦焊接技术。

电子束焊是利用加速和聚集的电子束，撞击放在真空或非真空中的焊件所产生的热能实现焊接的一种方法,分为真空电子束焊和非真空电子束焊。

超声波焊是利用超声波频率(超过 16 kHz)的机械振动能量,连接同种或异种金属、半导体、塑料及金属陶瓷等的特殊焊接方法。

激光焊以高能量密度的激光作为热源,对金属进行熔化形成焊接接头。

搅拌摩擦焊接是用一个带有搅拌针和轴肩的特殊的搅拌头来进行焊接,将搅拌针插入焊缝,摩擦加热被焊金属,使金属的温度升高,成为塑性状态,同时搅拌金属形成一个旋转空洞,当旋转空洞随着搅拌针前移时,热塑性的金属不断地流向后方,冷却后形成致密焊缝。

知识梳理

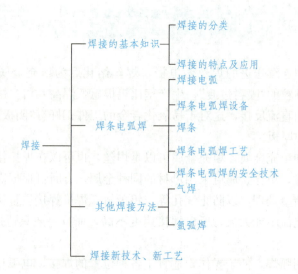

学后评量

1. 焊条由_____和_____两部分构成。
2. 气焊时,根据焊炬的运作方向,可分为_____和_____两种。
3. 气焊中焊接火焰有三种形式,即_____、_____和碳化焰。
4. 按焊缝在空间所处的位置不同,有平焊、立焊、_____和_____之分。
5. 按所用气体的不同,气体保护电弧焊有_____和_____等。

1. 气焊时常用气体是(　　)。
   A. 二氧化碳　　B. 氩气　　C. 氧气　　D. 空气
2. 下列是熔焊的方法的是(　　)。
   A. 电弧焊　　B. 电阻焊　　C. 摩擦焊　　D. 火焰钎焊
3. 气焊常用于焊(　　)。
   A. 厚板件　　B. 薄板件　　C. 高熔点金属　　D. 以上都不正确

4. 焊接时尽可能将工件置放的焊接位置是（   ）。
   A. 立焊　　　　　B. 平焊　　　　　C. 横焊　　　　　D. 仰焊
5. 焊接时，为防止铁水下流，焊条直径一般不超过（   ）。
   A. 1 mm　　　　B. 2 mm　　　　C. 10 mm　　　　D. 4 mm
6. 焊接时，电焊电流主要根据（   ）。
   A. 焊接方法选　　　　　　　　　B. 焊条直径选
   C. 焊接接头选　　　　　　　　　D. 坡口选
7. 焊接时，向焊缝添加有益元素，有益元素来源于（   ）。
   A. 焊芯　　　　　B. 药皮　　　　　C. 空气　　　　　D. 工件
8. 焊条 E4303 中 43 表示（   ）。
   A. 焊条直径　　　　　　　　　　B. 焊条长度
   C. 直流焊条　　　　　　　　　　D. 熔敷金属抗拉程度

1. 试述焊接的实质、分类和特点。
2. 什么是焊接电弧？焊接时，电弧长短对焊接质量有什么影响？
3. 焊条由哪几部分组成？各部分作用如何？
4. 焊缝的空间位置有哪几种？哪一种最容易焊接？
5. 焊接工艺参数主要有哪些？
6. 气焊火焰分哪几种？它们常用于何种材料的焊接？

课题四　钢的热处理

学习目标

1. 掌握钢的热处理概念、目的、分类；
2. 掌握常用热处理：退火、正火、淬火、回火、调质、时效处理的目的、方法及应用；钢的表面热处理和化学热处理的一般方法；
3. 熟悉热处理的新技术、新工艺及典型零件的热处理工艺过程。

课题导入

热处理是改善金属材料使用性能和工艺性能的一种非常重要的工艺方法，是强化金属材料、提高产品质量和使用寿命的主要途径之一。因此，绝大部分重要的机械零件在制造过程中都必须进行热处理。战国时青铜器具的热处理工艺已达到相当高水平：如越王勾践的青铜宝剑。

试一试：

在车工实训中，加工孔的钻头，经过热处理的和没有经过热处理的有何区别？

想一想：

锉刀、铣刀等切削刀具，自身必须具有很高的硬度。可是这么硬的工具本身也是通过切削加工出来的，那么他们它们是如何被加工的？又是怎样克服其硬度过高这一困难的呢？

做一做：

将一根直径为 1 mm 左右的弹簧剪成两端，放在酒精灯上同时加热到赤红色，然后分别放入水中和空气中冷却，冷却后用手弯折，对比观察两根钢丝的差别。

 一、钢的热处理的概念、目的、分类

钢的热处理就是在固态下采用适当的方式进行加热、保温和冷却，改变其组织，从而获得预期的组织和性能的工艺。热处理方法很多，其共同点是：只改变内部组织结构，不改变表面形状与尺寸，而且都由加热、保温、冷却三阶段组成，如图 3-47。

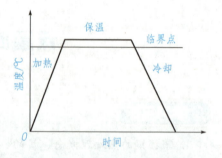

图 3-47 热处理工艺曲线示意图

工件经过不同的热处理工艺之后，性能将会发生显著的变化。例如，两块碳含量相同的非合金钢，经不同的热处理后，一块硬度可达 65 HRC，而另一块却只有 15 HRC，前者制作刀具可以切削后者。这就是说，在成分一定的情况下，钢的性能将取决于它的组织。热处理工艺，就是创造一定的外因条件(加热、保温、冷却)，使金属内部组织根据其固有规律，发生我们所希望的某种变化，以期满足零件所要求的使用性能。

表 3-5 列出了 45 钢在同样的温度下，采用不同冷却速度冷却时的力学性能数据。从表中可以看出：工件加热到一定温度后，当采用不同的冷却速度冷却时，将会转变为不同的组织结构，具备不同的性能。所以，冷却过程是热处理的最关键环节。

表 3-5 45 钢加热到 840 ℃保温后，不同冷却条件下的力学性能

冷却方法	R_m/MPa	R_{eH}/MPa	A(%)	Z(%)	HRC
随炉冷却	519	272	32.5	49	15～18

续表

冷却方法	R_m/MPa	R_{eH}/MPa	A(%)	Z(%)	HRC
空气冷却	657～706	333	15～18	45～50	18～24
油中冷却	882	608	18～2	21～1	40～50
水中冷却	1 078	706	7～8	4	52～60

通过恰当的热处理，不仅可以提高和改善钢的使用性能和工艺性能，而且能充分发挥材料的性能潜力，延长零件的使用寿命，提高产品的质量和经济效益。据统计，机床工业中有60%～70%的零件需要进行热处理；在汽车、拖拉机工业中，70%～80%的零件需要进行热处理；各类工具(刀具、量具、模具等)几乎100%需要热处理。因此，热处理在机械制造业中占有十分重要的地位。

热处理工艺种类很多，根据其加热、冷却方法的不同及钢组织和性能变化特点可分为：

①整体热处理主要包括正火、退火、淬火、回火、调质和时效处理等。

②表面热处理主要包括表面淬火和表面回火。

③化学热处理常用的有渗碳、渗氮、碳氮共渗等。

二、钢的整体热处理

1. 退火

退火是将钢件加热到适当温度，保温一定时间，然后缓慢冷却的热处理工艺。退火的主要目的是：降低硬度，提高塑性，改善切削加工性能；细化晶粒，消除组织缺陷，改善钢的性能，并为最终热处理做好组织准备；消除内应力，稳定工件尺寸，减小变形，防止开裂；提高钢的塑性和韧性，便于进行冷冲压或冷拔加工。

根据钢的成分及退火目的的不同，退火可分为完全退火、球化退火、去应力退火等。

(1)完全退火。完全退火是将钢加热到一定温度后缓慢冷却的一种退火工艺。通常是工件随炉冷却或把工件埋入砂或石灰中，冷却至500 ℃以下，出炉空冷至室温。完全退火目的是降低钢的硬度，细化晶粒，充分消除内应力，便于随后的加工。主要应用于中碳钢及低、中碳合金结构钢的锻件、铸件、热轧型材等，有时也用于焊接件。

(2)球化退火。球化退火是使钢中碳化物球状化而进行的退火工艺。通常将钢加热到一定温度，保温一定时间后，随炉缓慢冷却至600 ℃以下，再出炉空冷。球化退火的目的是降低硬度、改善切削加工性，并为以后的淬火作准备，减小工件淬火冷却时的变形和开裂。用于共析钢及过共析钢，如碳素工具钢、合金工具钢、滚动轴承钢等。这些钢在锻造以后必须进行球化退火才适用于切削加工，同时也可为最后的淬火处理做好组织准备。

(3)去应力退火。去应力退火主要是为了去除由于塑性变形加工、焊接等而造成的应力和铸件内的残余应力而进行的退火。通常将钢件加热到500 ℃～650 ℃，保温后，随炉缓冷至300 ℃～200 ℃，再出炉空冷。

零件中存在内应力十分有害，会使零件在加工及使用过程中发生变形，影响工件的精度。因此，铸件、锻压件、焊件及切削加工后（精度要求高）的工件，应采用去应力退火来消除内应力。

2. 钢的正火

正火是将钢件加热到一定温度，保温适当的时间后，在空气中冷却的热处理工艺。

正火的主要目的是：细化晶粒、调整硬度；消除网状碳化物，为后续加工及球化退火、淬火等做好组织准备。

正火与退火相比，所得室温组织相同，但正火的冷却速度比退火要快。因此，正火后的组织比退火组织要细小些，钢件的强度、硬度比退火高一些。同时正火与退火相比，具有操作简便、生产周期短、生产效率较高、成本低等特点。在生产中的主要应用范围如下：

（1）改善切削加工性。因低碳钢和某些低碳合金钢的退火时硬度偏低，在切削加工时易产生"粘刀"现象，增加表面粗糙度值。采用正火能适当提高硬度，改善切削加工性。

（2）消除网状碳化物，为球化退火做好组织准备。

（3）用于普通结构零件或某些大型非合金钢工件的最终热处理，以代替调质处理。

（4）用于淬火返修零件，消除内应力，细化组织，以防重新淬火时产生变形和开裂。

（5）代替中碳钢和低碳合金结构钢的退火，改善它们的组织结构和切削加工性能。

3. 钢的淬火

淬火是将钢件加热到某一温度，保温一定时间，然后在冷却介质中迅速冷却，以获得高硬度组织的一种热处理工艺。淬火的主要目的是为了得到高硬度的组织，然后与适当的回火相配合，使工件获得所需的使用性能。淬火和回火是紧密相联的两个工艺过程，是强化钢材、提高机械零件使用寿命的重要手段，它们通常作为钢件的最终热处理。

（1）淬火冷却介质。淬火冷却介质是指工件进行淬火冷却时所使用的介质。生产上最常用的淬火介质有水、水溶液、油、硝盐浴、碱浴、空气等。

水在 650 ℃～550 ℃ 范围内具有较强的冷却能力。水在 300 ℃～200 ℃ 之间仍有较强的冷却能力，但冷却速度快，容易引起淬火钢件的变形和开裂。若在水中加入适量的 NaCl 或 NaOH，可大大提高水在 650 ℃～550 ℃ 间的冷却能力，而在 300 ℃～200 ℃ 间的冷却能力变化不大。

各种矿物油在 300 ℃～200 ℃ 范围内具有较弱的冷却能力，使钢件在淬火时不易变形和开裂，但在 650 ℃～550 ℃ 范围冷却能力不够大，只适用于较稳定的合金钢淬火。

除以上介质外，目前国内还研制了许多新型聚合物水溶液淬火介质（如聚乙烯醇水溶液），其冷却性能一般介于水和油之间，且有着良好的经济效益和环境效益，是加厚淬火冷却介质应用和发展的方向。

（2）淬火方法。

1）单介质淬火。单介质淬火是将加热好的工件直接放入一种淬火介质中冷却。单介质淬火操作简单，易实现机械化和自动化，但水淬容易产生变形与开裂，油淬容易产生硬度不足或硬度不均匀现象，主要适用于截面尺寸无突变，形状简单的工件。一般非合金钢采用水作淬火介质，合金钢采用油作淬火介质。

2）双介质淬火（双液淬火）。双介质淬火是将加热好的工件后，先浸入一种冷却能力强的介质中冷却，在钢还未达到该淬火介质温度之前即取出，立即转入另一种冷却能力较弱的介质中冷却的方法。常用的有先水后油、先油后空气等，生产中常称为水淬油冷、油淬空冷。双介质淬火利用了两种介质的优点，既能保证钢件淬硬得到高硬度，又能减小变形和开裂倾向。但钢件在第一种介质中的停留时间很难正确掌握，要求较高的操作技术。主要用于碳素工具钢制造的易开裂的工件、形状不太复杂的高碳钢和较大尺寸的合金钢工件。

3）分级淬火。分级淬火是将加热好的工件，随之浸入温度稍高或稍低于（如 230 ℃）的盐浴或碱浴中，保持适当时间，待钢件内外层温度都达到介质温度后取出空冷的一种淬火工艺。分级淬火操作比双液淬火易于控制，能减少热应力和变形，防止开裂。分级淬火主要用于形状复杂、尺寸要求精确的小型非合金钢件和合金钢工模具。

4）等温淬火。等温淬火是将加热好的工件，放入温度稍高（如 230 ℃）的盐浴或碱浴中，保温足够长的时间使其完成组织转变，获得高硬度的组织，然后再取出空冷的淬火工艺。等温淬火处理的工件强度高、韧性和塑性好，应力和变形很小，能防止开裂。但生产周期长，生产率较低。主要用于各种中、高碳工具钢和低碳合金钢制造的形状复杂、尺寸较小、韧性要求较高的各种模具、成形刃具等工件。

4. 钢的回火

回火是将钢件淬硬后，再加热到某一不太高的温度（150 ℃～600 ℃），保温一定时间后，冷却至室温的热处理工艺。回火是紧接淬火后进行的一种热处理操作，也是生产中应用最广泛的热处理工艺。通过淬火和适当温度的回火相配合，可以使工件获得不同的组织和性能，满足各类零件和工具对使用性能的不同要求。通常也是工件进行的最后一道热处理工艺。

回火的目的是：
①降低淬火钢的脆性和内应力，防止变形或开裂。
②调整和稳定淬火钢的结晶组织，以保证工件不再发生形状和尺寸的改变。
③获得不同需要的机械性能，通过适当的回火来获得所要求的强度、硬度和韧性，以满足各种工件的不同使用要求。淬火钢经回火后，其硬度随回火温度的升高而降低，回火一般也是热处理的最后一道工序。

按回火温度范围不同，钢的回火可分为低温回火、中温回火及高温回火三种。

1）低温回火。回火温度为 150 ℃～250 ℃。其目的是降低淬火内应力，减少脆性，保持淬火后的高硬度和高耐磨性。主要用于处理各种刃具、量具、冷作模具、拉丝模具、滚动轴承、渗碳件和表面淬火件，回火后的硬度一般为 58～64 HRC。

2）中温回火。回火温度为 250 ℃～500 ℃。其目的是获得良好弹性和较高的屈服强度，并保持一定的冲击韧性。主要用于要求高弹性和足够韧性的工件，如各种弹簧、热锻模具等，回火后的硬度一般为 35～45 HRC。

3）高温回火。回火温度为 500 ℃～650 ℃。其目的是获得较高强度与足够的塑性和韧性，即良好的综合力学性能。高温回火一般用于要求具有较好综合力学性能的各种连接和传动结构件，如曲轴、连杆、螺栓、齿轮、轴等，回火后的硬度一般为 25～35 HRC。

5. 调质处理

在热处理生产中，通常将淬火加高温回火的复合热处理工艺称为调质处理，简称调质。调质处理后工件可获得良好的综合力学能力,不仅强度较高,而且有良好的塑性和韧性,这就为零件在工作中承受各种载荷提供了有利条件,因此重要的受力复杂的结构零件一般均采用调制处理。主要用于各种重要的结构零件,特别是交变载荷下工作的连杆、螺栓、螺帽、曲轴和齿轮等。

调质处理还可作为某些精密零件如丝杠、量具、模具等的预备热处理,以减少最终热处理过程中的变形。调质钢的硬度为 20~35 HRC。

6. 时效处理

为了避免精密量具或模具、零件在长期使用中尺寸、形状发生变化,常在低温回火后精加工前,把工件重新加热到 100 ℃~150 ℃,保持 5~20 小时,这种为稳定精密制件质量的处理,称为时效处理。对在低温或动载荷条件下的钢材构件进行时效处理,以消除残余应力,稳定钢材组织和尺寸,显得尤为重要。

三、钢的表面热处理

对于承受弯曲、扭转、冲击等动载荷,同时又承受强烈摩擦的零件,例如,在动载荷及摩擦条件下工作的凸轮轴、曲轴、齿轮和活塞销等零件,要求表面具有高硬度、高耐磨性,而心部具有足够的强度和韧性;在高温或腐蚀条件下工作的零件,则要求表面具有抗氧化性和耐腐蚀性。这类表里性能要求不一致的零件,生产中常采用表面热处理来解决。表面热处理是指仅对工件表层进行热处理,以改变其组织和性能的工艺。目前最常用的表面热处理方法是表面淬火和化学热处理。

1. 钢的表面淬火

仅对工件表层进行淬火的工艺称为表面淬火。其原理是通过快速加热,使钢的表层奥氏体化,在热量尚未充分传到零件中心时就立即予以冷却淬火的方法。表面淬火可使工件表层获得高硬度组织,具有高硬度、高耐磨性,内部仍保持淬火前的组织,具有足够的强度和韧性。目前生产中广泛应用的有感应加热表面淬火、火焰加热表面淬火等。

(1)感应加热表面淬火。感应加热表面淬火是利用感应电流通过工件所产生的热效应,使工件表面或局部加热并进行快速冷却的淬火工艺。感应加热淬火结构如图 3-48 所示。

感应淬火因加热速度极快,表层硬度比普通淬火的高 2~3 HRC,且有较好的耐磨性和较低的脆性;加热时间短,基本无氧化、脱碳,变形小;淬硬层深度容易控制;能耗低,生产效率高,易实现机械化和自动化,适宜大批量生产。但感应加热设备投资大,维修调试较困难,对于形状复杂工件的感应器不易制作。

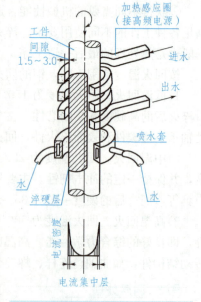

图 3-48 感应加热淬火示意

感应淬火多用于中碳钢和中碳低合金钢制造的中小型工件的成批生产。根据电流频率不同,感应加热分为高频加热、中频加热、工频加热三种。频率越高,感应电流集中在工件的表面层越薄,则淬硬层越薄。在生产中常依据工件要求的淬硬层深度及尺寸大小来选用电流频率。

(2)火焰加热表面淬火。火焰加热表面淬火是应用氧-乙炔或其他可燃气体的火焰对零件表面进行加热,随之快速冷却的工艺,如图3-49所示。

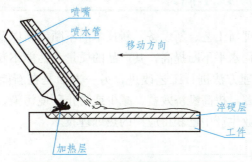

图3-49 火焰淬火示意图

火焰淬火的操作简便,不需要特殊设备,成本低;淬硬层深度一般为2～6 mm。但因火焰温度高,若操作不当工件表面容易过热或加热不匀,造成硬度不均匀,淬火质量难以控制,易产生变形与裂纹。适用于大型、小型、单件或小批量工件的表面淬火,如大模数齿轮、小孔、顶尖、凿子等。

2. 钢的化学热处理

化学热处理是将工件置于一定温度的活性介质中保温,使一种或几种元素渗入它的表层,以改变其化学成分、组织和性能的热处理工艺。与其他热处理相比,化学热处理不仅改变了钢的组织,而且表面层的化学成分也发生了变化,因而能更有效地改变零件表层的性能。

化学热处理的方法很多,包括渗碳、渗氮、碳氮共渗等。但无论哪种化学热处理方法都是通过分解、吸收和扩散三个基本过程来完成的。

(1)渗碳。渗碳是将钢件在渗碳介质中加热并保温,使碳原子渗入表层的化学热处理。渗碳的目的是为了增加工件表层碳的质量分数,然后经淬火、低温回火,使工件表层具有高的硬度和耐磨性,而心部具有高的塑性、韧性和足够的强度,以满足某些机械零件如汽车发动机的变速齿轮、变速轴、活塞销等的需要。

为保证渗碳工件的性能要求,渗碳用钢一般为$w_C=0.1\%\sim0.25\%$的低碳钢和低碳合金钢。

(2)渗氮。渗氮是在一定温度下使活性氮原子渗入工件表面的化学热处理工艺,又称为氮化。渗氮的目的是提高工件表层的硬度、耐磨性、热硬性、疲劳强度和耐蚀性。

渗氮与渗碳相比有以下特点:

①渗氮层具有很高的硬度和耐磨性,钢件渗氮后表层中形成稳定的金属氮化物,具有极高的硬度,所以渗氮后不用淬火就可得到高硬度,而且具有较高的热硬性。

②渗氮具有渗碳层所没有的耐蚀性,可防止水、蒸汽、碱性溶液的腐蚀。

③渗氮比渗碳温度低(一般 570 ℃)，所以工件变形小。

渗氮用钢大多是含铬、钼、铝、钛、钒等元素的中碳合金钢，如 38CrMoAlA 是一种典型的氮化钢。因为这些元素与氮原子的亲和力强，能形成高硬度、很稳定的氮化物，使工件在 600 ℃左右工作仍能保持高硬度，即具有良好的热硬性。

四、热处理新技术简介

近年来，随着热处理新工艺、新设备、新技术的不断创新以及计算机的应用，使热处理生产的机械化、自动化水平不断提高，其产品的质量和性能不断改进。目前，热处理技术一方面是对常规热处理方法进行工艺改进，另一方面是在新能源、新工艺方面取得突破，从而达到既节约能源、提高经济效益，减少或防止环境污染，又能获得优异的性能的目的。下面介绍一些工业生产中已获得应用的热处理技术。

1. 形变热处理

形变热处理是将塑性变形和热处理有机结合，以提高材料力学性能的复合工艺，是提高钢的强度和韧性的重要手段。

(1)低温形变热处理。将钢加热到较高温度，经保温后快冷到某一温度进行变形(形变强化)，然后立即进行淬火、回火(通过热处理强化)的一种热处理方法。

低温形变热处理的特点是：在保证塑性和韧性不降低的条件下，能够大幅度提高强度和抗磨损能力，主要用于高速钢刀具、模具等要求高韧性的零件。

(2)高温形变热处理。将钢加热到较高温度，经保温后以较快的速度进行塑性变形(形变强化)然后立即进行淬火、回火(通过热处理强化)的一种热处理方法。与普通热处理相比，部分材料可提高抗拉强度 10%～30%；提高塑性 40%～50%。一般碳钢、低合金钢均可采用这种热处理。

2. 真空热处理与可控气氛热处理

普通热处理加热时，多数是在空气介质中进行。在高温下空气介质中的氧、二氧化碳和水蒸气等将会与工件表层中的铁和碳发生反应，引起工件表面氧化与脱碳。氧化脱碳使工件表层的质量大大降低。为了防止氧化脱碳的产生，生产中采用了真空热处理与可控气氛热处理。

真空热处理具有无氧化、无脱碳、无污染和少变形的"三无一少"的优越性，是当代热处理的先进技术之一。它是在 1.33～0.0133 Pa 真空度的真空介质中加热的热处理，主要包括真空淬火、真空退火、真空化学热处理等。

可控气氛热处理是为达到无氧化、无脱碳或按要求增碳的目的，在成分可控的炉气中进行的热处理。

3. 激光表面热处理与电子束表面淬火

激光热处理是利用专门的激光器发生能量密度极高的激光，以极快速度加热工件表面，自冷淬火后使工件强化的热处理。目前生产中大都使用 CO_2 气体激光器，它的功率可达 10～15 kW，效率高，并能长时间连续工作。通过控制激光入射功率密度、照射时间及照射方式，即可达到不同的淬硬层深度、硬度、组织及其他性能要求。

激光热处理具有加热速度快，加热到相变温度以上仅需要百分之几秒；淬火不用冷却介质，而是靠工件自身的热传导自冷淬火；光斑小，能量集中，可控性好，可对复杂的零件进行选择加热淬火；能细化晶粒，显著提高表面硬度和耐磨性；淬火后，几乎无变形，且表面质量好等优点。主要用于精密零件的局部表面淬火，也可对微孔、沟槽、盲孔等部位进行淬火。

4. 计算机在热处理中的应用

计算机首先用于热处理工艺基本参数（如炉温、时间和真空度等）及设备动作的程序控制；而后扩展到整条生产线（如包括渗碳、淬火、清洗及回火的整条生产线）的控制；进而发展到计算机辅助热处理工艺最优化设计和在线控制，以及建立热处理数据库，为热处理计算机辅助设计及性能预测提供了重要支持。

五、热处理工艺的应用

热处理是机械制造过程中非常重要的环节，它穿插在机械零件制造过程中的各处冷热加工工序之间。正确合理地安排热处理工序位置十分重要。另外，机械零件的类型很多，形状结构复杂，工作时承受各种应力，其选用材料及要求的性能各不相同。因此，热处理技术条件的提出，热处理工序的正确制订和实施，也是一个相当重要的问题。

1. 热处理工序确定的一般规律

根据热处理的目的和工序位置的不同，可将其分为预备热处理和最终热处理两大类。

预备热处理（正火、退火、调质等）工序一般安排在毛坯生产之后，切削加工之前，或粗加工之后，精加工之前。最终热处理（淬火、回火、化学热处理等）后硬度较高，除可以磨削加工外，一般不适宜其他切削加工，故其工序位置一般均安排在半精加工之后，磨削加工（精加工）之前。

在生产过程中，由于零件选用的毛坯和工艺过程不同，热处理工序会有所增减。因此，工序位置的安排必须根据具体情况灵活运用。

2. 确定热处理工序位置的实例

（1）车床主轴。车床主轴是传递力的重要零件，它承受交变载荷，轴颈处要求耐磨，如图 3-50 所示。一般选用 45 钢制造。热处理技术条件为：整体调质处理，硬度 220～250 HBS，轴颈及锥孔表面淬火，硬度 50～52 HRC。

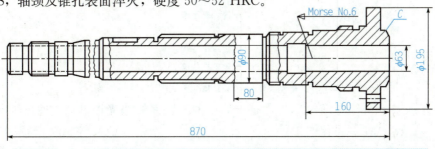

图 3-50　CA6140 型卧式车床的主轴

主轴制造工艺路线：

锻造→正火→切削加工(粗)→调质→切削加工(半精)→高频感应加热淬火→低温回火→磨削

主轴热处理各工序的作用

正火：作为预备热处理，目的是消除锻件内应力，细化晶粒，改善切削加工性。

调质：获得回火索氏体，使主轴整体具有较好的综合力学性能，为表面淬火作好组织准备。

高频感应加热淬火＋低温回火：作为最终热处理，高频感应加热淬火是为了使轴颈及锥孔表面得到高硬度、耐磨性和疲劳强度；低温回火是为了消除应力，防止磨削时产生裂纹，并保持高硬度和耐磨性。

(2)手用丝锥。手用丝锥是加工金属内孔螺纹的刃具。由于手动攻丝，受力不大，切速度极低，不要求有高的热硬性，故手用丝锥可选用 T12A 制造。下面以 M16×2 手用丝锥为例(见图 3-51 所示)来分析。它的热处理条件为：齿部硬度 60～62 HRC，柄部硬度 30～45 HRC。

图 3-51　手用丝锥

手用丝锥的工艺路线：

下料→球化退火→机械加工→淬火、低温回火→柄部处理→清洗→发蓝处理→检验。

热处理各工序的作用：

球化退火：使原材料获得优良的球状组织结构，便于机械加工，并为以后的淬火作好组织准备。

淬火和低温回火：使刃部达到硬度要求。为减少变形，淬火采用硝盐等温淬火，使丝锥的强度和韧性提高。在淬火时，因丝锥的柄部也已一起硬化，故丝锥柄部必须进行回火处理。一般采用 600 ℃盐浴快速加热(约 30 秒)，加热后迅速入水冷却，使柄部硬度下降到要求的硬度。

知识梳理

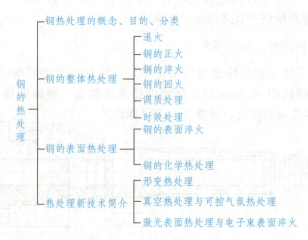

课题四 钢的热处理

学后评量

1. 钢的热处理工艺曲线包括加热＿＿＿＿、＿＿＿＿和＿＿＿＿三个阶段。
2. 常用的退火方法有完全退火、球化退火和＿＿＿＿。
3. 淬火前，若钢中存在网状渗碳体，应采用＿＿＿＿的方法予以消除，否则会增大钢的淬透性。
4. 淬火时，在水中加入＿＿＿＿，可增加在650 ℃～550 ℃范围内的冷却速度。

1. 正火是将钢材加热保温后冷却，其冷却是在（　　）。
   A. 油液中　　　　B. 盐水中　　　　C. 空气中　　　　D. 水中
2. 双介质淬火法适用的钢材是（　　）。
   A. 低碳钢　　　　B. 中碳钢　　　　C. 合金钢　　　　D. 高碳工具钢
3. 下列是回火的目的是（　　）。
   A. 得到马氏体或贝氏体　　　　　　B. 稳定工件尺寸
   C. 提高钢的强度和耐磨度　　　　　D. 提高钢的塑性
4. 最常用的淬火剂是（　　）。
   A. 水　　　　　　B. 油　　　　　　C. 空气　　　　　D. 氨气
5. 淬火钢回火后的冲击韧性是随着回火温度的提高而（　　）。
   A. 提高　　　　　B. 降低　　　　　C. 不变　　　　　D. 先提高后降低
6. 在钢的整体热处理过程中，常用的作预备热处理的是（　　）。
   A. 正火和淬火　　　　　　　　　　B. 正火和回火
   C. 淬火和回火　　　　　　　　　　D. 退火和正火

1. 钢在热处理时加工的目的是什么？
2. 什么是退火？常用的退火分为哪几种？
3. 什么是正火？说明其主要用途？
4. 什么是回火？淬火钢回火的目的是什么？
5. 渗碳的目的是什么？渗碳适用于什么钢？

模块四

冷加工基础

• **本章主要内容**

1. 金属切削机床的分类及型号；
2. 金属切削运动与切削要素，切削刀具的基本知识及金属切削过程中的物理现象。重点理解影响切削过程的因素；
3. 各种机床的加工方法、特点及应用。重点学习车削加工和铣削加工方法；
4. 拟订零件机械加工工艺过程的基本知识。重点是掌握机械加工工艺过程的组成、典型表面的加工方案和定位基准的选择。

课题一　金属切削机床及金属切削加工基础

学习目标

1. 了解金属切削机床的分类和型号；
2. 掌握金属切削运动和切削要素；
3. 掌握刀具的基本知识；
4. 了解金属切削过程中的物理现象；
5. 掌握提高切削效益的方法。

课题导入

生活中，吃的面条是压面机生产的，衣服的布料是纺织机生产的，我们经常见螺栓、螺母、齿轮、轴等零件，它们是用什么机器，通过什么方法加工得到的呢？

课题一　金属切削机床及金属切削加工基础

想一想：
1. 你还知道哪些加工产品的机器设备？
2. 日常生活中你见哪些机器设备是进行切削加工的？

用小刀削铅笔，体会一下刀每次切削的厚度、刀与铅笔的运动，用力的方向等。

金属切削机床是用切削、磨削或特种加工方法加工各种金属工件，使之获得所要求的几何形状、尺寸精度和表面质量的机床(手携式的除外)。金属切削机床是使用最广泛、数量最多的机床类别。在制造业中它担负的工作量占机械加工的40%～60%。由于它是制造机器的机器，所以又称为"工作母机"或者"工具机"，习惯上简称为"机床"。

一、机床的分类

金属切削机床的品种和规格繁多，为了便于区别、使用和管理，国家制订了机床型号编制方法。按机床的加工方式、使用的刀具和用途，将机床分为12类，见表4-1。

表4-1　机床类别及代号

类别	车床	钻床	镗床	磨床			齿轮加工机床	螺纹加工机床	铣床	刨插床	拉床	特种加工机床	切断机床	其他机床
代号	C	Z	T	M	2M	3M	Y	S	X	B	L	D	G	Q
读音	车	钻	镗	磨	二磨	三磨	牙	丝	铣	刨	拉	电	割	其

试一试：
到实训场地观察一下不同机床的铭牌，比较一下表示有什么不同？

同类型机床按应用范围(通用性程度)又可分为：
(1)普通机床　它可以加工多种零件的不同工序，加工范围较广，通用性较大，但结构比较复杂。主要适用于单件小批量生产，例如卧式车床、万能升降台铣床等。
(2)专门化机床　它的工艺范围较窄，专门用于加工某一类或几类零件的某一道(或几道)特定工序，如曲轴车床、凸轮轴车床等。
(3)专用机床　它的工艺范围最窄，只能用于加工某一种零件的某一道特定工序，适用于大批量生产。如机床主轴箱的专用镗床、车床导轨的专用磨床等。各种组合机床也属于专用机床。

121

同类型机床按工作精度又可分为：普通精度机床、精密机床和高精度机床。

机床还可按自动化程度分为：手动、机动、半自动和自动的机床。

机床还可按重量与尺寸分为：仪表机床、中型机床（一般机床）、大型机床（重量达 10 吨）、重型机床（大于 30 吨）和超重型机床（大于 100 吨）。

按机床主要工作部件的数目，可以分为单轴的、多轴的或单刀的、多刀的机床。

通常，机床根据加工性质进行分类，再根据其某些特点进一步描述，如多刀半自动车床、高精度外圆磨床等。

二、机床的型号的编制方法

金属切削机床的品种和规格很多，为了便于区别、管理和使用，需要对每种机床编制一个型号。机床型号不仅是一个代号，而且还必须反映出机床的类别、结构特征、特性和主要技术规格。我国机床型号的编制，按 GB/T 15375－1994 金属切削机床型号编制方法实施，采用汉语拼音字母和阿拉伯数字按一定的规律排列组合。其型号表示方法如下：

> **想一想：**
> 不同型号的机床编号有什么区别，看到机床编号后能不能识别出机床种类？

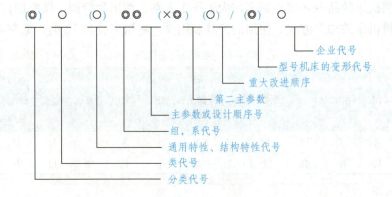

机床型号用"○"（汉语拼音字母）和"◎"（阿拉伯数字）按一定规律组成，以简明地表示机床的类型、主要技术参数、性能、结构和制造厂家等。当某类型机床，除有普通型式外，还具有表 4-2 所列的通用特性时，则在类代号之后用大写的汉语拼音字母表示。带括号的字母或数字，当无内容时可不表示；若有内容，则应表示，但不带括号。

表 4-2 机床通用特性代号

通用特性	高精度	精密	自动	半自动	数控	加工中心	仿型	轻型	加工重型	简式	柔性加工	数显	高速
代号	G	M	Z	B	K	H	F	Q	C	J	R	X	S
读音	高	密	自	半	控	换	仿	轻	重	简	柔	显	速

例如：

当机床的结构、性能有重大改进和提高时，按其设计改进的次序分别用汉语拼音"A、B、C、D……"表示，附在机床型号的末尾，以示区别。如 C6140A 是 C6140 型车床经过第一次重大改进的车床。

机床代号表示方法举例说明如下：

CM6132 表示床身上最大工件回转直径为 320 mm 的精密卧式车床。

C2150×6 表示最大棒料直径为 50 mm 的六轴棒料自动车床。

MG1432 表示最大磨削直径为 320 mm 的高精度万能外圆磨床。

XK5040 表示工作台面宽度为 400 mm 的数控立式升降台铣床。

Z3040×16 表示最大钻孔直径为 40 mm，最大跨距为 1600 mm 的摇臂钻床。

T4163B 表示工作台面宽度为 630 mm 的立式单柱坐标镗床，以第二次重大改进型。

随着机床工业的发展，我国机床型号编制方法至今已改变多次。按照有关规定，对过去已定型号，而目前仍在生产的机床，其型号一律不变，如 C620－1、B665、X62W 等。

三、金属切削运动与切削要素

在机床上用刀具切除多余的材料，从而获得要求的尺寸精度和表面质量的零件，这个就是机械制造业中最基本加工零件的方法。刀具切除材料，刀具和材料之间就要产生运动，这个就是切削运动。

常用的切削刀具有车刀、铣刀、刨刀、钻头、镗刀、砂轮等，常见的切削加工方法有钻削、车削、铣削、刨削、镗孔、磨削等。切削加工虽有多种不同的方式，但它们在很多方面都有着共同的规律。

1. 切削运动

切削加工时按工件与刀具的相对运动所起的作用不同，切削运动可分为主运动和进给运动。如图 4-1 所示，车削时工件的旋转运动是主运动，车刀平行于工件轴线的直线运动是进给运动，是为保证切削的连续进行，由这两个运动组成的切削运动，来完成工件外圆表面的加工。

（1）主运动。主运动是切削时最主要的，消耗动力最多的运动，它是刀具与工件之间产生的相对运动。如图 4-2 所示，车削时工件的

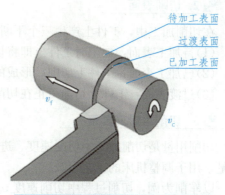

图 4-1 车削运动与切削表面

旋转运动、钻削时刀具的旋转运动、刨削时刀具的往复直线运动、铣削时刀具的旋转运动及磨削时砂轮的旋转运动等都是主运动。可见主运动即为切去金属所需的运动,其切削速度最高、消耗功率也最大。

(2)进给运动。进给运动是刀具与工件之间产生的附加运动,以保持切削连续的进行。与主运动配合,可得到所需的已加工表面。如图4-2所示,车削时刀具的直线运动、钻削时刀具的轴向旋转运动、刨削时工件的间歇直线运动、铣削时工件的直线运动、磨削时工件的旋转运动及其往复直线运动都是进给运动。进给运动可以是连续的运动;也可以是间断运动。一般进给运动是切削加工中速度较低,消耗功率较少的运动。

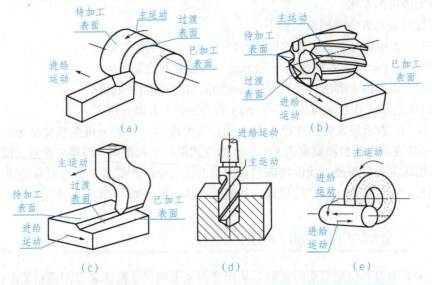

图4-2 切削运动和工件上形成的三个表面
(a)车削;(b)铣削;(c)刨削;(d)钻削;(e)磨削

各种切削加工,都具有特定的切削运动。切削运动的形式有旋转的、直线的、连续的、间歇的等。一般主运动只有一个,进给运动可以有一个或几个。主运动和进给运动可由刀具和工件分别完成,也可由刀具(如钻头)单独完成。

2. 切削表面

在切削加工中,工件上产生三个不断变化的表面,如图4-1所示:
(1)待加工表面:加工时工件上即将切除的工件表面;
(2)已加工表面:工件上切削后形成的表面;
(3)过渡表面:工件上切削刃正在切削的表面,并且是切削过程中不断变化着的表面。

3. 切削用量三要素

切削用量是切削加工中切削速度、进给量和切削深度的总称。它表示主运动及进给运动量,用于调整机床的工艺参数。

以车削为例,切削过程中切削速度v_c、进给量f(或进给速度v_f)和切削深度a_p称为切削用量三要素,如图4-3所示。

(1)切削速度v_c。切削速度是指切削刃选定点相对于工件主运动的瞬时速度。若主运

动为工件旋转运动，切削速度为其最大的线速度。计算公式为

$$v_c = \frac{\pi d_w n}{1\,000}$$

式中：v_c——切削速度，(m/min)；
d_w——工件待加工表面的直径，(mm)；
n——工件的转速，(r/min)。

若主运动为往复直线运动，如刨削、插削，则以其平均速度为切削速度，其公式为：

$$v_c = \frac{2Ln}{1\,000}$$

式中：L——工件或刀具作往复直线运动的行程长度(mm)；
n——工件或刀具每分钟往复的次数。

（2）进给量 f。在主运动每转一周或每一行程时，刀具在进给运动方向上相对于工件的位移量，单位是 mm/r（用于车削、镗削等）或 mm/行程（用于刨削、磨削等）。进给量表示进给运动的速度。

（3）切削深度（背吃刀量）a_p。在垂直于主运动方向和进给运动方向的工作平面内，测量的刀具切削刃与工件切削表面的接触长度。对于外圆车削（如图 4-3 所示），切削深度为工件上已加工表面和待加工表面间的垂直距离，单位 mm。即

$$a_p = \frac{1}{2}(d_w - d_m)$$

式中：d_w——工件待加工表面的直径，(mm)；
d_m——工件已加工表面的直径，(mm)。

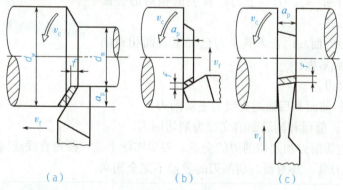

图 4-3 切削用量
(a)车外圆；(b)车端圆；(c)车槽

四、刀具的基本知识

切削刀具是用于将毛坯上多余的材料切除，以获得预期的几何形状、尺寸精度和表面质量要求的零件。因为零件的几何形状和加工要求各不相同，因此切削刀具也各种各样。其中较典型、较简单的是车刀，其他刀具的切削部分都可以看成是以车刀为基本形态演变而来，如图 4-4 所示。下面以车刀为例介绍一下刀具的基本知识。

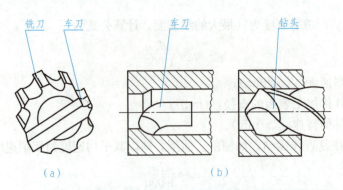

图 4-4 几种刀具切削部分的形状比较
(a)铣刀和车刀；(b)车刀与钻头

1. 刀具切削部分的组成

如图 4-5 所示为普通外圆车刀，由刀头和刀柄两部分组成。刀头用于切削，刀柄用于装夹。刀具切削部分一般由三个面、两个切削刃和一个刀尖组成，即"三面、两刃、一尖"。

(1)三个表面。

前面(前刀面)A_γ：刀具上切屑流过的表面称为刀具的前面。

后面(主后刀面)A_α：刀具上与过渡表面相对的表面称为刀具的后面。

副后面(副后刀面)A'_α：刀具上与已加工表面相对的表面称为刀具的副后面。

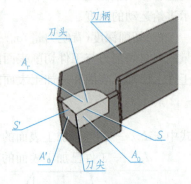

图 4-5 车刀的组成

(2)两个切削刃。

主切削刃 S：前面和后面的交线为主切削刃。

副切削刃 S'：前面和副后面的交线为副切削刃。

(3)刀尖：主切削刃和副切削刃的交点。刀尖实际上是一段短直线或圆弧。

不同类型的刀具，其刀面、切削刃的数量不完全相同。

2. 刀具静止参考系

刀具静止参考系是刀具设计时标注、刃磨和测量的基准，用此定义的刀具角度称为刀具标注角度。

刀具角度是确定刀具切削部分几何形状的重要参数。它对切削加工影响很大，为便于度量和刃磨刀具，需要假定三个辅助平面作基准，构成刀具静止参考系，如图 4-6 所示。

(1)基面 p_r：过切削刃选定点平行或垂直于刀具上的安装面(轴线)的平面，车刀的基

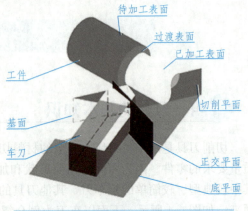

图 4-6 刀具静止参考系

面可理解为平行刀具底面的平面。

(2)切削平面 p_s：过主切削刃选定点与主切削刃相切并垂直于基面的平面。

(3)正交平面 p_o：过切削刃选定点同时垂直于基面与切削平面的平面。

上述三个平面在空间是相互垂直的。

3. 车刀的几何角度

车刀的几何角度是在刀具静止参考系内度量的，如图 4-7 所示。

(1)在正交平面 p_o 内测量的角度。

1)前角 γ_o：前面与基面在正交平面内测量的夹角。前角反映前面对基面的倾斜程度，有正、负和零之分。若基面在前面之上为正值，基面在前面之下为负值，基面与前面重合为零度前角。前角越大，刀刃就越锋利，切削时就越省力。但前角过大，使刀刃强度降低，影响刀具寿命。其选择取决于工件材料、刀具材料和加工性质。

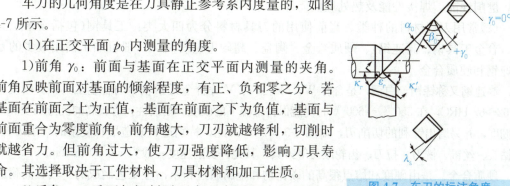

图 4-7 车刀的标注角度

2)后角 α_o：后面与切削平面在正交平面内的投影之间的夹角。后角反映后面对切削平面的倾斜程度，影响后面与加工表面的摩擦程度。后角越大，摩擦越小。但后角过大，使刀刃强度降低，影响刀具寿命。

3)楔角 β_o：前刀面与后面在正交平面内的投影之间的夹角。

如图 4-7 所示，前角、后角和楔角三者之间的关系为

$$\gamma_o+\alpha_o+\beta_o=90°$$

(2)在基面内测量的角度。

1)主偏角 k_r：主切削刃在基面上的投影与进给运动方向的夹角。主偏角一般为正值。

2)副偏角 k'_r：副切削刃在基面上的投影与进给运动反方向的夹角。副偏角一般为正值。

3)刀尖角 ε_r：主、副切削刃在基面内的投影之间的夹角。

由图 4-7 可知，主偏角、副偏角和刀尖角三者之间的关系为

$$k_r+k'_r+\varepsilon_r=180°$$

(3)在切削平面内测量的角度。刃倾角 λ_s：在切削平面中测量的主切削刃与基面间的夹角，如图 4-7 所示。当刀尖为主切削刃上的最低点时，λ_s 为负值；当刀尖为主切削刃上的最高点时，λ_s 为正值；当主切削刃为水平时，λ_s 为零，如图 4-8 所示。

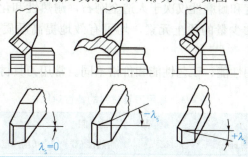

图 4-8 刃倾角及其对排屑方向的影响

4. 刀具材料

刀具材料一般指刀具切削部分的材料。它的性能优劣是影响加工表面质量、切削效率、刀具寿命的重要因素。

(1) 刀具材料应具备的性能。刀具应具有高的硬度、足够的强度和韧性、高的耐磨性、高的耐热性、良好的工艺性能,除此外,刀具材料还应具有一定的工艺性能,如切削性能、磨削性能、焊接性能及热处理性能等。

(2) 常用刀具材料的种类。当前使用的刀具材料分为四大类:工具钢(包括碳素工具钢、合金工具钢、高速钢)、硬质合金、陶瓷、超硬刀具材料。一般机加工使用最多的是高速钢和硬质合金。

高速钢又称锋钢、白钢,是含有 W、Mo、Cr、V 等合金元素较多的合金工具钢。硬度可达 62～67 HRC,在 550 ℃～600 ℃时仍能保持常温下的硬度和耐磨性,有较高的抗弯强度和冲击韧度,并易磨出锋利的切削刃,如图 4-9 所示。因此,特别适宜制造形状复杂的切削刀具,如钻头、丝锥、铣刀、拉刀、齿轮滚刀等刀具,其允许切削速度一般为 $v_c < 30$ m/min。

硬质合金。是由硬度和熔点很高的碳化物和金属通过粉末冶金工艺制成的。具有高耐磨性和高耐热性,硬度可达 74～82 HRC,能耐 850 ℃～1 000 ℃的高温,允许使用的切削速度可达 100～300 m/min,因此得到广泛的应用,如图 4-10 所示。但硬质合金抗弯强度低,冲击韧性差,一般制成各种形状的刀片焊接或夹固在刀体上,使用中很少制成整体刀具。

图 4-9 高速钢

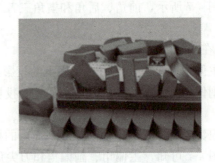

图 4-10 硬质合金

用于制作切削刀具的材料还有陶瓷、人造金刚石、立方氮化硼、稀土硬质合金等。陶瓷材料制作的刀具硬度可达 90～95 HRA;人造金刚石是目前人工制成的硬度最高的刀具材料;立方氮化硼的硬度和耐磨性仅次于人造金刚石,耐热性和化学稳定性好;在各种硬质合金刀具材料中,添加少量的稀土元素,均可有效地提高硬质合金的断裂韧性和抗弯强度。

各种刀具材料的使用性能、工艺性能和价格不同。常用刀具材料特性见表 4-3。

表 4-3 常用刀具材料的特性对比

刀具材料	牌号	基本性能				相对价格	相对切削成本
		HRA	σ_b/MPa	耐热性/℃	切削速度之比		
碳素工具钢	T10A	81～83	2 400	200	0.2～0.4	0.3	1.91

续表

刀具材料	牌号	基 本 性 能				相对价格	相对切削成本
		HRA	σ_b/MPa	耐热性/℃	切削速度之比		
合金工具钢	9SiCr	80	2 400	300	0.5～0.6		
高速钢	W18Cr4V	82～84	3 500	600	1.0	1	1
硬质合金	YG8	89	1 500	800～1 000	6	10	0.27
硬质合金	YT15	91	1 150	800～1 000	6	10	0.27
陶 瓷	AM	>92	400～500	>1 000	12～14	15	0.14

五、金属切削过程中的物理现象

金属切削过程是指通过切削运动，用刀具从工件上切下多余的金属层而形成切屑和已加工表面的过程。在这个过程中产生切削变形，形成切屑，产生切削力、切削热与切削温度、刀具磨损等诸多现象。

1. 切屑的形成及切屑类型

（1）切屑的形成。切削时，在刀具切削刃的切割和前刀面的推挤作用下，使被切削的金属层产生变形、剪切滑移的过程称为切削过程，也是切屑形成的过程。

（2）切屑的类型。由于工件材料性质和切削条件的不同，切削过程中的滑移变形程度也就不同，因此产生了以下4种类型的切屑（见图4-11）。

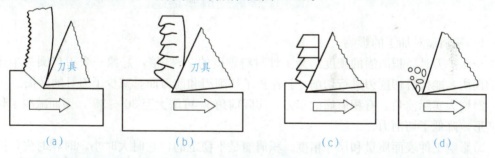

图4-11　常见切屑类型
(a)带状切屑；(b)挤裂切屑；(c)单元切屑；(d)崩碎切屑

1）带状切屑：它的内表面光滑，外表面呈毛茸状。一般在加工塑性金属材料时，因切削厚度较小，切削速度较快，刀具前角较大而形成这类切屑。

形成带状切屑的切削过程较平稳，切削力变化小，因此工件表面粗糙度较小，一旦产生连绵不断的带状切屑，会妨碍工作，容易发生事故，必须采取断屑措施。

2）挤裂切屑：它的内表面有时有裂纹，外表面呈锯齿形。这类切屑大多是在切削速度较慢，切削厚度较大，刀具前角较小时，由于切屑剪切滑移量较大，在局部地方达到了破裂而形成的。

3）单元切屑：如果挤裂切屑的整个剪切面上的剪应力超过了材料的破裂强度，那么整个单元被切离，成为梯形的单元切屑。

4)崩碎切屑：切削脆性金属材料时，由于材料的塑性很小，抗拉强度较低，刀具切入后，近切削刃和前刀面的局部金属未经塑性变形就被挤裂或脆断，形成不规则的崩碎切屑。工件材料越硬越脆，刀具前角越小，切削厚度越大，越容易产生这类切屑。

崩碎切屑与刀具前刀面的接触长度较短，切削力、切削热集中在切削刃附近，容易使刀具磨损和崩刃。

2. 积屑瘤

有时在车刀前刀面的近切削刃处，牢固地粘着一小块金属，这就是积屑瘤。

(1)积屑瘤的形成。用中等切削速度切削钢料或其他塑性金属时，由于金属的变形和摩擦，使切屑和前刀面之间产生很大的压力和很高的温度，当温度（中碳钢约 300 ℃）和压力条件适当时，切屑和前刀面之间将产生很大的摩擦力（尤其当前刀面表面粗糙度较大时，摩擦力就更大）。当摩擦力大于切屑内部的结合力时，切屑底层的一部分金属就"冷焊"在前刀面上的近切削刃处，形成积屑瘤（见图 4-12）。

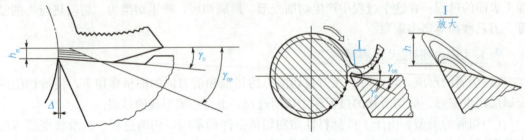

图 4-12 积屑瘤的形成

(2)积屑瘤对加工的影响。

1)保护刀具。积屑瘤的硬度约为工件材料硬度的 2~3 倍，好像一个刃口圆弧半径较大的楔块，能代替切削刃进行切削，且保护了切削刃和前刀面，减少了刀具的磨损。

2)增大实际前角。有积屑瘤的车刀，实际前角 γ_o 可增大至 30°~35°，因而减少了切屑的变形，降低了切削力。

3)影响工件表面质量和尺寸精度。积屑瘤是不稳定的，它时大时小，时积时失，影响工件的尺寸精度。

积屑瘤一般在中等切削速度（15~30 m/min）时，切削温度约为 300 ℃ 的粗加工时允许存在。精加工时工件的表面粗糙度和尺寸精度要求较高，必须避免产生积屑瘤，一般采用较慢切削速度（5 m/min 以下）或较快切削速度（70 m/min 以上）。

3. 切削力

切削力的形成，是切削加工中的基本物理现象之一。在切削加工过程中，刀具上参与切削的各切削部分所产生的合力，称为总切削力 F，如图 4-13 所示。

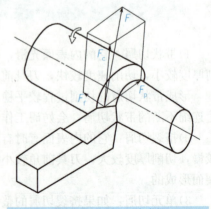

图 4-13 切削力的来源

(1)总切削力的分解。

1)主切削力 F_C：是切削合力沿主运动方向的分力，垂直于基面，又称切向力。

2)进给力 F_f：是切削合力沿进给运动方向上的分力，在基面内，与进给方向即工件轴线方向平行，故又称进给抗力或轴向力。

3)背向力 F_P：是切削合力沿工作平面垂直方向上的分力，在基面内，与进给方向垂直，即通过工件直径方向，故又称径向力或吃刀抗力。因为切削力在此方向上的运动速度为零，所以 F_P 不做功，但会使工件弯曲变形，还会引起振动，对表面粗糙度产生不利影响。

(2)影响切削力的因素。

1)工件材料是影响切削力的主要因素。工件材料的强度和硬度越高，变形抗力越大，切削力也越大。在强度、硬度相近的材料中，塑性大、韧性高的材料，切削时产生的塑性变形较大，使之发生变形或破坏需要做的功和消耗的能量较多，故切削力比较大。

2)刀具角度对切削力影响最大的是前角。切削各种材料时，加大刀具前角都会使切削力减小。对于塑性大的材料，加大前角可使切削力降低得更多一些，主偏角对 F_f、F_C、F_P 都有影响，但对 F 的影响较大。为了减小 F_P，防止工件的弯曲变形和振动，在车削细长轴时常用较大的主偏角(90°或75°)。

3)切削用量对切削力的影响主要表现在切削深度和进给量上。当增大切削深度和进给量时，被切削的金属增多，切削力明显增大。但试验表明，当其他切削条件一定时，切削深度加大一倍，切削力增大一倍；而进给量加大一倍，切削力只增加68%～86%。切削速度对切削力的影响不大，一般情况下可以不予考虑。

4. 切削热

(1)切削热的来源和传散。切削热会使工件产生热变形，影响加工精度。切削热来源于切削过程中的金属弹性、塑性变形以及摩擦产生的热。切削区域(工件、切屑、刀具三者之间的接触区)温度，称为切削温度。切削温度过高会加速刀具磨损，降低刀具使用寿命。

切削热传散的途径：切屑带走的热量最多，如不用切削液，以中等切削速度切钢时，切削热的50%～86%由切屑带走；40%～10%传入工件；9%～3%传入刀具；1%左右传入周围空气。

(2)影响切削热的主要因素。切削力的增大，使切削热增多；减小切削力，使切削热也减少。

切削用量增大对切削温度的影响没有切削力大。另外，材料的导热性好，有利于降低切削温度。

因此，为了有效地控制切削温度，选用大的切削深度和进给量比选用大的切削速度有利。减小主偏角，将使刀刃工作长度增加，散热条件得到改善，因而利于降低切削温度。

5. 刀具磨损

在切削过程中，刀刃由锋利逐渐变钝以致不能正常使用。刀具磨损到一定程度后必须及时重磨，否则会产生振动并使表面质量恶化。

(1)刀具磨损的形式。

1)前面磨损。前面磨损是指在离主切削刃一小段距离处会形成月牙洼，故又称月牙洼磨损,如图 4-14(a)所示。其磨损程度一般以月牙洼深度 KT 表示。这种磨损形式比较少见,一般是由于以较快的切削速度和较大的切削深度加工塑性金属时,形成的带状切屑滑过前面所致。

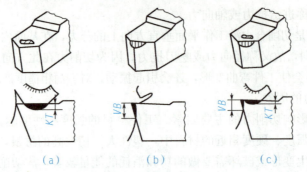

图 4-14 刀具磨损形式
(a)前面磨损;(b)后面磨损;(c)前、后磨损

2) 后面磨损。切削铸铁等脆性金属,或以较慢的切削速度和较小的切削深度切削塑性金属时,摩擦主要发生在工件过渡表面与刀具后面之间,刀具磨损也就主要发生在后面,如图 4-14(b)所示。后面磨损形成后角为零的棱面,通常用棱面的平均高度 VB 表示后面的磨损程度。

3) 前、后面磨损。在粗加工或半精加工塑性金属时,以及加工带有硬皮的铸铁件时,常发生前面和后面都磨损的情况,如图 4-14(c)所示,这种磨损形式比较常见。由于后面磨损的棱面高度便于测量,故前、后面磨损程度亦用 KT、VB 表示。

(2) 刀具耐用度与寿命。刀具两次刃磨之间实际进行切削的总时间,称为刀具耐用度,用符号 T 表示,单位是 min。刀具寿命等于该刀具的刃磨次数乘以刀具耐用度。刀具耐用度要合理确定,对于比较容易制造和刃磨的刀具,耐用度应低一些;反之,应高一些。例如,硬质合金焊接车刀 $T=60\sim 90$ min,高速钢钻头 $T=80\sim 120$ min,硬质合金端铣刀 $T=120\sim 180$ min,高速钢齿轮刀具 $T=200\sim 300$ min 等。

影响刀具耐用度的因素很多,主要有工件材料、刀具材料、刀具几何角度、切削用量以及是否使用切削液等因素。在上述诸多因素中,切削用量中的切削速度是关键因素,为了保证各种刀具所规定的耐用度,必须合理地选择切削速度。

六、提高切削效益的方法

合理选用刀具几何参数、切削用量、切削液及改善材料切削加工性能等是提高切削质量、效率和降低加工成本的重要措施。

1. 合理选用刀具角度

在一定的切削条件下,选用合适的刀具材料和刀具角度,才能保证良好的切削效果。刀具主要几何角度的选用原则:

(1) 前角 γ_0 的选择。选用前角的原则是在满足强度要求的前提下选用较大前角。例如，切削正火状态的 45 钢，前角一般选 $\gamma_0=15°\sim20°$；切削经淬火的 45 钢，硬度大大提高，要求足够的刃口强度，常选前角 $\gamma_0=-5°\sim-15°$。硬质合金车刀合理前角参考值见表 4-4。

表 4-4　硬质合金车刀合理前角参考值

工件材料	合理前角		工件材料	合理前角	
	粗车	精车		粗车	精车
低碳钢	20°～25°	25°～30°	灰铸铁	10°～15°	5°～10°
中碳钢	10°～15°	15°～20°	铜及铜合金	10°～15°	5°～10°
合金钢	10°～15°	15°～20°	铝及铝合金	30°～35°	35°～40°
淬火钢	—5°～—15°		钛合金 σ_b≤1.177 GPa	5°～10°	
不锈钢	15°～20°	20°～25°			

(2) 后角 α_0 的选择。粗加工时，刀具所承受的切削力较大并伴有冲击，为保证刃口强度，后角应选小一些。精加工时，切削力较小，切削过程平稳，为减少摩擦，后角应稍大一些。硬质合金车刀合理后角参考值见表 4-5。

表 4-5　硬质合金车刀合理后角参考值

工件材料	合理后角		工件材料	合理后角	
	粗车	精车		粗车	精车
低碳钢	8°～10°	10°～12°	灰铸铁	4°～6°	6°～8°
中碳钢	5°～7°	6°～8°	铜及铜合金	6°～8°	6°～8°
合金钢	5°～7°	6°～8°	铝及铝合金	8°～10°	10°～12°
淬火钢	8°～10°		钛合金 σ_b≤1.177 GPa	10°～15°	
不锈钢	15°～20°	20°～25°			

(3) 主偏角 k_r 的选择。主偏角的大小影响刀尖的强度、散热条件、背向力的大小等。主偏角的选取见表 4-6。

表 4-6　主偏角的参考值

工作条件	主偏角 k_r
系统刚性大、切削深度较小、进给量较大、工件材料硬度高	10°～30°
系统刚性大（$l/d<6$）、加工盘类零件	30°～45°
系统刚性小（$l/d=6\sim12$）、切削深度较大或有冲击时	60°～75°
系统刚性小（$l/d>12$）、车台阶轴、车槽及切断	90°～95°

(4) 副偏角 k_r' 的选择。副偏角的主要作用是减小副切削刃与已加工表面的摩擦。减小副偏角有利于降低已加工表面的残留高度，降低已加工表面的表面粗糙度值。外圆车刀的

副偏角常取 $k'_r=6°\sim10°$。粗加工时，可取得大一些；精加工时可取得小一些。为了降低已加工表面的表面粗糙度，有时还可以磨出 $k'_r=0$ 的修光刃。

(5)刃倾角 λ_s 的选择。如图 4-8 所示，刃倾角影响刀尖强度，并控制切屑流动的方向。负的刃倾角使切屑流向已加工表面，正的刃倾角使切屑流向待加工表面，刃倾角为零时切屑沿垂直切削刃的方向流出。粗车一般钢料和灰铸铁时，常取 $\lambda_s=0°\sim-5°$，以提高刀尖强度；精车时常取 $\lambda_s=0°\sim+5°$，以防止切屑划伤已加工表面。

2. 合理选用切削用量

切削用量三要素 v_c、f、a_p 虽然对加工质量、刀具耐用度和生产效率均有直接影响，但影响程度却不相同，且它们之间又是互相联系、互相制约的，不可能都选择得很大。因此，就存在着一个从不同角度出发，优先将哪个要素选择得最大才合理的问题。

实际生产中，切削用量的选取主要是根据工艺文件的规定、查手册和按操作者的实际经验来选取。

3. 选用切削液

切削液具有冷却、润滑、清洗和防锈的作用。合理选用切削液，能减少切削过程中的摩擦，改善散热条件，从而减小切削力、切削功率、切削温度，减轻刀具磨损，并能提高已加工表面质量与生产效率。常用切削液有如下三种：

1)水溶液主要成分是水，并加入防腐剂等添加剂，冷却性能好，润滑性能差。

2)乳化液用乳化剂稀释而成，具有良好的流动性和冷却作用，也有一定的润滑作用，应用广泛。低浓度乳化液用于粗车和磨削；高浓度乳化液用于精车、钻孔和铣削。

3)切削油主要是矿物油，少量采用动、植物油或混合油，它的润滑性能好，但冷却性能差。其主要作用是减少刀具磨损和降低工件表面粗糙度值。主要用于齿轮加工、铣削加工和攻螺纹。

4. 提高工艺系统的刚度

切削加工时由机床、刀具、夹具(用以装夹工件或引导刀具的装置)和工件所组成的统一体，称为工艺系统。工艺系统受切削力的作用将产生变形，从而影响工件的加工精度，因此工艺系统必须有足够的刚度。例如，车削轴类零件时用的中心架、跟刀架等。

5. 改善工件材料的加工性

(1)工件材料的切削加工性。工件材料的切削加工性，是指在一定的生产条件下材料被加工的难易程度。一般来说，良好的切削加工性是指切削加工时刀具的耐用度高，或在一定的耐用度下允许的切削速度高，在相同的切削条件下切削力小，切削温度低，容易获得较好的表面质量。切削加工性是一个综合评定指标，很难用一个简单的物理量来表示。

(2)改善工件材料切削加工性的方法。实践证明，金属材料的硬度为 170～230 HBS 时，切削加工性较好。因此常对低碳钢进行正火处理，对高碳钢进行球化退火，对铸铁件局部白口组织进行石墨化退火等，都是为了改善切削加工性。随着切削加工技术和刀具材料的发展，工件材料的切削加工性也会发生变化。如电加工的出现，使一些原来认为难加工的材料变得不难加工；新型刀具材料的出现，也使各种材料间切削加工性的差距减小。

课题一 金属切削机床及金属切削加工基础

知识梳理

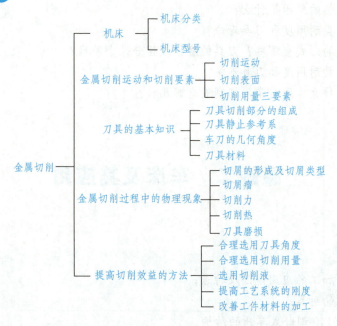

学后评量

1. 用各种机床进行切削加工时，切削运动分_____和_____。
2. 通常把_____、进给量、_____称为切削用量三要素。
3. 机械加工时常用的刀具材料是_____和硬质合金。
4. 刀具切削部分一般由_____、_____和_____组成。
5. 正交平面参考系是由基面、_____、_____所构成的刀具标注角度的参考系。

1. 车刀的前角是前面与基面的夹角，是在( )。
   A. 基面中测量的 B. 主切削平面测量的
   C. 副切削平面测量的 D. 正交平面内测量的
2. 在基面内测量的车刀角度有( )。
   A. 前角 B. 后角
   C. 主偏角和副偏角 D. 刃倾角
3. 切削脆性材料，车刀角度选择正确的是( )。
   A. 前角大值 B. 前角小值
   C. 后角大值 D. 主偏角大些

1. 说明切削用量三要素的各自含义。

2. 外圆车刀的五个基本角度的主要作用是什么？
3. 积屑瘤对切削加工有何影响？
4. 产生切削热的原因是什么？
5. 什么叫刀具耐用度和刀具寿命？
6. 刀具磨损的形式有哪些？刀具的磨损过程分几个阶段？
7. 什么叫刀具耐用度和刀具寿命？
8. 切削液有什么作用？常用切削液有哪几种？

课题二　车床及其应用

学习目标

1. 了解车削加工的应用范围及特点；
2. 了解车床的种类；
3. 掌握 CA6140 型卧式车床的结构；
4. 掌握车刀的种类；
5. 了解车床附件的功用。

课题导入

日常生活中，我们经常见到回转体的零件如圆柱体、圆锥体、圆球、圆环等，这些类型的零件就可以在车床上加工出来。

想一想：
生活中见到的各种手柄是什么机床加工的？

一、车削加工的应用范围及特点

1. 车削加工的范围

在车床上利用工件的旋转运动和刀具的移动，进行切削加工方法称为车削加工。其中工件的旋转运动为主运动,刀具的移动为进给运动。主要用于加工各种回转面,如内、外圆柱面、内孔面、圆锥表面、成形回转表面、端面、内(外)沟槽及内(外)螺纹等,如图4-15所示。车削是最基本、最常见的切削加工方法,在生产中占有十分重要的地位。车削适于加工回转表面,大部分具有回转表面的工件都可以用车削方法加工,在机械制造业中应用十分广泛。

图 4-15　车床工作的基本内容
(a)车外圆；(b)车端面；(c)切断和车槽；(d)钻中心孔；(e)钻孔；(f)扩孔；
(g)铰孔；(h)车孔；(i)车圆锥；(j)车成形面；(k)滚花；(l)车螺纹

2. 车削加工的特点

1) 车削主要用于加工各种内、外回转表面。
2) 易于保证工件各加工面的位置精度。
3) 车刀结构简单,制造容易。刃磨及装拆也较方便。
4) 切削过程平稳,可采用较大的切削用量,生产效率高。
5) 对工件的结构、材料、生产批量等有较强的适应性,应用广泛。

> **试一试：**
> 查阅资料,比较一下车床的种类多吗,有何区别？

二、车床

1. 车床的种类

按用途和结构的不同,车床主要分为卧式车床、落地车床、立式车床、转塔车床、单轴自动车床、多轴自动和半自动车床、仿形车床、多刀车床和各种专门化车床,如凸轮轴车床、曲轴车床、车轮车床、铲齿车床。在所有车床中,以卧式车床应用最为广泛。卧式车床加工尺寸公差等级可达 IT8～IT7,表面粗糙度 Ra 值可达 1.6 μm。近年来,计算机技术被广泛运用到机床制造业,随之出现了数控车床、车削加工中心等机电一体化的产品。

1) 普通车床：加工对象广,主轴转速和进给量的调整范围大,能加工工件的内外表面、端面和内外螺纹。这种车床主要由工人手工操作,生产效率低,适用于单件、小批生产和修配车间。

2) 转塔车床和回转车床：具有能装多把刀具的转塔刀架或回轮刀架,能在工件的一次装夹中由工人依次使用不同刀具完成多种工序,适用于成批生产。

3) 自动车床：按一定程序自动完成中小型工件的多工序加工,能自动上下料,重复加工一批同样的工件,适用于大批、大量生产。

4) 多刀半自动车床：有单轴、多轴、卧式和立式之分。单轴卧式的布局形式与普通车床相似,但两组刀架分别装在主轴的前后或上下,用于加工盘、环和轴类工件,其生产率比普通车床提高 3～5 倍。

5) 仿形车床：能仿照样板或样件的形状尺寸,自动完成工件的加工循环(见仿形机床),适用于形状较复杂的工件的小批和成批生产,生产率比普通车床高 10～15 倍。有多刀架、多轴、卡盘式、立式等类型。

6) 立式车床：主轴垂直于水平面,工件装夹在水平的回转工作台上,刀架在横梁或立柱上移动。适用于加工较大、较重、难于在普通车床上安装的工件,分单柱和双柱两大类。

7) 铲齿车床：在车削的同时,刀架周期地作径向往复运动,用于铲车铣刀、滚刀等的成形齿面。通常带有铲磨附件,由单独电动机驱动的小砂轮铲磨齿面。

8) 专门化车床：加工某类工件的特定表面的车床,如曲轴车床、凸轮轴车床、车轮车床、车轴车床、轧辊车床和钢锭车床等。

9）联合车床：主要用于车削加工，但附加一些特殊部件和附件后还可进行镗、铣、钻、插、磨等加工，具有"一机多能"的特点，适用于工程车、船舶或移动修理站上的修配工作。

10）数控车床：数控机床是一种通过数字信息，控制机床按给定的运动轨迹，进行自动加工的机电一体化的加工装备，经过半个世纪的发展，数控机床已是现代制造业的重要标志之一，在中国制造业中，数控机床的应用也越来越广泛，是一个企业综合实力的体现。数控车床是数字程序控制车床的简称，它集通用性好的万能型车床、加工精度高的精密型车床和加工效率高的专用型车床的特点于一身，是国内使用量最大，覆盖面最广的一种数控机床。

11）马鞍车床：马鞍车床在车头箱处的左端床身为下沉状，能够容纳直径大的零件。车床的外形为两头高，中间低，形似马鞍，所以称为马鞍车床。马鞍车床适合加工径向尺寸大，轴向尺寸小的零件，适于车削工件外圆、内孔、端面、切槽和公制、英制、模数、径节螺纹，还可进行钻孔、镗孔、铰孔等工艺，特别适用于单件、成批生产企业使用。马鞍车床在马鞍槽内可加工较大直径工件。机床导轨经淬硬并精磨，操作方便可靠。车床具有功率大、转速高、刚性强、精度高、噪音低等特点。

2. CA6140 型卧式车床的主要部件

CA6140 型卧式车床主要部件及作用，如图 4-16 所示。

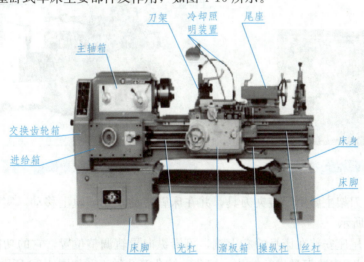

图 4-16　CA6140 型车床各部分名称

（1）床身。床身是车床的基础部件，用它支承其他部件，并保证各部件之间具有正确的相对位置和相对运动，如图 4-17 所示。

（2）主轴箱。主轴箱固定在床身的左上端，内部装有主轴及变速传动机构，其功用是支承主轴，并把动力经变速传动机构传递给主轴，使主轴通过卡盘等夹具带动工件转动，以实现主运动，如图 4-18 所示。

图 4-17　床身

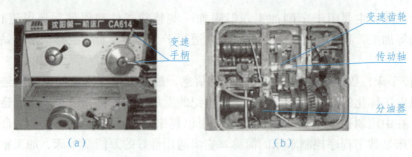

图 4-18 主轴箱
(a)外观图；(b)内部结构

(3)进给箱。进给箱固定在床身左端前侧，内部装有进给运动的变换机构，用于改变机动进给量的大小及加工螺纹的导程大小，如图 4-19 所示。

(4)溜板箱。溜板箱主要与床鞍相连，在床身前侧随床鞍一起移动，功用是把进给箱的运动传至刀架，实现机动进给或车削螺纹，如图 4-20 所示。

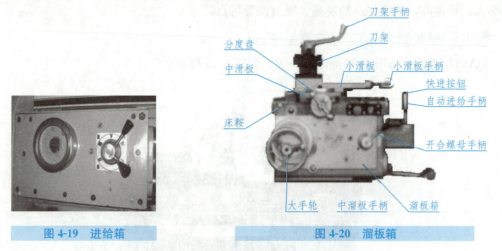

图 4-19 进给箱　　　　图 4-20 溜板箱

(5)刀架。刀架主要用于装夹刀具，并在床鞍带动下在导轨上移动，实现纵、横向移动，如图 4-21 所示。

(6)尾座。尾座安装在床身的右上端，可沿纵向导轨调整位置，它的功能主要是安装顶尖支承工件，或安装刀具进行钻孔、扩孔、铰孔等孔加工，如图 4-22 所示。

图 4-21 方刀架

图 4-22 尾座

三、车刀的种类

车刀是车削加工使用的工具,结构简单,应用最广。车刀的种类很多,按它的用途,可分为外圆车刀、左偏刀、右偏刀、车孔刀、切断刀、螺纹车刀、样板刀等,如图4-23所示;按结构来分,有整体式、焊接式车刀、机夹重磨式车刀,如图4-24所示。

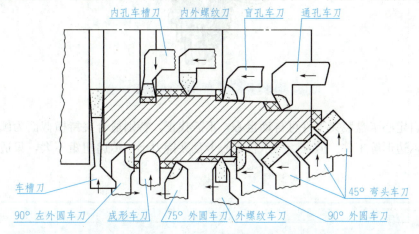

图 4-23 车刀的类型与用途

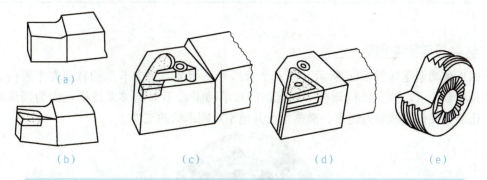

图 4-24 车刀
(a)整体式车刀;(b)焊接式车刀;(c)机夹重磨式车刀;(d)可转位式车刀;(e)成形车刀

四、车床附件

车削加工中,广泛使用通用夹具,很多通用夹具已成为机床附件,由专门的机床附件厂生产,制成不同规格以满足用户的需要。

车床附件主要有卡盘、拨盘、顶尖、花盘、中心架、跟刀架等。

1. 三爪自定心卡盘

三爪自定心卡盘的结构如图4-25所示,可通过法兰盘安装在主轴上。卡盘体中有一个大锥齿轮,它与3个均布且带有扳手孔的小锥齿轮啮合。用扳手插入扳手孔中使小锥齿轮转动,可带动大锥齿轮旋转,大锥齿轮背面的平面螺纹与3个卡爪背面的平面螺纹相啮合。卡爪随着大锥齿轮的转动可以做向心或离心径向移动，从而使工件被夹紧或松开。

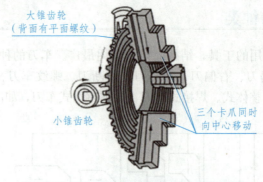

图 4-25　三爪自定心卡盘结构

三爪自定心卡盘装夹工件可自动定心，不需找正，特别适合夹持横截面为圆形、正三角形、正六边形等工件。但是，三爪自定心卡盘夹持力小，传递扭矩不大，只适于装夹中小型工件。

 想一想：
车床三爪卡盘和钻床用的钻夹头有何区别？

2. 四爪单动卡盘

四爪单动卡盘如图 4-26 所示，其 4 个卡爪互不相关，每个卡爪的背面有半瓣内螺纹与螺杆啮合，可以独立进行调整，因此，四爪单动卡盘不但能够夹持横截面为圆形的工件，还能够夹持横截面为矩形、椭圆形及其他不规则形状的工件。

图 4-26　四爪单动卡盘

四爪单动卡盘对工件的夹紧力较大。因其不能自动定心，装夹工件时必须进行仔细找正，因此，对工人的技术水平要求较高，在单件、小批量生产及大件生产中应用较多。

3. 花盘

花盘是安装在主轴上的一个大圆盘，其端面平整且与主轴轴线垂直。花盘端面上有许多长槽，用以穿放螺栓以压紧工件。

花盘主要用于加工形状不对称的复杂工件。如图 4-27 所示为连杆在花盘上的装夹示意图。连杆两端面要求平行，大头孔轴线与端面要求垂直，因而应以连杆的一个端面为基准与花盘平面接触，加工孔及另一端面，装夹时应选择适当部位安放压板，以防止工件变形。若工件偏于一边，则应安放平衡块。

图 4-27　连杆在花盘上的装夹

4. 顶尖、卡箍、拨盘

顶尖的结构如图 4-28 所示。顶尖是加工轴类工件经常采用的附件。随工件一起转动的顶尖称为活顶尖，不随工件一起转动的顶尖称为死顶尖。活顶尖适于高速切削，但加工精度较低。死顶尖的优点是定心较准确，刚性好，装夹工件比较稳固，但发热多，转速高时可能烧坏顶尖和顶尖孔。死顶尖适合切削速度较低、精度要求高的加工。工件由装在主轴内的顶尖和装在尾座中的顶尖支承工件，由拨盘、卡箍带动旋转。前顶尖随主轴一起转，后顶尖不随或随工件一起转动。用顶尖装夹工件，必须先在工件的端面上钻出顶尖孔。顶尖孔是用专用的中心钻在车床上或专用机床上加工的。

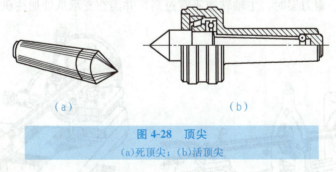

图 4-28　顶尖
(a)死顶尖；(b)活顶尖

车削轴类工件时，一般常用顶尖、卡箍(其中有一种也称作鸡心夹头)、拨盘装夹工件，如图 4-29 所示。

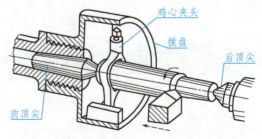

图 4-29　顶尖、拨盘装夹工件

5. 心轴

在一次装夹中加工带孔的盘套类工件的外圆和端面时，常把工件套在心轴上进行加工。心轴的种类很多，常用的有锥度心轴(图 4-30(a))、圆柱心轴(图 4-30(b))和可胀心轴(图 4-30(c))。

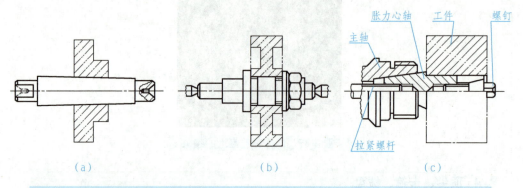

图 4-30　心轴及其工作
(a)锥度心轴；(b)圆柱心轴；(c)可胀心轴

6. 中心架和跟刀架

中心架与跟刀架的结构如图 4-31 所示。车削细长轴时，由于工件的刚性很差，在自重、离心力、切削力作用下会产生弯曲和振动，使加工很难进行，故需采用辅助夹紧机构中心架、跟刀架等。

使用中心架、跟刀架时，主轴转速不宜过高，并需在支承爪处加注机油润滑。

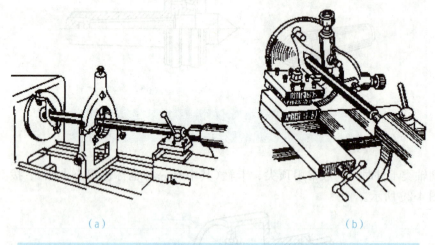

图 4-31　中心架与跟刀架
(a)应用中心架车长轴；(b)应用跟刀架车长轴

知识梳理

车床及应用
- 车削加工的应用范围及特点
- 车床的种类
- CA6140型卧式车床的结构
- 车刀的种类
- 车床附件的功用

学后评量

1. 金属切削机床是利用切削、特种加工等方法将_____加工成机器零件的机器，简称机床。
2. 机床型号不仅是一个代号，而且还必须反映出机床的类别、结构特征、_____和_____。
3. 按机床的工作原理分类，可划分为_____类。
4. 金属切削机床型号编制方法采用_____和阿拉伯数字按一定的规律排列组合。
5. 某机床型号为 X6132，其中 X 是指_____，32 是指最大铣削直径为_____ mm。

1. C6132 中"C"表示（　　）。
   A. 铣床类   B. 车床类
   C. 磨床类   D. 刨床类
2. C6132 中"32"表示工件最大回旋直径（　　）。
   A. 32 mm   B. 320 mm
   C. 3 200 mm   D. 以上都不正确
3. C6140A 是 C6140 型车床经过（　　）重大改进的车床。
   A. 第一次   B. 第二次
   C. 第三次   D. 第四次
4. "万能车床"之称的是（　　）。
   A. 六角车床   B. 立式车床
   C. 自动车床   D. 普通车床

1. 车削加工有何工艺特点？
2. 车床有哪些种类？
3. CA6140 卧式车床由哪几部分组成？各有何作用？
4. 车刀按用途与结构来分有哪些类型？
5. 车床附件有哪些？

模块四　冷加工基础

课题三　铣床及其应用

学习目标

1. 熟悉铣削加工的应用范围及特点；
2. 了解铣床的种类；
3. 掌握X6132型铣床的组成及运动；
4. 掌握常用的铣削刀具及铣削方式；
5. 了解常用铣床的附件及其功用。

课题导入

日常生活中，我们经常见到平面体的零件如棱柱体、棱锥体等有平面的零件，这些类型的零件可以在铣床上加工出来。

想一想：
铣削的加工范围与车削相同吗？

知识链接

一、铣削加工的应用范围及特点

铣削是一种广泛使用的加工方法，它用于加工平面、台阶面、沟槽、成形表面以及切断等。

铣床上的主要运动包括主运动和进给运动。主运动是铣刀做旋转运动。进给运动是工作台在垂直于铣刀轴线方向的运动。

1. 铣削加工的应用范围

铣削的主要工作如图4-32所示。

课题三 铣床及其应用

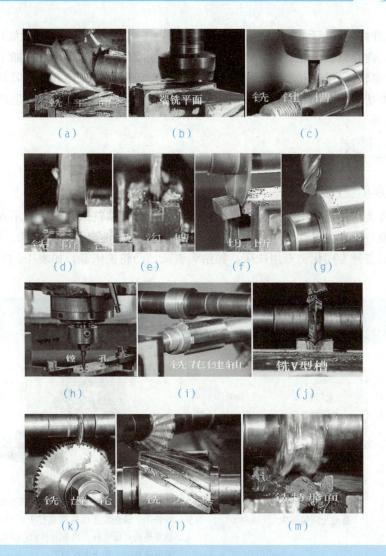

图4-32 普通铣床的主要工作内容
(a)周铣平面；(b)端铣平面；(c)铣键槽；(d)铣阶台；(e)铣直角沟槽；(f)切断；(g)刻线；(h)镗孔；(i)铣削花键轴；(j)铣 V 形槽；(k)铣齿轮；(l)铣刀具齿槽；(m)铣特形面

2. 铣削加工的特点

（1）铣削方法灵活。铣削可以适应不同的工件材料和其他切削条件的要求，每种被加工表面可用不同的铣刀、不同的铣削方式进行加工。如铣平面，可以用平面铣刀、立铣刀、端铣刀等，采用逆铣或顺铣方式。这样能够进一步提高切削效率和刀具的耐用度。

（2）容屑和排屑。由于铣刀是多刃刀具，相邻两刀齿之间的空间有限，每个刀齿切下的切屑必须有足够的空间容纳并能够顺利排出，不会造成刀具损坏。

（3）加工质量中等。由于铣削过程不够平稳，影响了加工的质量。一般说来，铣削主要属于粗加工和半精加工范畴。

（4）适应性好。铣床附件多，特别是分度头和回转工作台的应用，扩大了铣削加工的范围，例如，内圆弧面、螺旋槽、齿轮、具有分度要求的小平面等都可以加工。

（5）生产率较高。铣削的主运动是回转运动，速度较高。铣刀是多刃刀具，每个刀刃周期性地参加切削，冷却充分，刀具耐用度较高，切削用量大，所以铣削生产率较高。

二、铣床

1. 铣床的种类

铣床的种类很多，其中升降台式铣床和龙门铣床为基本铣床。为适应不同加工对象和不同生产类型，还派生出许多品种的铣床，如摇臂及滑枕铣床、工具铣床、仿形铣床等。除此之外还有各种专门化、专用铣床，如钻头铣床、凸轮铣床等，如表 4-7 所示。

表 4-7 常用的铣床类型

组		系		主参数		典型铣床及特点
代号	名称	代号	名称	折算值	含义	
2	龙门铣床	0 1 2 3 4 5 6 7 8 9	 龙门铣床 龙门镗铣床 龙门磨铣床 定梁龙门铣床 定梁龙门镗铣床 龙门移动铣床 定梁龙门移动铣床 落地龙门镗铣床 	 1/100 1/100 1/100 1/100 1/100 1/100 1/100 1/100 	工作台面宽度	X2010 床身呈水平布置，其两侧的立柱和连接梁构成门架的铣床。铣头装在横梁和立柱上，可沿其导轨移动。通常横梁可沿立柱导轨垂向移动，工作台可沿床身导轨纵向移动。用于大件加工
5	立式升降台铣床	0 1 2 3 4 5 6 7	立式升降台铣床 立式升降台镗铣床 摇臂铣床 万能摇臂铣床 摇臂镗铣床 转塔升降台铣床 立式滑枕升降台铣床 万能滑枕升降台铣床	1/10	工作台面宽度	X5040（X53K）　　X5325 主轴位置与工作台面垂直，具有可沿床身导轨垂直移动的升降台的铣床，通常安装在升降台上的工作台和滑鞍可分别作纵向、横向移动
		8 9	圆弧铣床 			

续表

组		系		主参数		典型铣床及特点
代号	名称	代号	名称	折算值	含义	
6	卧式升降台铣床	0 1 2 3 4 5 6 7 8 9	卧式升降台铣床 万能升降台铣床 万能回转头铣床 万能摇臂铣床 卧式回转头铣床 广用万能铣床 卧式滑枕升降台铣床	1/10	工作台面宽度	 X6132 　　XQ6225 主轴位置与工作台面平行，具有可沿床身导轨垂直移动的升降台的铣床，通常安装在升降台上的工作台和滑鞍可分别作纵向、横向移动
8	工具铣床	0 1 2	万能工具铣床	1/10	工作台面宽度	 X8126C 　　X8130 用于铣削工具模具的铣床，配有立铣头、万能角度工作台和插头等多种附件，还可进行钻削、镗削和插削等加工，加工精度高，加工形状复杂
		3 4 5 6 7 8 9	钻铣床 铣刀槽铣床	1 1	最大钻头或铣刀直径	

🔍 2. X6132 铣床的组成及运动

（1）床身。床身是铣床的主体，用来安装和连接铣床的其他部件（如图 4-33）。床身的前壁有燕尾形垂直导轨，床身的上部有水平燕尾形导轨，床身的内部有主运动传动系统。

（2）悬梁。悬梁可以沿床身上部的水平导轨前后移动，并被锁紧。在横梁上可以安装刀杆支架，用来支承刀杆的悬伸端，以增加刀杆的刚性。

（3）工作台。工作台安装在回转盘的水平导轨上，可沿垂直于主轴轴线的方向移动，使工作台作纵向进给运动。工作台的台面上有三条 T 形槽，用以固定夹具或工件。通过工作台、床鞍和升降台可以改变刀具与工件的相对位置，使工件在三个相互垂直的方向移动来满足加工要求。

图 4-33　X6132 型卧式万能升降台铣床

(4) 升降台。升降台是工作台的支座，它上面安装着工作台、床鞍和回转盘。它的内部装有进给电动机和进给传动系统，使升降台、工作台、床鞍作进给运动和快速移动。

(5) 床鞍。床鞍安装在升降台的横向水平导轨上，可沿平行于主轴线方向（横向）移动，使工作台作横向进给运动。

(6) 回转盘。回转盘在工作台与床鞍之间，它可以带动工作台绕床鞍的圆形导轨中心在水平面内转动±45°，以便铣削螺旋槽等特殊表面。

三、常用铣削刀具

铣刀一般有两种分类方法：

1. 按铣刀的用途分

有加工平面用的铣刀、加工沟槽或台阶的铣刀及加工成形表面用的铣刀等。

2. 按铣刀切削部分的材料分

有高速钢铣刀和硬质合金铣刀。高速钢铣刀应用广泛，尤其适用于制造形状复杂的铣刀。硬质合金铣刀可用于高速切削或加工硬材料，多用作端铣刀。

3. 按齿背形式分

有尖齿铣刀和铲齿铣刀两大类。尖齿铣刀齿背经铣削而成，后刀面是简单平面（如图 4-34(a)），用钝后重磨后刀面即可。该刀具应用很广泛，加工平面及沟槽的铣刀一般都设计成尖齿的。铲齿铣刀与尖齿铣刀的主要区别是具有铲制而成的特殊形状的后刀面（如图 4-34(b)），用钝后重磨前刀面。经铲制的后刀面可保证铣刀在其使用的全过程中廓形不变。成形铣刀常制成铲齿的。

具体铣刀的种类如表 4-8。

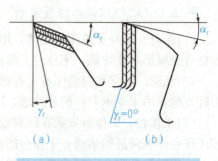

图 4-34　刀背铲齿形式
(a) 尖齿铣刀；(b) 铲齿铣刀

表 4-8　铣刀的种类

类别	简图及说明
铣平面用铣刀	圆柱形铣刀　　套式端铣刀　硬质合金可转位刀片端铣刀 铣削平面用铣刀，主要有圆柱形铣刀和端铣刀。圆柱形铣刀主要分为粗齿和细齿两种，用于粗铣和半精铣平面。端铣刀有整体式、镶嵌式和机械夹紧式三种。
铣直角沟槽用铣刀	立铣刀　　直齿和镶齿三面刃铣刀　　键槽铣刀　（锯片铣刀） 立铣刀的用途较为广泛，可以用来铣削各种形状的沟槽和孔；铣削台阶平面和侧面；铣削各种盘形凸轮与圆柱凸轮；铣削内外曲面。三面刃铣刀分直齿、错齿和镶齿等几种，用于铣削各种槽、台阶平面、工件的侧面及凸台平面。键槽铣刀主要用于铣削键槽。锯片铣刀用于铣削各种窄槽，以及对板料或型材的切断。
铣特形沟槽用铣刀	T型槽铣刀　　燕尾槽铣刀　　单角铣刀　　双角铣刀 角度铣刀分为单角铣刀、对称双角铣刀和不对称双角铣刀三种。
铣特形面用铣刀	凸半圆铣刀　凹半圆铣刀　齿轮铣刀　专用特形面铣刀

四、铣削方式

铣削方式分为周铣和端铣。

1. 周铣及应用

利用铣刀圆周刀齿切削的方式叫周铣。

周铣有顺铣和逆铣

(1)顺铣。铣刀接触工件时的旋转方向和工件的进给方向相同的铣削方式叫顺铣,如图 4-35 所示。

顺铣时,由于刀齿作用在工件上的水平分力与进给方向相同,当其大于工作台和导轨之间的摩擦力时,就会把工作台连同丝杠向前拉动一段距离,这段距离等于丝杠和螺母间的间隙,因而将影响工件的表面质量,严重时还会损坏刀具,造成事故,所以很少采用。

(2)逆铣。铣刀接触工件时的旋转方向与进给方向相反的铣削方式叫逆铣,如图 4-35 所示。逆铣时,水平分力的方向与进

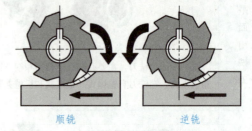

图 4-35 顺铣和逆铣

给方向相反,有利于工作台的平稳运动,并且每齿切削厚度是由零到最大。由于切削刃在开始时不能立刻切入工件,需要在工件已加工表面上滑行一小段距离,因而工件表面冷硬程度加重,表面粗糙度变粗,刀具磨损加剧。同时铣刀对工件的作用力在垂直方向上的分力向上,不利于工件的夹紧。周铣刀多用高速钢制成,切削时刀轴要承受较大的弯曲力,其刚性又差,切削用量受到一定的限制,切削速度小于 30 m/min。

周铣的适应性强,能铣削平面、沟槽、齿轮和成形面等。

2. 端铣及应用

利用铣刀端部刀齿切削的铣削方式叫作端铣。

端铣的生产率高于周铣。因为端铣刀大多可以采用硬质合金刀头,刀杆受力情况好,不易产生变形,因此,可以采用大的切削用量,其中切削速度可达 150 m/min。端铣的适应性较差,一般仅用于铣削平面,尤其是大平面。

> **试一试:**
> 哪种铣削方式更容易获得较高的表面质量?

周铣的表面粗糙度 Ra 值比端铣大,见图 4-36。

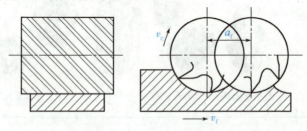

图 4-36 周铣时的残留面积

五、常用铣床附件

1. 回转工作台

回转工作台(也称圆转台)是铣床常用附件之一。它的主要功用是分度扩铣圆弧曲线外

形工作。它的规格是以转台的直径来定的，有 500 mm、400 mm、320 mm、200 mm 等规格。回转工作台分手动进给和机动进给两种，如图 4-37 所示。

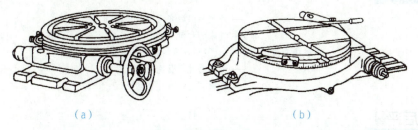

图 4-37　回转工作台
(a)手动进给回转工作台；(b)机动进给回转工作台

2. 万能分度头

万能分度头(图 4-38)是铣床的主要附件，分度头安装在铣床工作台上，被加工工件支承在分度头主轴顶尖与尾架顶尖之间或安装于卡盘上。许多机械零件，如花键、离合器、齿轮等在铣削时，需要利用分度头进行圆周等分，才能铣出等分齿槽。

3. 立铣头

立铣头(如图 4-39 所示)装在卧式铣床上，可以使卧式铣床起到立式铣床的作用，扩大其加工范围。立铣

图 4-38　万能分度头

头主轴与铣床主轴之间的传动比一般为 1∶1，故两者的转速相同，立铣头还可以在垂直平面内回转 360°。

4. 万能铣头

万能铣头(如图 4-40 所示)也是装在卧式铣床上使用的，其主轴与铣床主轴之间的传动比也是 1∶1。它可以在相互垂直的两个垂直平面内都回转 360°。因此，它可以使铣头主轴与工作台面成任何角度，在工件的一次装夹中，可以完成工件上各个表面的铣削加工。

图 4-39　立铣头

图 4-40　万能铣头

知识梳理

铣床及应用
- 铣削加工的应用范围及特点
- 铣床的种类
- X6132型铣床的组成及运动
- 铣刀的种类及铣削方式
- 铣床常用的附件及功用

学后评量

1. 铣削是在铣床上利用铣刀的旋转运动和工件相对于铣刀的移动（或转动）来加工工件的，主运动是_____运动。
2. 铣削用量包括铣削速度、进给量、_____和_____四个要素。
3. X6132型铣床主要由床身、悬梁、升降台、床鞍、_____和_____组成。
4. 铣削方式分为端铣和周铣，端铣一般仅用于铣削_____，尤其是_____，周铣能铣削平面、沟槽、齿轮和成形面等。
5. 铣床常用的附件有回转工作台、_____、立铣头、万能铣头等。

1. 用铣床铣工件时，精加工多用（　　）。
   A. 逆铣　　　　　　　　　　B. 顺铣
   C. 两种无区别　　　　　　　D. 以上都不对
2. 对铣削加工说法正确的是（　　）。
   A. 只能铣平面　　　　　　　B. 加工精度高
   C. 生产效率低　　　　　　　D. 加工范围广
3. 若在铣床上利用分度头六等分工件，其手柄每次转过圈数为（　　）。
   A. 6 圈　　　　　　　　　　B. 6.67 圈
   C. 16 个孔　　　　　　　　 D. 24 个孔
4. 对铣削方式说法正确的是（　　）。
   A. 粗加工用顺铣　　　　　　B. 粗加工用逆铣
   C. 精加工多用逆铣　　　　　D. 以上都不正确
5. 在卧式铣床上加工工件的（　　）表面时，一般必须使用分度头。
   A. 键槽　　　　　　　　　　B. 斜面
   C. 齿轮轮齿　　　　　　　　D. 螺旋槽

1. 何为铣削加工？有何特点？解释 X6132 的含义。
2. 何为顺铣与逆铣？各有何应用？
3. 铣刀有哪些种类？
4. 常用的铣削方式有哪些？
5. 常用的铣床附件有哪些？

课题四　钻床及其应用

学习目标

了解钻削的应用范围及特点；
了解钻床的种类；
掌握不同材料、不同工艺的钻孔易出现的问题。

课题导入

日常生活中，我们经常见到的零件上的孔，这些零件的孔就是在钻床上加工出来的。

钢类零件的交叉孔加工，如果是采用钻头来完成，这是一件令众多刀具生产厂家和工程师们伤脑筋的事情，钢类零件交叉孔的钻削加工，因为破孔处的冲击导致钻头受力不均，钻头容易出现崩刃、断刀和磨损快的现象。刀具用户因此成本高、效率低，而且质量也难以稳定控制。国内知名轿车生产厂家长期为此问题所困惑。2014年11月，锑玛工具经过研发，终于破解了这一难题，为此类加工提供了优化的工艺方案及专用钻头。

想一想：
常见的机械零件上面哪些孔是钻床钻出来的？

知识链接

一、钻削的应用范围及特点

钻削加工是用钻头或扩孔钻等在钻床上加工模具零件孔的方法，其操作简便，适应性强，应用很广。钻削加工所用机床多为普通钻床，主要类型有台式钻床、立式钻床及摇臂钻床。台式钻床主要用于加工 0.1～13 mm 的小型零件的孔径，立式钻床主要用于加工中型零件的孔径，摇臂钻床主要用于加工大、中型零件的孔径。

1. 钻削加工的工艺范围

钻削加工的工艺范围较广,在钻床上采用不同的刀具,可以完成钻中心孔、钻孔、扩孔、铰孔、攻螺纹、锪孔和锪平面等,如图 4-41 所示。在钻床上钻孔精度低,但也可通过钻孔—扩孔—铰孔加工出精度要求很高的孔,即 IT8~IT6,表面粗糙度为 $Ra1.6~0.4~\mu m$ 的孔,还可以利用夹具加工出有较高位置精度要求的孔系。

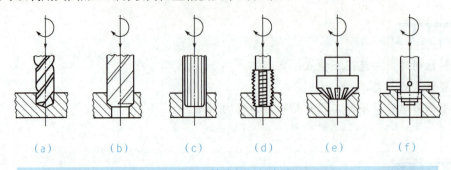

图 4-41　钻床的加工方法
(a)钻孔；(b)扩孔；(c)铰孔；(d)攻螺纹；(e)锪孔；(f)刮平面

2. 钻削加工的工艺特点

1)钻削加工时,钻头在半封闭的状态下进行工作,钻头转速高,切削量大,排屑困难。
2)钻削过程中,刀具与工件摩擦严重,产生热量多,散热困难。
3)钻削过程中,切削温度高,致使钻头磨损严重。
4)刀具与工件挤压严重,所需切削力大,容易产生孔壁的冷作硬化。
5)孔加工刀具细而悬伸长,加工时容易产生弯曲和振动。
6)钻孔精度低,尺寸精度为 IT13~IT11,表面粗糙度 Ra 值为 $50~12.5~\mu m$。

二、钻床

钻床指主要用钻头在工件上加工孔的机床。通常钻头旋转为主运动,钻头轴向移动为进给运动。钻床结构简单,加工精度相对较低,可钻通孔、盲孔,更换特殊刀具,可扩孔、锪孔,铰孔或进行攻丝等加工。加工过程中工件不动,让刀具移动,将刀具中心对正孔中心,并使刀具转动(主运动)。钻床的特点是工件固定不动,刀具做旋转运动的钻床主要类型有台式钻床、立式钻床、摇臂钻床以及专门化钻床等,如图 4-42 所示。

想一想:
　　钻床是通过什么刀具将多余材料去除掉的?

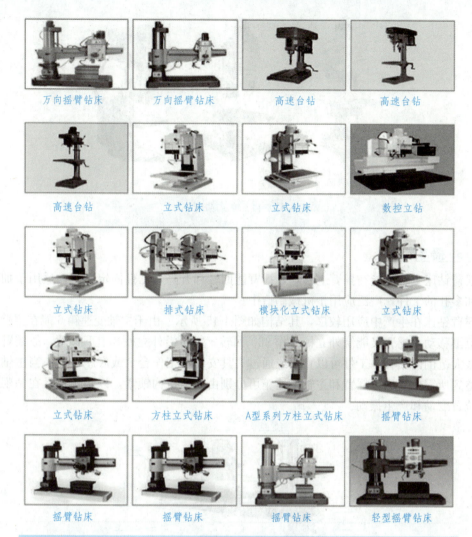

图 4-42　钻床

1. 台式钻床

简称台钻。一种小型立式钻床，最大钻孔直径为 12～15 毫米，安装在钳工台上使用，多为手动进给，常用来加工小型工件的小孔等。台式钻床如图 4-43 所示。

2. 立式钻床

立式钻床分为圆柱立式钻床、方柱立式钻床和可调多轴立式钻床 3 个系列如图 4-44 所示，如图 4-44(b)所示方柱立式钻床，其主轴是垂直布的，在水平方向上的位置固定不动，必须通过工件的移动，找正被加工孔的位置。

图 4-43　台式钻床

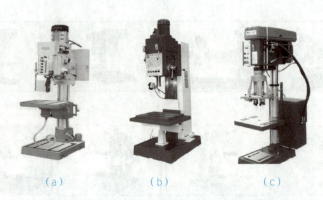

图 4-44 立式钻床
(a)圆柱立式钻床；(b)方柱立式钻床；(c)可调多轴立式钻床

3. 摇臂钻床

摇臂钻床主轴箱能在摇臂上移动，摇臂能回转和升降，工件固定不动，适用于加工大而重和多孔的工件，广泛应用于机械制造中。

摇臂钻床在生产中应用较广，其结构如图 4-45 所示。由于主轴变速箱 6 能在摇臂 5 上作大范围移动，摇臂又能绕外立柱 3 作 360°回转，并可沿外立柱 3 上下移动，故摇臂钻床能在很大范围内钻孔。工件可以直接或通过夹具安装在工作台 8 或底座 1 上。当主轴变速箱调整到所需位置后，摇臂和主轴变速箱可分别由夹紧机构锁紧，以防止刀具在钻削时工作台位置变动和产生振动。

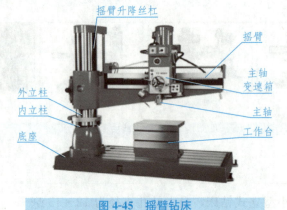

图 4-45 摇臂钻床

摇臂钻床结构完善，操纵方便，主轴转速和进给量范围大，因而广泛用于单件或在中、小批生产中加工大、中型零件，可用于钻孔、扩孔、锪孔、镗孔、攻螺纹等各种工作。

三、钻孔

钻削加工使用的钻头是定尺寸刀具，按其结构特点和用途可分为扁钻、麻花钻、深孔钻和中心钻等，钻孔直径为 0.1～100 mm，钻孔深度变化范围很大。钻削加工广泛应用于孔的粗加工，也可以作为不重要孔的最终加工。

课题四　钻床及其应用

> **想一想：**
> 不同的钻床所加工出来的孔精度和大小是否相同？

1. 材料不同产生的问题

1）钻削低碳钢、不锈钢，切屑长，不安全。
2）钻削各种高强度合金钢、淬火钢等，钻头易磨损、烧坏；
3）钻削铸铁，切屑成碎末，高速切削容易把钻头两外缘转角磨损；
4）钻削高锰钢及奥氏体不锈钢，产生严重硬化，钻头磨损快，毛刺严重；
5）钻紫铜，孔不圆，钻软紫铜，不易断屑，有时钻头被咬在孔内；
6）钻黄铜，易"扎刀"，轻则拉伤孔，重则钻头扭断；
7）钻铝合金，孔壁不光，深孔切屑常挤死在钻沟里；
8）钻有机玻璃，孔不光亮，发乌，孔壁变成乳白色，严重时孔壁烧伤，产生裂纹；
9）钻夹布胶木、夹纸胶木、玻璃丝夹布胶木，孔入口有毛刺、中间分层、表面变色出黄边、出口处脱皮；
10）钻橡胶，孔收缩，孔壁毛糙，易成锥形。

2. 工艺条件不同产生的问题

1）钻深孔，又称之为"啄木鸟式"钻削方式，钻头中途需多次退出；
2）钻大孔，要先钻小孔，再用大钻头扩孔；
3）钻薄板，孔易产生多角形、毛刺和变形，特别是钻头要钻出工件时，发生抖动，容易出现工伤事故；
4）有毛坯孔再扩孔，由于加工余量不均匀，表面有硬皮，钻头常会歪斜，刃口容易崩坏；
5）在曲面上或倾斜表面钻孔，定不住中心，一般将工件表面锪平或增加辅助材料保证钻头与钻削平面垂直，然后才能钻孔。

知识梳理

钻削加工的应用范围及特点

学后评量

1. 在钻床上加工孔的过程中，_____固定不动，_____旋转是主运动，同时沿其轴向的移动是进给运动。

2. 在钻床上采用不同的刀具，可以完成钻中心孔、钻孔、_____、_____、锪孔和锪平面等。

3. 钻孔工具主要是麻花钻，它由柄部、_____和_____组成。

4. 在钻床上钻孔精度低，但也可通过_____加工出精度要求很高的孔。

5. 钻床的主要类型有台式钻床、_____钻床、_____钻床以及专门化钻床等。

1. （　　）钻床能方便地调整钻孔位置。
   A. 台式　　　　　B. 立式　　　　　C. 摇臂

2. 钻孔时，孔径扩大的原因是（　　）。
   A. 钻削速度太快　　　　　　B. 钻头后角太大
   C. 钻头两条主切削刃长度不等　　D. 进给量太大

3. 扩孔属半精加工方法，可作为最终加工和（　　）前的预加工。
   A. 镗孔　　　B. 铰孔　　　C. 锪孔　　　D. 攻螺纹

4. 铰孔的尺寸公差等级可高达（　　）级，表面粗糙度 Ra 为 $0.8\ \mu m$，切削用量很小。
   A. IT10～IT9　　B. IT9～IT8　　C. IT7～IT6　　D. IT6～IT5

5. 用扩孔钻扩孔比用麻花钻扩孔精度高是因为（　　）。
   A. 没有横刃　　　　　　　B. 主切削刃短
   C. 容屑槽小　　　　　　　D. 钻芯粗大，刚性好

1. 钻削加工的工艺特点？
2. 钻床有哪些种类？
3. 材料不同，钻孔容易出现哪些问题？
4. 工艺不同，钻孔容易出现哪些问题？

课题五　数控机床及其应用

学习目标

1. 掌握数控机床的组成和工作原理；
2. 了解数控机床的特点；
3. 了解数控机床的分类；
4. 熟悉典型的数控机床；
5. 了解数控机床的发展。

课题五 数控机床及其应用

课题导入

随着科学技术的发展,机电产品日趋精密复杂。产品的精度要求越来越高、更新换代的周期也越来越短,从而促进了现代制造业的发展。尤其是宇航、军工、造船、汽车和模具加工等行业,用普通机床进行加工(精度低、效率低、劳动强度大)已无法满足生产要求,从而一种新型的用数字程序控制的机床应运而生。我国从1958年起,由一批科研院所、高等院校和少数机床厂起步进行数控系统的研制和开发。由于受到当时国产电子元器件水平低等条件的制约,未能取得较大的发展。在改革开放后,国家组织科技攻关,我国数控技术才逐步取得实质性的发展,并有了质的飞跃。当时通过国家攻关验收和鉴定的产品包括北京珠峰公司的中华Ⅰ型,华中数控公司的华中Ⅰ型和沈阳高档数控国家工程研究中心的蓝天Ⅰ型,以及其他通过"国家机床质量监督测试中心"测试合格的国产数控系统,如南京四开公司的产品。

知识链接

数控机床是数字控制机床(Computer numerical control machine tools)的简称,是采用计算机技术,利用数字进行控制的高效、能自动化加工的机床,能够按照数字和文字编码方式,把各种机械位移量、工艺参数、辅助功能,用数字、文字符号表示出来,经过程序控制系统(即数控系统的逻辑处理和运算),发出各种指令,实现要求的机械动作,自动完成加工任务。数控机床较好地解决了复杂、精密、小批量、多品种的零件加工问题,是一种柔性的、高效能的自动化机床,代表了现代机床控制技术的发展方向,是一种典型的机电一体化产品。在现代工业中已经被大范围的使用,极大的提高了企业的生产效率,如图4-46所示。

> **想一想:**
> 数控机床与普通机床相比仅仅是减轻了操作工人的劳动强度吗?

图 4-46 数控机床

一、数控机床的组成和工作原理

1. 数控机床的组成

如图 4-47 所示,数控机床由信息输入、信息运算控制、伺服驱动系统、机床本体、机电接口等五大部分组成。

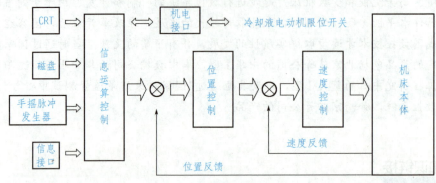

图 4-47 数控机床组成示意图

(1)数控机床由信息输入。对加工零件进行工艺分析的基础上,得到零件的所有运动、尺寸、工艺参数等加工信息后,用由文字、数字和符号组成的标准数控代码,按规定的方法和格式,编制零件加工的数控程序单元。

编制程序的工作可由人工进行;对于形状复杂的零件,则要在专用的编程机或通用计算机上进行自动编程(APT)或 CAD/CAM 设计。

编好的数控程序,存放在便于输入到数控装置的一种存储载体上,它可以是穿孔纸带、磁带和磁盘等,采用哪一种存储载体,取决于数控装置的设计类型。

输入装置一般有:
1)磁盘输入;
2)手动数据输入(MDI):按键+显示器 CRT;
3)手摇脉冲发生器(电子手轮)输入;
4)通信接口输入:由上位机输入。

输入装置的作用是将程序载体(信息载体)上的数控代码传递并存入数控系统内。根据控制存储介质的不同,输入装置可以是光电阅读机、磁带机或软盘驱动器等。数控机床加工程序也可通过键盘用手工方式直接输入数控系统;数控加工程序还可由编程计算机用 RS232C 或网络通信方式传送到数控系统中。

零件加工程序输入过程有两种不同的方式:一种是边读入边加工(数控系统内存较小时),另一种是一次将零件加工程序全部读入数控装置内部的存储器,加工时再从内部存储器中逐段调出进行加工。

(2)信息运算及控制。数控装置是数控机床的核心。一般由 CPU+存储器+总线+相应软件组成。数控装置从内部存储器中取出或接受输入装置送来的一段或几段数控加工程序,经过数控装置的逻辑电路或系统软件进行编译、运算和逻辑处理后,输出各种控制信息和指令，控制机床各部分的工作，使其进行规定的有序运动和动作。

（3）伺服驱动系统。驱动装置接受来自数控装置的指令信息，经功率放大后，严格按照指令信息的要求驱动机床移动部件，以加工出符合图样要求的零件。因此，它的伺服精度和动态响应性能是影响数控机床加工精度、表面质量和生产率的重要因素之一。驱动装置包括控制器（含功率放大器）和执行机构两大部分。目前大都采用直流或交流伺服电动机作为执行机构。

位置检测装置将数控机床各坐标轴的实际位移量检测出来，经反馈系统输入到机床的数控装置之后，数控装置将反馈回来的实际位移量值与设定值进行比较，控制驱动装置按照指令设定值运动。

控制装置的主要作用是接收数控装置输出的开关量指令信号，经过编译、逻辑判别和运动，再经功率放大后驱动相应的电器，带动机床的机械、液压、气动等辅助装置完成指令规定的开关量动作。这些控制包括主轴运动部件的变速、换向和启停指令，刀具的选择和交换指令，冷却、润滑装置的启动停止，工件和机床部件的松开、夹紧，分度工作台转位分度等开关辅助动作。

由于可编程逻辑控制器（PLC）具有响应快、性能可靠、易于使用、编程和修改程序并可直接启动机床开关等特点，现已广泛用作数控机床的辅助控制装置。

（4）机床本体。数控机床的机床本体与传统机床相似，由主运动部件、进给运动部件、执行部件和基础部件组成。但数控机床在整体布局、外观造型、传动系统、刀具系统的结构以及操作机构等方面都已发生了很大的变化。区别有：

1）伺服电机（无级变速）：传动链短、结构简单；

2）采用精密滚珠丝杠和直线滚动导轨：实现快速响应特性；

3）机械结构具有较高的动态性、动态刚度、阻尼精度、耐磨性及抗热变形性能：实现高精度、高效率、高自动化加工。

这种变化的目的是为了满足数控机床的要求和充分发挥数控机床的特点。

（5）机电接口。机电接口指数控装置与机床之间的接口，是为了实现数控机床强电线路与低压下工作的控制电路或弱电线路的连接，将数字控制信息和开关控制信息很好地协调起来，实现机床的正常运转和工作。数控机床的开关量控制（动作控制），一般采用可编程控制器（PC、PLC、PMC）来实现。

2. 数控机床的工作原理

数控机床的工作过程如图 4-48 所示。基本工作原理是点位控制与轮廓加工控制，点位控制是控制点到点之间的距离，特点是与刀具路径无关，包括钻、镗、攻螺纹等加工；轮廓加工控制也叫连续轨迹控制，分为加工平面曲线（X、Y 轴运动的合成）和几个空间曲线（X、Y、Z 轴运动合成）两种情况。轮廓加工的特点是对各坐标轴的移动量、速度及相互间的比例同时进行控制。

点位控制与轮廓加工控制均通过插补运算来实现。

插补就是在被加工轨迹的起点和终点之间，插进许多中间点，然后用已知线型逼近的过程。如直线、圆弧、抛物线插补等等。

将这些加工信息用代码化的数字信息记录在程序载体上，然后送入数控系统，经过译码、运算控制机床的刀具与工件的相对运动，从而加工出形状、尺寸与精度符合要求的零件。

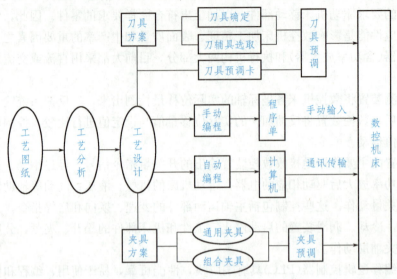

图 4-48　数控车床的加工过程

3. 数控机床的加工特点

数控机床的操作和监控全部在这个数控单元中完成，它是数控机床的大脑。与普通机床相比，数控机床有如下特点：

1) 对加工对象的适应性强，适应模具等产品单件生产的特点，为模具的制造提供了合适的加工方法；

2) 加工精度高，具有稳定的加工质量；

3) 可进行多坐标的联动，能加工形状复杂的零件；

4) 加工零件改变时，一般只需要更改数控程序，可节省生产准备时间；

5) 机床本身的精度高、刚性大，可选择有利的加工用量，生产率高（一般为普通机床的 3~5 倍）；

6) 机床自动化程度高，可以减轻劳动强度；

7) 有利于生产管理的现代化。数控机床使用数字信息与标准代码处理、传递信息，使用了计算机控制方法，为计算机辅助设计、制造及管理一体化奠定了基础；

8) 对操作人员的素质要求较高，对维修人员的技术要求更高；

9) 可靠性高。

数控机床与传统机床相比，具有以下一些特点。

1. 具有高度柔性

在数控机床上加工零件，主要取决于加工程序，它与普通机床不同，不必制造、更换许多夹具，不需要经常重新调整机床。因此，数控机床适用于所加工的零件频繁更换的场合，亦即适合单件、小批量产品的生产及新产品的开发，从而缩短了生产准备周期，节省了大量工艺装备的费用。

2. 加工精度高

数控机床的加工精度一般可达 0.1～0.05 mm，数控机床是按数字信号形式控制的，数控装置每输出一脉冲信号，则机床移动部件移动一脉冲当量（一般为 0.001 mm），而且机床进给传动链的反向间隙与丝杠螺距平均误差可由数控装置进行补偿，因此，数控机床定位精度比较高。

3. 加工质量稳定、可靠

加工同一批零件，在同一机床，在相同加工条件下，使用相同刀具和加工程序，刀具的走刀轨迹完全相同，零件的一致性好，质量稳定。

4. 生产率高

数控机床可有效地减少零件的加工时间和辅助时间，数控机床的主轴转速和进给量的范围大，允许机床进行大切削量的强力切削。数控机床正进入高速加工时代，数控机床移动部件的快速移动和定位及高速切削加工，极大地提高了生产率。另外，与加工中心的刀库配合使用，可实现在一台机床上进行多道工序的连续加工，减少了半成品的工序间周转时间，提高了生产率。

5. 改善劳动条件

数控机床加工是经调整好后，输入程序并启动，机床就能自动连续地进行加工，直至加工结束。操作者要做的只是程序的编辑、输入、零件装卸、刀具准备、加工状态的观测、零件的检验等工作，劳动强度大大降低，机床操作者的劳动趋于智力型工作。另外，机床一般是闭合起来，既清洁，又安全。

6. 利用生产管理现代化

数控机床的加工，可预先精确估计加工时间，对所使用的刀具、夹具可进行规范化、现代化管理，易于实现加工信息的标准化，已与计算机辅助设计与制造（CAD/CAM）有机地结合起来，是现代化集成制造技术的基础。

二、数控机床的分类

数控机床品种很多，根据其加工、控制原理、功能和组成，可以从以下不同的角度进行分类。

1. 按机床运动的控制执行分类

（1）点位控制数控机床。点位控制系统是指数控系统只控制刀具或机床工作台，从一点准确地移动到另一点，而点与点之间运动的轨迹不需要严格控制的系统。为了减少移动部件的运动和定位时间，一般先快速移动到终点附近位置，然后低速准确移动到终点定位位置，以保证良好的定位精度，定位特点为"先快后慢"。使用这类控制系统的主要有数控坐标镗床、数控钻床、数控冲床、数控弯管机等。图 4-49 所示为数控钻床加工示意图。

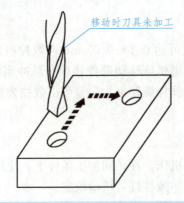

图 4-49 数控钻床加工示意图

(2)点位直线控制数控机床。点位直线控制系统是指数控系统不仅控制刀具或工作台从一个点准确地移动到另一个点,而且保证在两点之间的运动轨迹是一条直线的控制系统。移动部件在移动过程中进行切削。

应用这类控制系统的有数控车床、数控磨床和数控铣床等。如图 4-50 所示为数控铣床加工示意图。

(3)轮廓控制数控机床。轮廓控制系统也称连续控制系统,是指数控系统能够对两个或两个以上的坐标轴同时进行严格连续控制的系统。它不仅能够控制移动部件从一个点准确移动到另一个点,而且还能控制整个加工过程每一点的速度和位移量,将零件加工成一定的轮廓形状。

应用这类控制系统的有数控车床、数控铣床、数控齿轮加工机床和加工中心等。图 4-51 所示为轮廓控制系统加工示意图。

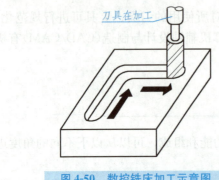

图 4-50 数控铣床加工示意图

图 4-51 轮廓控制系统加工示意图

此外,根据控制的联动轴数不同有可以分为:①二轴联动;②二轴半联动;③三轴联动;④四轴联动;⑤五轴联动;⑥七轴联动。

2. 按伺服系统控制的方法分类

1)开环控制数控机床;
2)闭环控制系统机床,它分全闭环控制和半闭环控制;
3)混合控制数控机床。

3. 按数控系统的功能水平分类

把数控系统分低、中、高三档。

4. 按加工工艺方法分类

(1) 金属切削类数控机床。普通数控机床有数控车床、数控铣床、数控钻床、数控磨床、数控齿轮加工机床等。尽管这些数控机床在加工工艺方法上存在很大差别，具体的控制方式也各不相同，但机床的动作和运动都是数字化控制的，与传统的车、铣、钻、磨、齿轮加工相对应的数控机床比较具有较高的生产率和自动化程度。

在普通数控机床上加装一个刀库和换刀装置就成为数控加工中心机床。加工中心机床可以有效地避免由于工件多次安装造成的定位误差，减少了机床的台数和占地面积，缩短了辅助时间，大大提高了生产效率和加工质量。与普通数控机床相比，自动化程度和生产效率高。例如铣、镗、钻加工中心，它是在数控铣床基础上增加了一个容量较大的刀库和自动换刀装置形成的，工件一次装夹后，可以对箱体零件的四面甚至五面进行铣、镗、钻、扩、铰以及攻螺纹等多工序加工，特别适合箱体类零件的加工。

(2) 特种加工类数控机床。有数控电火花线切割机床、数控电火花切割机床、数控等离子弧切割机床、数控火焰切割机床以及数控激光加工机床等。

(3) 板材加工类数控机床。有数控压力机、数控剪板机和数控折弯机等数控机床用于金属板材加工。

> **想一想：**
> 查阅资料，确定学校的数控机床属于什么类型？

近年来，其他机械设备中也大量采用了数控技术，如数控多坐标测量机、自动绘图机及工业机器人等。

三、典型数控机床

1. 数控车床

数控车床，又称为 CNC 车床，即计算机数字控制车床，是我国使用量最大、覆盖面最广的一种数控机床，约占数控机床总数的 25%，是集机械、电气、液压、气动、微电子和信息等多项技术为一体的机电一体化产品，是机械制造设备中具有高精度、高效率、高自动化和高柔性化等优点的工作母机。数控车床的演变如图 4-52 所示。

(1) 数控车床的用途。与卧式车床比较，成形原理基本相同，但由于数控车床它增加了数字控制功能，具有通用性好，加工效率和加工精度高以及加工过程自动控制的特点。主要应用在加工轴类、盘类回转体零件的内外圆柱面、锥面、圆弧和螺纹面，并能进行切槽、钻、扩、铰等工作。因此，数控车削加工已成为国内目前使用最多的数控加工方法之一。

(2) 数控车床的分类。

1) 按数控系统的功能分可分为全功能型数控车床、经济型数控车床。

2) 按主轴的配置形式分可分为卧式数控车床、立式数控车床。

3) 按数控系统控制的轴数分可分为两轴联动的数控车床、四轴联动的数控车床。

模 块 四 冷加工基础

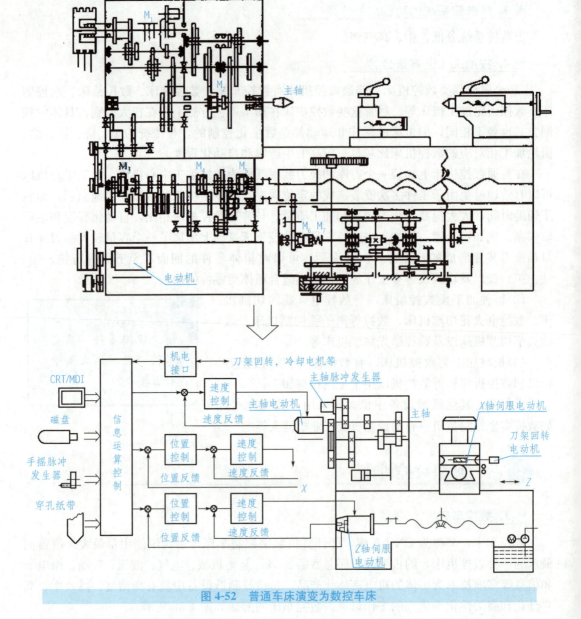

图 4-52 普通车床演变为数控车床

2. 数控铣床

数控铣床是在普通铣床上集成了数字控制系统,可以在程序代码的控制下较精确地进行铣削加工的机床。如图 4-53 所示,它是在一般铣床的基础上发展起来的,两者的加工工艺基本相同,结构也有些相似。数控铣床的基础件通常是指床身、立柱、横梁、工作台、底座等结构件,其尺寸较大(俗称大件),构成了机床的基本框架。其他部件附着在基础件上,有的部件还需要沿着基础件运动。由于基础件起着支撑和导向的作用,因而对基础件的本身要求是刚度好。

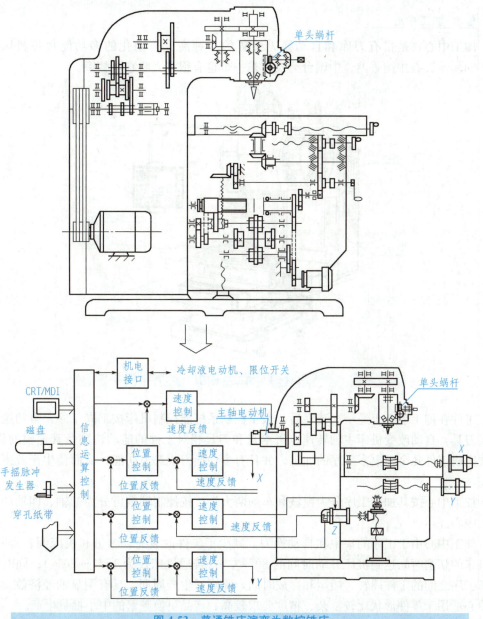

图 4-53 普通铣床演变为数控铣床

(1)数控铣床的分类。

1)按主轴的位置可分为立式数控铣床、卧式数控铣床、立卧两用数控铣床。

2)按数控铣床的构造可分为工作台升降式数控铣床、主轴头升降式数控铣床、龙门式数控铣床。

随着数控机床的发展，人们研制出了数控镗铣床，它不仅能完成铣削工作，而且能进行镗孔，保证了孔轴心线与孔端面的垂直度。

(2)数控铣床的用途。数控铣床主要用于加工平面、凸轮、样板、形状复杂的平面或立体零件，模具的内、外型腔，以及箱体、泵体、壳体等零件。

3. 加工中心

加工中心：是带有刀库和自动换刀装置的一种高度自动化的多功能数控机床。如图 4-54 所示。在中国香港、中国台湾及广东一带也有很多人叫它电脑锣。

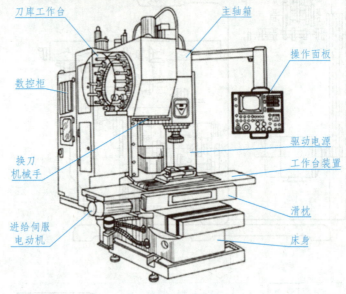

图 4-54　加工中心的结构

工件在加工中心上经一次装夹后，数字控制系统能控制机床按不同工序，自动选择和更换刀具，自动改变机床主轴转速、进给量和刀具相对工件的运动轨迹及其他辅助机能，依次完成工件几个面上多工序的加工。并且有多种换刀或选刀功能，从而使生产效率大大提高。

加工中心按其加工工序分为镗铣和车削两大类，按控制轴数可分为三轴、四轴和五轴加工中心。

加工中心由于工序的集中和自动换刀，减少了工件的装夹、测量和机床调整等时间，使机床的切削时间达到机床开动时间的 80% 左右（普通机床仅为 15%～20%）；同时也减少了工序之间的工件周转、搬运和存放时间，缩短了生产周期，具有明显的经济效果。加工中心适用于零件形状比较复杂、精度要求较高、产品更换频繁的中小批量生产。

第一台加工中心是 1958 年由美国卡尼-特雷克公司首先研制成功的。它在卧式数控镗铣床的基础上增加了自动换刀装置，从而实现了工件一次装夹后即可进行铣削、钻削、镗削、铰削和攻丝等多种工序的集中加工。

20 世纪 70 年代以来，加工中心得到迅速发展，出现了可换主轴箱加工中心，它备有多个可以自动更换的装有刀具的多轴主轴箱，能对工件同时进行多孔加工。

这种多工序集中加工的形式也扩展到了其他类型数控机床，例如车削中心，它是在数控车床上配置多个自动换刀装置，能控制三个以上的坐标。除车削外，主轴可以停转或分度，而由刀具旋转进行铣削、钻削、铰孔和攻丝等工序，适于加工复杂的旋转体零件。

加工中心按主轴的布置方式分为立式和卧式两类。卧式加工中心一般具有分度转台或数控转台，可加工工件的各个侧面；也可作多个坐标的联合运动，以便加工复杂的空间曲面。立式加工中心一般不带转台，仅作顶面加工。此外，还有带立、卧两个主轴的复合式加工中心，以及主轴能调整成卧轴或立轴的立卧可调式加工中心，它们能对工件进行五个面的加工。

加工中心的自动换刀装置由存放刀具的刀库和换刀机构组成。刀库种类很多，常见的有盘式和链式两类。链式刀库存放刀具的容量较大。

换刀机构在机床主轴与刀库之间交换刀具，常见的为机械手；也有不带机械手而由主轴直接与刀库交换刀具的，称无臂式换刀装置。

为了进一步缩短非切削时间，有的加工中心配有两个自动交换工件的托板。一个装着工件在工作台上加工，另一个则在工作台外装卸工件。机床完成加工循环后自动交换托板，使装卸工件与切削加工的时间相重合。

(1) 加工中心的分类。加工中心通常以主轴与工作台相对位置分类，分为卧式、立式和万能加工中心。

1) 卧式加工中心：是指主轴轴线与工作台平行设置的加工中心，主要适用于加工箱体类零件。

2) 立式加工中心：是指主轴轴线与工作台垂直设置的加工中心，主要适用于加工板类、盘类、模具及小型壳体类复杂零件。

3) 万能加工中心（又称多轴联动型加工中心）：是指通过加工主轴轴线与工作台回转轴线的角度可控制联动变化，完成复杂空间曲面加工的加工中心。适用于具有复杂空间曲面的叶轮转子、模具、刃具等工件的加工。

(2) 加工中心的用途。对于加工复杂、工序多（需多种普通机床、刀具及夹具）、要求较高、需经多次装夹、调整才能完成加工的零件，则适合在加工中心上加工。如箱体类零件、复杂曲面、异形件及盘、套、板类零件。利用加工中心还可实现一些特殊工艺的加工，如在金属表面上刻字、刻分度线、刻图案等；在加工中心的主轴上装上高频专用电源，还可对金属表面进行表面淬火。

四、数控机床的发展

数控机床是由美国发明家约翰·帕森斯20世纪发明的。随着电子信息技术的发展，世界机床业已进入了以数字化制造技术为核心的机电一体化时代，其中数控机床就是代表产品之一。数控机床是制造业的加工母机和国民经济的重要基础。它为国民经济各个部门提供装备和手段，具有无限放大的经济与社会效应。欧、美、日等工业化国家已先后完成了数控机床产业化进程，而中国从20世纪80年代开始起步，仍处于发展阶段。

随着新材料和新工艺的出现，对数控机床的要求越来越高，数控机床已经出现与传统机床完全不同的特征和结构。数控机床的未来发展趋势主要有以下几个方面：

1) 高速化。主轴转速达到40 000 r/min，最大进给速度120 m/min，最大加速度3 m/s^2。

2) 高精度。主轴径向跳动和坐标定位精度，每8年提高一倍，正在向亚微米级进军。

3) 工序集约化。车铣复合、完整加工，在一台机床能够加工完毕一个复杂零件。

4) 机床的智能化。机床配置各种微型传感器，具有监控和误差自动补偿功能。

5) 自主管理和通信，例如加工程序仿真、作业排序、数据采集、刀具寿命管理和网络

模 块 四 冷加工基础

通信等。

6)机床的微型化。可进行各种微加工；制造微型机械的桌面工厂已经出现。

🔧 知识梳理

🔍 学后评量

1. 数控机床是用数字指令控制机床的_____、_____与各种辅助运动。
2. 数控机床主要由_____、输入装置、数控装置(CNC)、伺服驱动及位置检测、辅助控制装置、机床本体等几部分组成。
3. 数控机床具有精度高、效率高、能适应_____、_____复杂零件的加工等优点。
4. 在普通数控机床上加装_____和_____就成为数控加工中心机床。
5. 数控机床按控制运动轨迹分为_____、_____及轮廓控制三类。

1. 数控车床与普通车床相比，在结构上差别最大的部件是(　　)。
   A. 刀架　　　　B. 床身　　　　C. 主轴箱　　　　D. 进给运动
2. 三轴联动数控铣床中的"三轴"是指主运动轴(　　)。
   A. 有三根　　　B. 有三个位置　C. 三个移动方向　D. 有三种进给量
3. 与主轴同步旋转，并把主轴转速信息传给数控装置的为(　　)。
   A. 反馈系统　　　　　　　　　B. 运算器
   C. 主轴脉冲发生器　　　　　　D. 同步系统
4. 数控机床加工零件时是由(　　)来控制的。
   A. 数控系统　　B. 操作者　　　C. 伺服系统　　　D. 反馈系统
5. 在数控车床上，不能自动完成的功能是(　　)。
   A. 车床的启动、停止　　　　　B. 纵、横向进给
   C. 刀架转位、换刀　　　　　　D. 工件装夹、拆卸

1. 数控机床由哪些部分组成？各组成部分有什么作用？
2. 数控机床与普通机床比较具有哪些特点？由哪几部分组成？
3. 数控机床按工艺方法分类有哪几种？
4. 试说明数控车床、数控铣床及加工中心各适用于哪些场合？

课题六　其他机床及其应用

学习目标

1. 熟悉刨削加工的应用范围及特点；
2. 掌握刨床和刨刀的分类；
3. 了解镗床及其应用；
4. 了解镗床和镗刀的分类；
5. 了解插床和拉床；
6. 了解磨床及其应用；
7. 了解磨床的分类；
8. 了解砂轮的性能和种类。

课题导入

虽然普通车床能解决很多加工问题，对一些大型的平面加工、内孔表面的加工、淬硬钢件和高硬度特殊材料的精加工，普通车床就不能解决了，那么用什么机床来加工呢？

知识链接

一、刨床及其应用

1. 刨削加工的应用范围及特点

(1)刨削加工的应用范围。刨削可以在牛头刨床或龙门刨床上进行，能加工各类平面（例如水平面、垂直面和斜面）、沟槽（如 T 形槽、V 形槽和燕尾槽）和用于加工直线成形面，见图 4-55。

(2)刨削加工特点。

1)生产效率低。刨削加工的主运动是直线往复运动，每次换向要克服较大的惯性力，限制了刨削速度，空行程不参与切削，从而影响了生产率。

想一想：

刨削与铣削加工范围有哪些相同与不同之处？

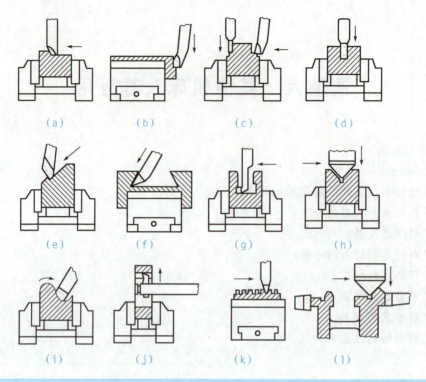

图 4-55 刨床的主要工作
(a)刨平面；(b)刨垂直面；(c)刨台阶面；(d)刨直角沟槽；(e)刨斜面；(f)刨燕尾槽；
(g)刨T形槽；(h)刨V形槽；(i)刨成形面；(j)刨孔内键槽；(k)刨齿条；(l)刨复合面

2）加工成本低。由于刨床和刨刀的结构简单，刨床的调整和刨刀的刃磨比较方便，操作也很简单，因此刨削加工成本低，广泛用于单件小批量生产及修配工件中。在中型和重型机械的生产中龙门刨床使用较多。

3）加工质量。中等刨削加工的刀具在切入和切出时必然产生冲击和振动，从而影响工件的加工质量。刨削加工的精度为IT10～IT8，表面粗糙度为 $Ra6.3～1.6~\mu m$，能满足一般零件表面的质量要求。

2. 刨床

刨床类机床主要有牛头刨床、龙门刨床和插床三种类型。

(1)牛头刨床。牛头刨床外形如图 4-56 所示。牛头刨床的主运动是滑枕沿床身的水平导轨作直线往复运动，滑枕由床身内部的曲柄摇杆机构传动。滑枕的前端装有刀具，刀架可沿刀架座的导轨上下移动来调整刨削深度，还可以在加工垂直平面和斜面时作进给运动。根据加工需要，可以调整刀架座，使刀架作±60°的回转，以便加工斜面或斜槽。加工过程中，工作台带动工件沿横梁作间歇的横向进给运动。横梁可沿垂直导轨上下移动，以调整工件与刨刀的相对位置。

牛头刨床的主参数是最大刨削长度。例如 B6050 型牛头刨床的最大刨削长度为 650 mm。牛头刨床适用于刨削长度不超过 1 000 mm 的中小型工件加工。

(2)龙门刨床。龙门刨床按其结构特点分单柱式和双柱式，主要用于加工大型或重型

课题六 其他机床及其应用

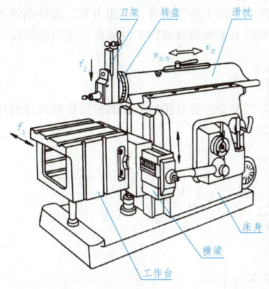
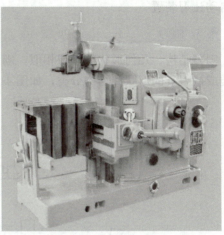

图 4-56 牛头刨床

工件上的各种平面、沟槽和各种导轨面，或在工作台上同时装夹数个中、小型工件进行多件加工，还可以用多把刨刀同时刨削工件，生产率较高。大型龙门刨床往往还附有铣头和磨头等部件，以便使工件在一次装夹中完成更多的加工内容，这时就称该机床为龙门刨铣床或龙门刨铣磨床。龙门刨床与普通牛头刨床相比，其形体大，结构复杂，刚性好，行程长，加工精度也比较高。

如图 4-57 所示为龙门刨床的外形图。工作台沿床身的水平导轨作直线往复的主运动，工件装夹在工作台上。床身的两侧固定有左右立柱，两立柱顶端用顶梁连接，形成结构刚性较好的龙门框架。横梁上装有两个垂直刀架，进给运动就是刀架的横向或垂直间隙移动。横梁可沿立柱的导轨移动至一

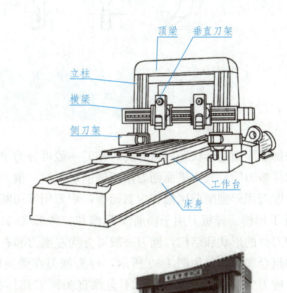

图 4-57 龙门刨床

175

定位置，以调整工件和刀具的相对位置。左右立柱上分别装有左右侧刀架，可分别沿立柱导轨作垂直进给运动，以加工侧面。空行程时为避免刀具碰伤工件表面，龙门刨床设有返程自动让刀装置。

3. 刨刀

刨刀结构、几何形状与车刀相似，刨刀的分类方法有按加工表面的形状和刀具的用途分类或按刀具的形状和结构分类，如图 4-58 所示。

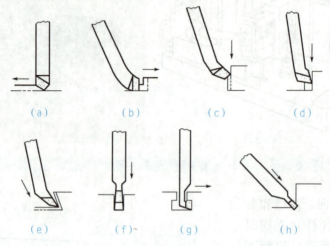

图 4-58　常用刨刀种类和应用

(a)平面刨刀；(b)台阶偏刀；(c)普通偏刀；(d)台阶偏刀；
(e)角度刀；(f)切刀；(g)弯切刀；(h)切槽刀

按加工表面的形状和用途分类，刨刀一般可分为平面刨刀、偏刀、角度刀、切刀、弯切刀和样板刀等，其中平面刨刀用于刨削水平面，偏刀用于刨削垂直面、台阶面和外斜面等，角度刀用于刨削燕尾槽和内斜面等，切刀用于切断、切槽和刨削垂直面等。弯切刀用于刨削 T 形槽。样板刀用于刨削 V 形槽和特殊形状的表面等。

按刀具的形状和结构，刨刀一般可分为左刨刀和右刨刀、直头刨刀和弯头刨刀、整体刨刀和组合刨刀等。如图 4-59 所示，弯头刨刀在受到较大的切削力时，刀杆会产生弯曲变形，使刀尖向后上方弹起，而不会像直头刨刀那样扎入工件，破坏工件表面和损坏刀具，因此刨刀一般多为弯头刨刀。

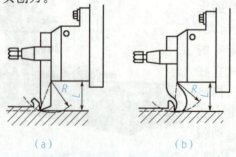

图 4-59　直头刨刀和弯头刨刀

(a)直头刨刀；(b)弯头刨刀

二、插床和拉床

1. 插床

插床的外形如图 4-60 所示。插床实质上是立式牛头刨床,结构原理与刨床属于同一类型,其主运动是滑枕带动插刀所做的上下往复直线运动,其中向下是工作行程,向上是空行程。滑枕导轨座可以绕销轴在小范围内调整角度,以便加工倾斜的内外表面。床鞍和溜板可以分别带动工件实现横向和纵向的进给运动,圆工作台可绕垂直轴线旋转,实现圆周进给运动或分度运动。圆工作台在各个方向上的间歇进给运动是在滑枕空行程结束后的短时间内进行的。圆工作台的分度运动由分度装置来实现。

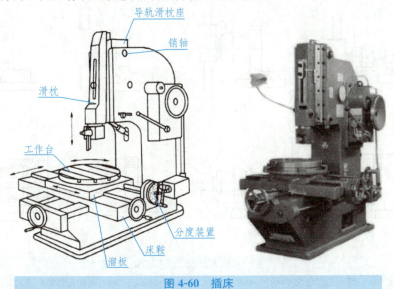

图 4-60 插床

插床加工范围较广,加工费用也比较低,但其生产率不高,对工人的技术要求较高。插床一般适用于单件、小批生产中工件内部表面的插削,如方孔、多边形孔或孔内键槽等。

2. 拉床

拉床结构简单,一般采用液压传动,如图 4-61 所示,拉刀的直线移动为主运动,加工余量是借助于拉刀上各刀齿的齿升量分层切除的,所以拉刀一次通过工件即可以完成加工。加工的精度为 IT9~IT7,表面粗糙度为 $Ra10.4 \sim 1.6 \ \mu m$。

图 4-61 拉床

三、镗床及其应用

1. 镗削加工的应用范围及特点

(1)镗削的应用。镗削是利用镗刀对已有孔的加工。镗削加工以镗刀旋转做主运动,工件或镗刀作进给运动的切削加工方法。

镗削是在镗床进行的,可以加工单孔和孔系,锪、铣平面,镗盲孔及端面孔,钻孔、扩孔、铰孔以及用多种刀具对平面、外圆面、沟槽和螺纹进行加工,如图 4-62 所示。

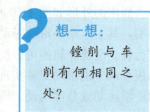

想一想:
镗削与车削有何相同之处?

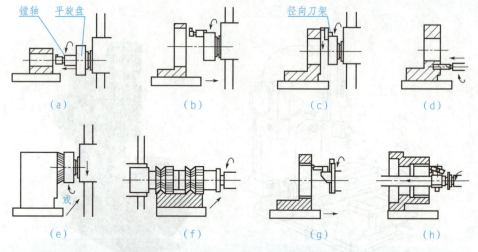

图 4-62 镗削的工艺范围
(a)镗小孔;(b)镗大孔;(c)镗端面;(d)钻孔;(e)铣平面;(f)铣组合面;(g)镗螺纹;(h)镗深孔螺纹

(2)镗削的特点。
1)镗刀结构简单,刃磨方便,成本低。
2)镗削加工灵活性大,适应性强。在镗床上除可加工孔和孔系外,还可以加工外圆、端面等。径向加工尺寸可大可小,一把镗刀可以加工不同直径的孔,对于不同的生产类型和精度要求都适用。
3)镗孔可修正上一工序所产生的孔的轴线歪斜和位置误差,保证孔的位置精度。
4)镗床的运动形式较多,工件放在工作台上,可方便准确地调整被加工孔与刀具的相对位置,因而能够保证被加工孔与其他面的相互位置精度。
5)不适宜进行细长孔的加工。
6)镗削加工对操作者的技术要求高。要保证工件的尺寸精度和表面粗糙度,除取决于所用的设备外,更主要的是与工人的技术水平有关。
7)镗床及刀具调整时间较多,与铰孔比较,镗削时单刃镗刀的刚性较差,参加工作的切削刃少,采用较小的切削量,所以一般情况下,镗削加工生产效率较低。

8)镗孔时,其尺寸精度为IT9~IT7级,孔距精度可达0.015 mm,表面粗糙度Ra值为1.6~0.8 μm。

2. 镗床

镗床适合镗削大、中型工件上已有的孔,特别适宜于加工分布在同一或不同表面上、孔距和位置精度要求较严格的孔系,并能保证所加工孔的尺寸精度、形状精度、孔与基面间的位置精度及表面粗糙度等。

镗床可分为卧式镗床、坐标镗床、金刚镗床和立式镗床等。其中卧式镗床是应用最广泛的一种,如图4-63为TP619型卧式镗床。为了加工不同高低、不同形状工件上的孔,把主轴箱安装在前立柱的垂直导轨上,并且可沿导轨上下移动,以调整镗刀与工件在垂直方向的相对位置。主轴箱装有主轴部件、平旋盘及操纵控制机构,机床的主运动为主轴或平旋盘的旋转运动。根据加工要求,主轴可作轴向进给运动,平旋盘上径向刀具溜板在平旋盘旋转的同时可作径向进给运动。工作台由下滑座、上滑座和上工作台组成,工作台可随下滑座沿床身导轨作纵向移动,也可随上滑座沿下滑座顶部导轨作横向移动。工作台还可在上滑座的环形导轨上绕垂直轴线转位,以便加工分布在不同面上的孔。后立柱的垂直导轨上有支承架用以支承较长的镗刀杆,以增加镗刀杆的刚性。支承架可沿后立柱导轨上下移动,以保持与主轴同轴。后立柱可根据镗刀杆的长度作纵向位置调整。

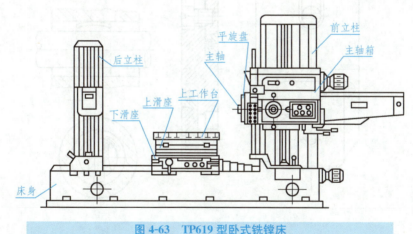

图4-63 TP619型卧式铣镗床

3. 镗刀

镗刀主要用于车床、镗床,一般有单刃镗刀和双刃镗刀两大类。

(1)单刃镗刀。通常把焊有硬质合金的刀片或高速钢整体式镗刀头用螺钉紧固在镗刀杆上,夹固方式有多种形式,如图4-64所示。大多数单刃镗刀制成如图4-65所示的可调结构,通过高精度的调整装置调节镗刀的径向尺寸,可加工出高精度的孔,单刃镗刀结构简单,制造方便。

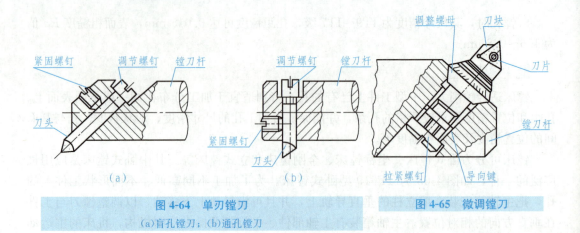

图 4-64 单刃镗刀
(a)盲孔镗刀；(b)通孔镗刀

图 4-65 微调镗刀

（2）双刃镗刀。双刃镗刀又称浮动镗刀，有两个对称的切削刃，是一种定尺寸刀具。双刃镗刀多做成片状镗刀块的形式，而镗刀块在镗刀杆上的夹固可采用楔块、螺钉、螺母等夹紧方法，如图 4-66 所示。

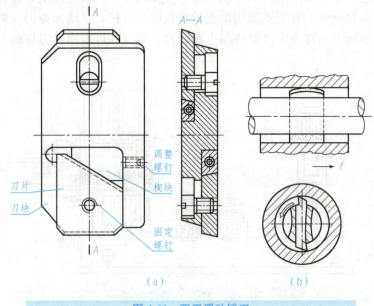

图 4-66 双刃浮动镗刀
(a)镗刀结构；(b)使用情况

四、磨床及其应用

1. 磨削加工的应用范围及特点

（1）磨削加工的应用范围。一般来说，刀具切削属于粗加工或半精加工，而磨削加工属于精加工。磨削加工是指用砂轮以较高的线速度对工件进行加工的方法。磨削加工的主要工作如图 4-67 所示。

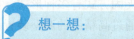

想一想：

磨床是车床等常用机床加工零件的最终精加工机床吗？

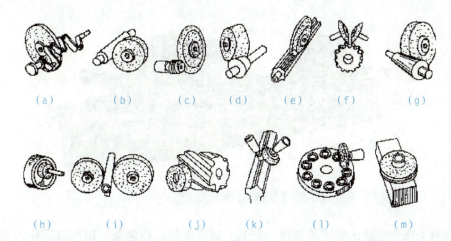

图 4-67 磨削加工范围
(a)曲面磨削；(b)外圆磨削；(c)螺纹磨削；(d)成形磨削；(e)花键磨削；(f)齿轮磨削；
(g)圆锥磨削；(h)内圆磨削；(i)无心外圆磨削；(j)刀具刃磨；(k)导轨磨削；(l)平面磨削；(m)平面磨削

(2)磨削加工的特点。

1)切削刃不规则。切削刃的形状、大小和分布均处于不规则的随机状态，通常切削时有很大的负前角和小后角。

2)切削深度小、加工质量高。一般情况下，磨削时切削深度较小，在一次行程中所能切除的金属层较薄。磨削加工精度为 IT6～IT5，表面粗糙度值 Ra 为 $0.8～0.2\ \mu m$。采用高精度磨削方法，Ra 为 $0.006～0.001\ \mu m$。

3)磨削速度高、切削温度高。一般磨削速度为 35m/s，高速磨削时可达 60 m/s，目前，磨削速度已发展到 120 m/s，旋转时不需要调速。但磨削过程中，砂轮对工件有强烈的挤压和摩擦作用，产生大量的切削热，在磨削区域瞬时温度高达 1 000 ℃。为了避免工件热变形和表面被烧伤，必须使用充足的切削液。

4)适应性强。不仅能用于精加工，也可用于粗加工和半精加工，很多形状的表面都能通过磨削加工实现。磨削加工不仅能加工一般的金属材料，还能加工硬度很高的材料，如白口铸铁、淬火钢、硬质合金等；

5)砂轮具有自锐性。在磨削过程中，砂轮表面的磨粒逐渐变钝，作用在磨粒上的切削抗力就会增大，致使磨钝的磨粒破碎并脱落，露出锋利刃口继续切削，这就是砂轮的自锐性，它能使砂轮保持良好的切削性能。

2. 磨床

(1)磨床的种类。磨床的种类很多，按磨削表面的特征和磨削方式分为外圆磨床、内圆磨床、平面磨床、无心磨床、螺纹磨床、齿轮磨床等，其中外圆磨床应用最广。

常用的外圆磨床以万能外圆磨床居多，主要是磨削外圆柱面、外圆锥面和端面。万能外圆磨床带有内圆磨头，还可以磨削内圆柱面和内圆锥面。

(2)M1432 万能外圆磨床的组成。如图 4-68 所示为 M1432A 型外圆磨床外形图，其主要部件如下：

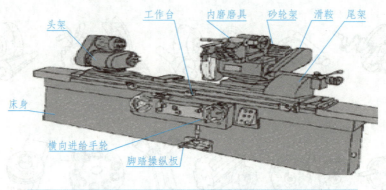

图 4-68 万能外圆磨床

1)床身。床身是磨床的支承部件。在其上装有头架、砂轮架、尾座及工作台等部件。床身内部装有液压缸及其他液压元件，用来驱动工作台和滑鞍的移动。

2)头架。头架用于装夹工件，并带动其旋转。头架可在水平面内逆时针方向转动 90°。可磨削短圆柱面或小平面。头架主轴通过顶尖或卡盘装夹工件，因此它的回转精度和刚度直接影响工件的加工精度。

3)砂轮架。用于支承并驱动砂轮主轴高速旋转。砂轮架装在滑鞍上，可回转角度±30°，当需磨削短圆锥面时，砂轮架可调整一定角度。

4)内圆磨具。用于支承磨内孔的砂轮主轴部件，由单独的电动机驱动。

5)尾架。尾架的功用是利用安装在尾座套筒上的顶尖(后顶尖)，与头架主轴上的前顶尖一起支承工件，使工件实现准确定位。尾座利用弹簧力顶紧工件，以实现磨削过程中工件因热膨胀而伸长时的自动补偿，避免引起工件的弯曲变形和顶尖孔的过分磨损。尾座套筒的退回可以手动，也可以液压驱动。

6)工作台。工作台由上、下工作台两部分组成，上工作台可绕下工作台的心轴在水平面内偏转一定的角度(一般不大于±10°)，以便磨削锥度不大的圆锥面。工作台由液压传动带动沿导轨往复移动，使工件实现纵向进给运动

7)滑鞍及横向进给机构。转动横向进给手轮，通过横向进给机构带动滑鞍及砂轮架作横向移动；也可利用液压装置，通过脚操纵板使滑鞍及砂轮架作快速进给和周期性自动切入进给。

3. 砂轮

砂轮又称固结模具，它是在颗粒状的磨料中加入结合剂，经挤压、干燥、焙烧而成的特殊切削工具，一般由磨料、结合剂、气孔三要素构成，如图 4-69 所示。砂轮的性能受以下几方面因素的影响：

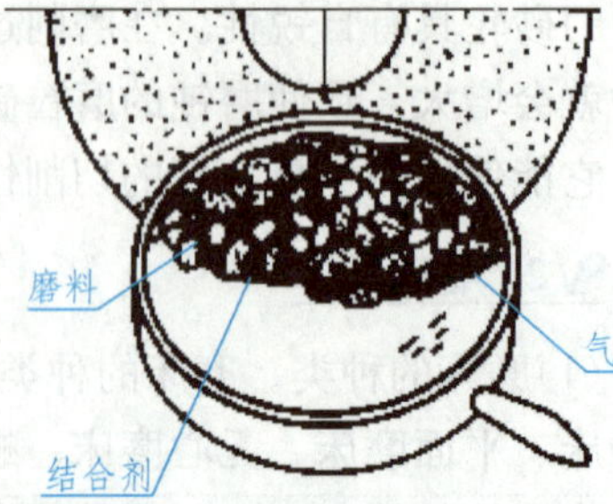

1)磨料，砂轮中的硬质颗粒，常用的有刚玉类(主要成分是 Al_2O_3)和碳化物类(主要成分是 SiC 或 BC)。

2)粒度指磨料颗粒的大小，以粒度号($4^\#\sim 240^\#$)表示。

3)硬度。磨粒从砂轮上脱落的难易程度，硬砂轮磨粒不易脱落。砂轮的硬度和磨料的

图 4-69 砂轮的构成

硬度是两个不同的概念。同一种磨料可以做成不同硬度的砂轮，它主要取决于结合剂的性能、数量以及砂轮制造的工艺。磨削与切削的显著差别是砂轮具有"自锐性"，选择砂轮的硬度，实际上就是选择砂轮的自锐性，希望还锋利的磨粒不要太早脱落，也不要磨钝了还不脱落。

4)结合剂起黏接磨粒的作用，常用的有陶瓷、树脂、橡胶和金属。

5)组织磨料、结合剂和孔隙三者之间的体积比例，也表示砂轮中磨粒排列的紧密程度。

常见的砂轮形状见表4-9。

表 4-9　常用砂轮的形状、代号及用途

砂轮名称	代号	剖面形状	主要用途
平形砂轮	1		磨内孔、外圆、磨工具，无心磨
薄片砂轮	41		切断及切槽
筒形砂轮	2		端磨平面
碗形砂轮	11		刃磨刀具，磨导轨
碟形1号砂轮	12a		磨铣刀、铰刀、拉刀，磨齿轮齿面
双斜边砂轮	4		磨齿轮齿面及螺纹
杯形砂轮	6		磨平面、内圆，刃磨刀具

砂轮的标记印在砂轮的端面上，其顺序是：形状代号、尺寸、磨料、粒度号、硬度、组织号、结合剂、线速度。例如：外径300 mm，厚度50 mm，孔径75 mm，棕刚玉，粒度60，硬度L，5号组织，陶瓷结合剂，最高工作线速度35 m/s的平形砂轮，其标记为：

砂轮 1－300×50×75－A60L5V－35 m/s GB 2484－2006

模 块 四 冷加工基础

知识梳理

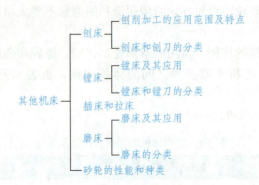

学后评量

1. 刨削是_____的主要方法之一。
2. 牛头刨床加工精度可达_____，表面粗糙度可达_____ μm。
3. 镗削加工是以_____做主运动，_____做进给运动的切削加工方法。
4. 镗刀一般可分为_____和_____两大类。
5. 砂轮组成中的磨料直接担负切削工作，常用的磨料有_____和_____。
6. 磨削加工的实质是磨粒对工件表面进行切削、_____和_____三种作用的综合过程。

1. 对刨削加工特点说法正确的是(　　)。
   A. 生产效率高　　　　　　　　B. 加工质量好
   C. 生产成本低　　　　　　　　D. 以上都不正确
2. 在牛头刨床上粗刨时，一般采用(　　)。
   A. 较高的刨削速度，较小的切削深度和进给量
   B. 较低的刨削速度，较大的切削深度和进给量
   C. 较低的刨削速度，较小的切削深度和进给量
   D. A 和 B 都可以
3. 刨刀常做成弯头，其目的是(　　)。
   A. 增大刀杆强度　　　　　　　B. 避免刀尖啃入工件
   C. 减少切削力　　　　　　　　D. 增加散热
4. 镗刀和镗杆要有足够的(　　)。
   A. 强度　　　B. 刚度　　　C. 耐磨性　　　D. 耐热性
5. 对磨削加工说法正确的是(　　)。
   A. 不能磨淬火钢　　　　　　　B. 适应性差
   C. 精度高　　　　　　　　　　D. 不能磨一般金属

6. 磨削适合于加工(　　)。
　　A. 铸铁及钢　　　　　　　　B. 软的有色金属
　　C. 铝合金　　　　　　　　　D. 都适用
7. 精磨平面时应采用(　　)。
　　A. 纵磨法　　　B. 横磨法　　　C. 端磨法　　　D. 周磨法
8. 砂轮的硬度是指(　　)。
　　A. 砂轮轮上磨料的硬度
　　B. 在硬度计上打出来的硬度
　　C. 磨料从砂轮上脱落下来的难易程度
　　D. 砂轮上磨粒体积占整个砂轮体积的百分比

1. 砂轮的特性主要取决于哪些因素？
2. 试述常用刨刀的种类，使用场合？
3. 镗削时的主运动和进给运动各是什么运动？
4. 镗削加工有何特点？
5. 插床和拉床有什么特点？
6. 磨床有哪些类型？M1432型万能外圆磨床由哪些部分组成？

课题七　特种加工及零件生产过程的基础知识

学习目标

1. 掌握电火花加工；
2. 掌握电解加工；
3. 了解超声加工；
4. 了解激光加工；
5. 了解电子束加工与离子束加工；
6. 掌握零件生产过程的基础知识。

课题导入

各种难切削材料的加工；各种结构形状复杂、尺寸或微小或特大、精密零件的加工；薄壁、弹性元件等刚度特殊零件的加工等。对此，采用传统加工方法十分困难，甚至无法加工。那怎么办呢？

想一想：
弯孔用前面学过的加工方法可以加工吗？

知识链接

特种加工是20世纪40年代发展起来的，由于材料科学、高新技术的发展和激烈的市场竞争、发展尖端国防及科学研究的要求，不仅新产品更新换代日益加快，而且产品要求具有很高的强度重量比和性价比，并正朝着高速度、高精度、高可靠性、耐腐蚀、耐高温高压、大功率、尺寸大小两极分化的方向发展。为此，各种新材料、新结构、形状复杂的精密机械零件大量涌现，对机械制造业提出了一系列迫切需要解决的新问题。于是，人们一方面通过研究高效加工的刀具和刀具材料、自动优化切削参数、提高刀具可靠性和在线刀具监控系统、开发新型切削液、研制新型自动机床等途径，进一步改善切削状态，提高切削加工水平，并解决了一些问题；另一方面，则冲破传统加工方法的束缚，不断地探索、寻求新的加工方法，于是一种本质上区别于传统加工的特种加工便应运而生，并不断获得发展。

直接利用电能、声能、光能、电化学能、热能以及特殊机械能对材料进行的加工，就叫特种加工。在加工过程中工具与工件之间没有显著的切削力；特种加工亦称"非传统加工"或"现代加工方法"。加工用的工具材料硬度可以低于被加工材料的硬度；能用简单的运动加工出复杂的型面。目前用于生产(尺寸加工)的特种加工方法主要有：电火花加工、电解加工、超声加工、激光加工、电子束加工、离子束加工、化学加工、液力加工等。

 想一想：
特种加工与传统加工方式有何区别，特种加工的加工效率高吗？

一、电火花加工

1. 电火花加工的原理

电火花加工是利用工具电极和工件电极间瞬时放电所产生的高温来熔蚀工件表面的材料，也称为放电加工或电蚀加工。

电火花加工机床通常分为电火花成形机床、电火花线切割机床和电火花磨削机床，以及各种专门用途的电火花加工机床，如加工小孔、螺纹环规和异形孔纺丝板等的电火花加工机床。

电火花加工原理如图4-70所示。工具电极和工件电极一般都浸在工作液中(常用煤油、机油等做工作液)，自动调节进给装置使工具与工件之间保持一定的放电间隙(0.01～0.20 mm)，当脉冲电压升高时，使两极间产生火花放电，放电通道的电流密度为10^5～10^6 A/cm²，放电区的瞬时高温10 000 ℃以上，使工件表面的金属局部熔化，甚至气化蒸发而被蚀除微量的材料，当电压下降，工作液恢复绝缘。这种放电循环每秒钟重复数千到数万次，就使工件表面形成许多小的凹坑，称为电蚀现象。

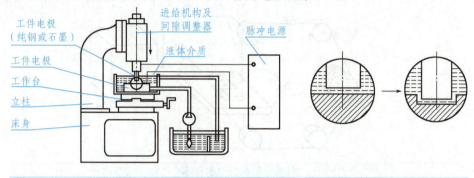

图 4-70　电火花加工原理

随着工具电极不断进给，脉冲轮廓形状相当精确地"复印"在工件上，从而实现一定尺寸和形状的加工。

2. 电火花加工的特点

1）电火花可以加工任何硬、脆、软和高熔点的导电材料，如淬火钢、硬质合金等。

2）加工时切削力小，有利于小孔、薄壁、窄槽以及各种复杂截面的型孔和型腔加工，也适用于精密、细微加工。

3）脉冲参数可以任意调整，可以在同一台机床上连续进行粗加工、半精加工和精加工。

4）不产生毛刺和刀痕沟纹等缺陷。

5）工具电极无须比加工的零件硬，可用较软的紫铜、石墨等容易加工的材料制造。

6）脉冲放电持续时间短（每秒几万次），工件几乎不受热影响。

7）加工后表面产生变质层，在某些应用中需要进一步去除。

8）工作液的净化和加工产生的烟雾污染处理比较麻烦。

9）直接用电加工，便于实现自动控制和加工自动化。

3. 电火花加工的应用

电火花加工的应用范围较广，它可以进行孔加工和线电极切割等。

1）穿孔加工。电火花穿孔加工可用于加工各种型孔（圆孔、方孔、多边孔、异形孔）、小孔（$D=0.1\sim1$ mm）和微孔（$D<0.1$ mm）等，例如冲压的落料或冲孔凹模以及拉丝模和喷丝孔等。

2）型腔加工。电火花型腔加工主要用于锻模、挤压模、压铸模等的加工。

3）线电极切割。线电极电火花切割简称线切割。其加工原理与一般的电火花加工相同，有所不同的是所使用的工具不同，它不靠成形的工具电极将形状尺寸复印到工件上，而是靠移动着的电极丝（钼丝）以数控的加工方法，按预定的轨迹进行线切割加工。

如图 4-71 所示，脉冲电源的一极接在工件，另一极接电极丝（实际上是接在导电材料做的导轮上）。电极丝事先穿过工件上预钻的一个小孔，存丝筒使电极丝作正、反向交替移动。安放工件的工作台在 x、y 两个坐标方向上分别装有步进电动机或伺服电机作轨迹运动,把工件切割成形。

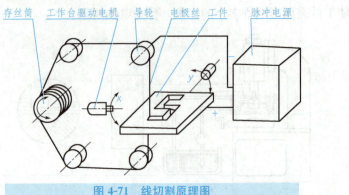

图 4-71 线切割原理图

线切割加工精度可控制在 0.01 mm 左右,表面粗糙度 $Ra \leqslant 2.5 \ \mu m$。线切割加工时,阳极金属的蚀除速度大于阴极,因此采用正极性加工,即工件接高频脉冲电源的正极,工具电极(钼丝)接负极,工作液宜选用乳化液或去离子水,适用于切割加工形状复杂、精密的模具和其他零件。

4. 电火花的新工艺

电火花加工新工艺的开发是实现加工目的直接手段,目前比较有优势的是标准化夹具实现快速精密定位,目前有瑞士的 EROWA 和瑞典的 3R 装置可实现快速精密定位;混粉加工方法实现镜面加工效果;摇动加工方法实现高精度加工;多轴联动加工方法实现复杂加工等。

二、电解加工

基于电解过程中的阳极溶解原理并借助于成形的阴极,将工件按一定形状和尺寸加工成形的一种工艺方法,称为电解加工。

1. 电解加工的原理

电解加工是利用金属在电解液中的"阳极溶解"将工件加工成形的。电解加工原理如图 4-72 所示。加工时,工件接直流电源(电压为 5～25 V,电流密度为 10～100 A/cm^2)的阳极,工具接电源的阴极。进给机构控制工具向工件缓慢进给,使两级之间保持较小的间隙(0.1～1 mm),从电解液泵出来的电解液以一定的压力(0.5～2 MPa)和速度(5～50 m/s)从间隙中流过,这时阳极工件的金属被逐渐电解腐蚀,电解产物被高速流过的电解液带走。

电解加工成形原理如图 4-73 所示,图中细竖线表示通过阴极(工具)与阳极(工件)间的电流,竖线的疏密程度表示电流密度的大小。在加工刚开始时,工具与工件相对表面之间是不等距的,如图 4-67(a)所示,阴极与阳极距离较近的地方通过的电流密度较大,电解液的流速也较高,阳极溶解速度也就较快。随着工具相对工件不断进给,工件表面就不断被电解,电解产物不断被电解液冲走,直至工件表面形成与阴极工作面基本相似的形状为止,如图 4-67(b)所示。

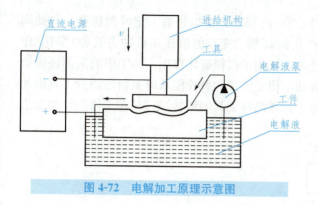

图 4-72　电解加工原理示意图

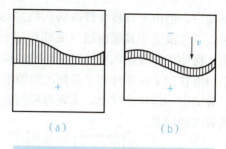

图 4-73　电解加工成形原理
(a)工件与工具相对表面之间不等距；
(b)工作与工作表面形状相似

2. 电解加工的特点和应用

1)加工范围广。电解加工几乎可以加工所有的导电材料，不受金属材料本身硬度和强度的限制，可加工硬质合金、淬火钢、耐热合金等高硬度、高强度及韧性金属材料，也可加工各种复杂型腔、型面和型孔工件，如叶片、模具等。

2)生产效率高，约为电火花加工的 5~10 倍。在某些情况下，比切削加工的生产率还高，且加工生产率不直接受加工精度和表面粗糙度的限制。

3)加工质量好，可以达到较小的表面粗糙度($Ra1.25$~$0.2\ \mu m$)和 0.2 mm 左右的平均加工精度，且不产生毛刺。

4)加工中无热作用及机械切削力的作用，可以加工薄壁和易变形零件。电解加工过程中工具和工件不接触，不产生残余应力、变形和变质层。

5)加工中阴极工具在理论上不会损耗，可长期使用。

电解加工的主要缺点和局限性为：不易达到较高的加工精度和加工稳定性，这是由工具(阴极)制造较困难，影响加工间隙的因素多且难以控制造成的；电解加工机床需有足够的刚性和防腐蚀性能，附属设备多，占地面积大；电解产物需进行妥善处理，否则将污染环境。电解加工是继电火花加工之后发展起来的、应用较广泛的一项新工艺。目前在国内外已成功地应用于枪炮、航空发动机、火箭等制造业，在汽车、拖拉机、采矿机械和模具制造中也得到了应用。

三、超声加工

1. 超声加工的工作原理

超声加工也称为超声波加工。超声波是指频率 $f>16\ 000$ Hz 的声波。

超声加工工作原理如图 4-74 所示。加工时，在工具和工件之间加入液体(水或煤油等)和磨料混合的悬浮液，并使工具以很小的力 F 轻轻压在工件上。超声发生器将工频交流电能转变为有一定功率输出的超声频电振荡，通过换能器将超声频电振荡转变为超声机械振动。其振幅很小，一般只有 0.005~0.01 mm，再通过一个上粗下细的变幅杆，使振幅增大到 0.01~0.15 mm，固定在变幅杆上的工具即产生超声振动。迫使工作液中悬浮的磨粒高速不断地撞击、琢磨加工表面，将材料从工件上打击下来。虽然每次打击下来的材料很少,但由于每秒钟打击的次数多达 16 000 次以上,所以仍有一定的加速度。与此同时,工作液受工具端面超声振动作用而产生的高频、交变的液压正负冲击波和"空化"作用,促使工作液钻入被加工材料的微裂缝处,加剧了机械破坏作用。加工中的振荡还强迫磨料液在加工区工件和工具间的间隙中流动,使变钝了的磨粒能及时更新。随着工具沿加工方向以一定速度移动,实现有控制的加工,逐渐将工具的形状"复制"在工件上,加工出所要求的形状。

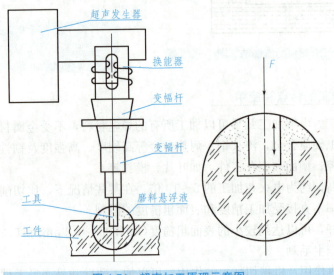

图 4-74 超声加工原理示意图

2. 超声加工的特点及应用

1)频率高、波长短、能量大,传播过程中反射、折射、共振、损耗等现象显著。它可使传播方向上的障碍物受到很大的压力,其能量强度可达每平方厘米几十瓦到几百瓦。超声波加工是利用工具端面的超声频振动,通过工作液中悬浮的磨料对工件表面冲击琢磨,使工件成形。

2)适合于加工各种硬脆材料,如淬火钢、硬质合金等材料;特别是可以加工不导电的非金属材料如玻璃、陶瓷(氧化铝、氮化硅)、石英、锗、硅、石墨、玛瑙、宝石、金刚石等材料,但是生产率较低。

3)由于工具可用较软的材料,可以制成较复杂的形状,故不需要使工具和工件作比较复杂的运动,超声加工机床的结构比较简单,操作、维修方便。

4)由于去除加工材料是靠极小磨料瞬时局部的撞击作用,故工件表面的宏观切削力很小,切削应力、切削热很小,不会引起变形及烧伤,表面粗糙度也较小($Ra1 \sim 0.1~\mu m$),加工精度可达 $0.02 \sim 0.01~mm$,而且可以加工薄壁、窄缝、低刚度零件。

四、激光加工

1. 激光加工的工作原理

激光是一种受激辐射的亮度高、方向性好的单色光。激光加工分为激光热加工和光化学反应加工两类。激光热加工是指利用激光束投射到材料表面产生的热效应来完成加工过程，包括激光焊接、激光雕刻切割、表面改性、激光打标、激光钻孔和微加工等；光化学反应加工是指激光束照射到物体，借助高密度激光高能光子引发或控制光化学反应的加工过程。包括光化学沉积、立体光刻、激光雕刻刻蚀等。由于激光发散角小，可通过光学系统把激光束聚焦成一个极小的光斑(直径仅有几微米到几十微米)，其焦点处的功率密度可达 $10^8 \sim 10^{10}$ W/cm^2，温度高达万度左右，从而能在千分之几秒甚至更短的时间内使材料熔化和汽化，并产生强烈的冲击波，使熔化和汽化的物质爆炸式地喷射出去。激光加工就是利用这种原理进行的。

激光加工的基本设备包括电源、激光器、光学系统及机械系统等四部分，如图 4-75 所示，其中激光器是激光加工的主要设备，它把电能转变成光能，产生所需要的激光束。激光器按照所用的工作物质可分为固体激光器、气体激光器、液体激光器和半导体激光器四种，常用的是钕玻璃、YAG(掺钕钇铝石榴石)和二氧化碳气体激光器等。

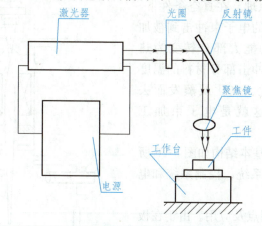

图 4-75　激光加工原理示意图

2. 激光加工的特点及应用

1)不需要加工工具，所以不存在工具损耗问题，适宜自动化生产系统。

2)由于激光的功率密度高，几乎能加工所有的材料，如各种金属材料，以及陶瓷、石英、玻璃、金刚石及半导体等。如果是透明材料，需采取一些色化和打毛措施方可加工。

3)激光束容易控制，易于与精密机械、精密测量技术和电子计算机相结合，实现加工的高度自动化和达到很高的加工精度；

4)激光束的发散角可小于 1 毫弧，光斑直径可小到微米量级，作用时间可以短到纳秒和皮秒，加工速度快，同时，大功率激光器的连续输出功率又可达千瓦至十千瓦量级，热影响区小，适用于微细加工，如加工深而小的微孔和窄缝(直径可小至几微米，深度与直径之比可达 50~100 以上)，又适于大型材料加工。

5)激光加工是非接触加工，工件不受应力，不易污染。

6)通用性好，同一台激光加工装置，可作多种加工，如打孔、切割、焊接等都可以在同一台机床上进行。

7)可以对运动的工件或密封在玻璃壳内的材料加工。

8)在恶劣环境或其他人难以接近的地方,可用机器人进行激光加工。

另外,激光加工技术精度高,设备复杂,加工成本高。

五、电子束加工与离子束加工

电子束加工和离子束加工是利用高能粒子束进行精密微细加工的先进技术,尤其在微电子学领域内已成为半导体(特别是超大规模集成电路制作)加工的重要工艺手段。电子束加工主要用于打孔、切槽、焊接及电子束光刻;离子束加工则主要用于离子刻蚀、离子抛光、离子镀膜、离子注入等。目前进行的纳米加工技术的研究,实现原子、分子为加工单位的超微细加工,采用的就是这种高能粒子束加工技术。

1. 电子束加工

(1)电子束加工的原理。在真空条件下,将具有很高速度和能量的电子束冲击到被加工材料上,电子束的动能大部分转变为热能,极短的时间内使被冲击部分材料的温度升高至熔点,瞬时熔化、汽化及蒸发而去除,达到加工目的,这就是电子束加工原理。

电子束加工装置的基本结构如图 4-76 所示。它由电子枪、真空系统、控制系统和电源等部分组成。

(2)电子束加工的特点及应用。由于在极小的面积上具有高能量(能量密度可达 $10^6 \sim 10^9 \text{ W/cm}^2$),故可加工微孔、窄缝等,其生产率比电火花加工高数十倍至数百倍。此外,还可利用电子束焊接高熔点金属和用其他方法难以焊接的金属,以及用电子束炉加工高熔点高质量的合金及纯金属。

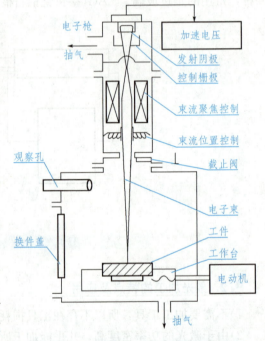

图 4-76 电子束加工装置示意图

1)加工中电子束的压力很微小,主要靠瞬时蒸发,所以工件产生的应力及应变均很小。

2)电子束加工是在真空度为 $1.33×10^{-1} \sim 1.33×10^{-3}$ Pa 的真空加工室中进行的,加工表面无杂质渗入,不氧化,加工材料范围广泛,对脆性、韧性、导体、非导体及半导体材料都可以加工。

3)电子束的能量密度高,因而加工生产效率很高,例如,每秒钟可以在 2.5 mm 厚的钢板上钻 50 个直径为 0.4 mm 的孔。

4)电子束的强度和位置比较容易用电、磁的方法实现控制,加工过程易实现自动化,可进行程序控制和仿形加工。

电子束加工也有一定的局限性,一般只用于加工微孔、窄缝及微小的特性表面,而且，因为它需要有真空设施及数万伏的高压系统，设备价格较贵。

2. 离子束加工

离子束加工原理与电子束加工类似，也是在真空条件下，把氩（Ar）、氪（Kr）、疝（Xr）等惰性气体，通过离子源产生离子束并经过加速、集束、聚焦后，投射到工件表面的加工部位，以实现去除加工。所不同的是离子带正电荷，离子的质量比电子的质量大千万倍，例如最小的氢离子，其质量是电子质量的 1 840 倍，氩离子的质量是电子质量的 7.2 万倍。由于离子的质量大，故离子束加速轰击工件表面，靠的是微观的机械撞击能量，而不是靠动能转化为热能来加工的，因此它比电子束具有更大的能量。

产生离子束的方法是将电离的气态元素注入电离室，利用电弧放电或电子轰击等方法，使气态原子电离为等离子体（即正离子数和负离子数相等的混合体）。用一个相对于等离子体的电极（吸极），从等离子体中吸出离子束流，再通过磁场作用或聚焦，形成密度很高的电离子束去轰击工件表面。根据离子束产生的方式和用途不同，产生离子束流的离子源有多种形式，常用的有考夫曼型离子源和双等离子管型离子源。

离子束加工具有易于精确控制，加工所产生的污染少、应力小和热变形小的特点，特别适合于加工易氧化的金属、合金和半导体材料等。但是离子束加工设备费用贵、成本高、加工效率低，应用范围受到一定限制。

六、零件生产过程的基本知识

1. 生产纲领与生产类型

（1）生产纲领。生产纲领是指企业在计划期内应当生产的产品产量和进度计划。计划期常为一年，所以生产纲领常称为年产量或年生产纲领。机器中某零件的生产纲领除了制造机器所需要的数量以外，还应包括一定的备品和废品，所以零件的生产纲领就是指包括备品和废品在内的计划产量。

（2）生产类型。生产类型是生产结构类型的简称，是指企业（或车间、工段、班组、工作地）生产专业化程度的分类。根据生产对象在生产过程中的工业特点，可以把工业分为连续性生产和离散性生产；根据用户对产品的需求特性，按照产品定位策略可把生产类型分为备货型生产（Make－to－Stock，简称 MTS）和订货生产（Make－to－Order，简称 MTO）；根据产品生产的重复程度和工作的专业化程度，可以把生产过程一般分为单件生产、批量生产及大量生产三种生产类型。

2. 生产过程和加工工艺过程

（1）生产过程。将原材料转变为成品的全过程，称为生产过程。生产过程是工业企业资金循环的第二阶段。它包括原材料的运输和保管，生产的准备工作，毛坯的制造，零件的机械加工，零件的热处理，部件和产品的装配，检验、涂漆和包装等。

各种机械产品的具体制造方法和过程是不相同的，但生产过程大致可分为三个阶段，即毛坯制造、零件加工和产品装配。

（2）加工工艺过程。所谓"工艺"，就是制造产品的方法，加工工艺过程是生产过程的主要部分,是指生产过程中按照图纸的图样和尺寸,由零部件毛坯准备开始,到零部件的成品为止的过程。它包括毛坯制造工艺过程、热处理过程、机械加工工艺过程、装配工艺过程等。这里主要讨论机械加工工艺过程。

机械加工工艺过程是利用机械加工的方法,直接改变毛坯的形状、尺寸和表面质量,使其转变为成品的过程。为便于叙述,以下将机械加工工艺过程简称为工艺过程。

3. 工艺过程的组成

要完成一个零件的工艺过程,需要采用多种不同的加工方法和设备,通过一系列加工工序。工艺过程就是一个或若干个顺序排列的工序组成的。

(1)工序。一个(或一组)工人,在一个工作地点(或一台机床上),对一个(或一组)零件连续加工所完成的那部分工艺过程,称为工序。

划分工序的主要依据是工作地是否变动和工作是否连续。如图 4-77 所示阶梯轴,当加工数量较少时,其工序划分按表 4-10 进行;当加工数量较大时,其工序划分按表 4-11 进行。

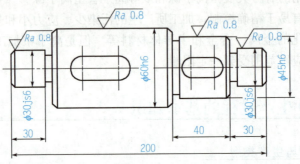

图 4-77 阶梯轴

表 4-10 单件小批生产的工艺过程

工序号	工序内容	设备
1	车端面,钻中心孔	车床
2	车外圆,切槽和倒角	车床
3	铣键槽,去毛刺	铣床
4	磨外圆	磨床

表 4-11 大批量生产的工艺过程

工序号	工序内容	设备
1	两边同时铣端面,钻中心孔	铣端面钻中心孔机床
2	车一端外圆,切槽和倒角	车床
3	车另一端面,切槽和倒角	车床
4	铣键槽	铣床
5	去毛刺	钳工台
6	磨外圆	磨床

课题七　特种加工及零件生产过程的基础知识

从以上加工轴的工序安排，我们可以看到同一零部件生产数量不同，加工工艺是不同的。在大批量生产过程中，为了提高劳动生产率，保证批量生产的质量，降低产品生产时对工人操作技能的要求，把工件加工工序写得细一些。在质量关键的工序上，配置较好的设备和技术工人，就能保证正常生产。

(2) 安装。使工件在机床或夹具中占有正确位置的过程称为定位。工件定位后将其固定不动的过程称为夹紧。将工件在机床或夹具中定位、夹紧的过程称为安装。在一道工序中，工件可能被安装一次或多次，才能完成加工。如表4-10中的工序1要进行两次安装：先装夹工件一端，车端面、钻中心孔，称为安装1；再调头装夹，车另一端面、钻中心孔，称为安装2。

工件在加工中，应尽量减少安装次数，因为多一次安装，就会增加安装时间，还会增加定位和夹紧误差。

(3) 工位。在批量生产中，为了提高劳动生产率、减少安装次数、时间，常采用回转夹具、回转工作台或其他移位夹具，使工件在一次安装中先后处于不同的位置进行加工。工件在机床上所占据的每一个待加工位置称为工位。图4-78所示为利用回转工作台或转位夹具，在一次安装中顺利完成装卸工件、钻孔、扩孔、铰孔四个工位加工的实例。采用这种多工位加工方法，可以提高加工精度和生产率。

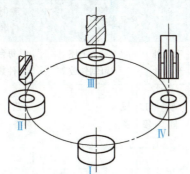

图4-78　多工位加工
工位Ⅰ-装夹工件；工位Ⅱ-钻孔；工位Ⅲ-扩孔；工位Ⅳ-铰孔

(4) 工步。在一个工序中，当加工表面不变、切削工具不变、切削用量中的进给量和切削速度不变的情况下所完成的那部分工艺过程称为工步。以上三种因素中任一因素改变后，即成为新的工步。一个工序可以只包括一个工步，也可以包括几个工步。如表4-10中的工序1，加工两个表面，所以有两个工步。表4-10中的工序4只有一个工步。

为简化工艺文件，对于那些连续进行的若干个相同的工步，通常都看作一个工步。如加工图4-79所示的零件，在同一工序中，连续钻四个 ϕ15 mm 的孔就可看作一个工步。为了提高生产率，用几把刀具或复合刀具同时加工几个表面，这也可看作一个工步，称为复合工步。如表4-11铣端面、钻

图4-79　简化相同工步的实例

中心孔,每个工位都是用两把刀具同时铣两端面或钻两端中心孔,它们都是复合工步。

(5)走刀。走刀是工步的一部分,它是指若加工余量较大,可分为几次切削,刀具每切削一次,在工件表层上去除一层金属称为一次走刀。

4. 机械加工工艺规程

机械加工工艺规程是指规定零件的机械加工工艺过程和操作方法等的工艺文件。它把较合理的工艺过程和操作方法,按照规定的形式书写成工艺文件,经过审批后用来指导生产。常用的机械加工工艺规程有以下两种形式。

(1)机械加工工艺过程卡片。机械加工工艺过程卡片是以工序为单位,简要列出零件加工所经过的工艺路线,格式见表4-12。卡片上有产品的名称和型号、零件的名称和图号、毛坯的种类和材料,还列出零件加工所经过的工艺路线、工序的序号、工序名称和工序内容,完成各工序的车间、设备、工艺装备和工时定额等。机械加工工艺过程卡主要用于生产管理,作为生产准备、编制生产计划和组织生产的依据。

表4-12 机械加工工艺过程卡片

机械加工工艺过程卡片				产品型号		零(部)件图号			
				产品名称		零(部)件名称		共页	第页
材料牌号		毛坯种类	毛坯外形尺寸	每个毛坯可制件数		每台件数		备注	
工序号	工序名称	工序内容		车间	工段	设备	工艺装备	工时	
								准终	单件
							设计(日期)	审核(日期)	标准化(日期)	会签(日期)
标记	处数	更改文件号	签字	日期	标记	处数	更改文件号	签字	日期

(2)机械加工工序卡片。机械加工工序卡片是针对机械加工工艺过程卡中的某一道工序制订的,见表4-13。在这张卡片上,要画出工序简图,注明该工序每一道工步的内容、工艺参数、操作要求以及工艺装备等,一般在大量生产和成批生产中应用,主要用来指导工人进行生产。

课题七 特种加工及零件生产过程的基础知识

表 4-13 机械加工工序卡片

机械加工工序卡片	产品型号		零(部)件图号					
	产品名称		零(部)件名称			共( )页		第( )页
工序简图		车间	工序号		工序名称		材料牌号	
		毛坯种类	毛坯外形尺寸		每个毛坯可制件数		每台件数	
		设备名称	设备型号		设备编号		同时加工件数	
		夹具编号	夹具名称		切削液			
		工位器具编号	工位器具名称		工序工时			
					准终		单件	
工步卡	工步内容	工艺装备	主轴转速(r/min)	切削速度(m/min)	进给量(mm/r)	切削深度(mm)	进给次数	工步工时
								机动 / 辅助
						设计(日期)	审核(日期)	标准化(日期) / 会签(日期)
标记	处数	更改文件号	签字	日期	标记	处数	更改文件号	签字 / 日期

5. 工艺设备和工艺装备

工艺设备是完成工艺过程的主要生产装置,如各种机床、加热炉、电镀槽等。工艺设备简称设备。

工艺装备是指产品在制造过程中所用的各种工具的总称,如刀具、夹具、量具等。工艺装备简称工装。

6. 定位基准的选择

在加工时的定位基准,用以确定工件在机床上或夹具中的正确位置所采用的基准,称为定位基准。它是工件上与夹具定位元件直接接触的线或面,一般不选用点。正确选择定位基准对保证零件表面间的相互位置精度,确定表面加工顺序和夹具结构的设计都有很大的影响。

制订加工工艺规程时,应根据零件的结构形状和加工精度要求,正确选择零件加工的定位基准。零件加工的第一道工序只能用毛坯的表面来定位,这种定位基准称为粗基准。在以后的工序中,用已加工的表面来定位,称为精基准。

(1)粗基准的选择原则。

1)余量最小原则,以工件上某些要求余量小而均匀的重要表面为粗基准。如图 4-80 所示,选择导轨面为加工床身铸件两底面的粗基准,目的在于保证重要导轨面上只切去少而均匀的一层金属,从而保留下尽可能多的优良组织层。另外,使用导轨面这样大而平的毛坯面作为粗基准,使工件安装平稳可靠。

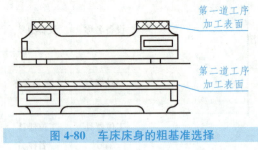

图 4-80　车床床身的粗基准选择

2)相互位置原则,选择不需加工的表面为粗基准。选择非加工表面作为粗基准,可以使加工表面与非加工表面之间的位置误差最小。例如图 4-81 所示套筒零件,外表面是非加工表面,内表面是加工表面。为保证镗孔后壁厚均匀,即内圆表面与处圆表面同轴,应选择外圆表面为粗基准。

3)选择重要表面原则,对于有较多加工表面,或不加工表面与加工表面间相互位置要求不严格的零件,粗基准的选择应能保证合理分配各加工表面的余量。一般选择毛坯上余量最小的重要表面作粗基准,以避免余量不足造成工件报废。

如图 4-82 所示的阶梯轴零件,$\phi100$ 外圆余量为 14 mm,$\phi50$ 外圆余量为 8 mm,毛坯大小外圆有 5 mm 偏心,此时应选 $\phi58$ 外圆为粗基准,先加工 $\phi114$ 外圆,然后以加工过的 $\phi100$ 外圆为精基准加工 $\phi58$ 外圆至 $\phi50$,这样可保证 $\phi50$ 外圆有足够的余量。反之,$\phi50$ 外圆余量可能不够。

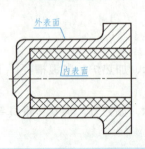

图 4-81　非加工表面粗基准

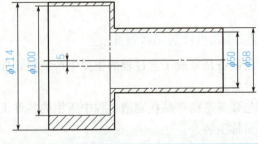

图 4-82　阶梯轴的粗基准选择

4)便于装夹原则,作为粗基准的表面,应尽量平整光洁,有一定面积,以使工件定位准确、夹紧可靠。

5)不重复原则，粗基准在同一尺寸方向上只能使用一次。因为毛坯表面粗糙且精度低，重复使用将产生较大的误差。如图 4-83 所示，以 B 面为粗基准加工 C 面，若再以 B 面为基准加工 A 面，则 A、C 面之间必造成较大误差。

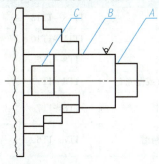

图 4-83　不应重复使用粗基准

(2)精基准的选择的原则。

1)基准重合的原则：即选用设计基准作为定位基准，以避免定位基准与设计基准不重合而引起的基准不重合误差。

2)基准统一原则：精基准应选择同一个(或一组)定位基准来加工尽可能多的表面，以便保证各加工面的相互位置精度，避免因基准变换所产生的误差，并简化夹具设计制造工作。

3)互为基准原则：有些零件采用互为基准反复加工的原则，如车床主轴的轴颈和前端锥孔的同轴度要求很高，常以轴颈和锥孔表面互为基准反复加工来达到精度要求。

4)自为基准原则：对于零件上的重要表面的精加工，必须选加工表面本身作为基准。例如，磨削车床导轨面时，就利用导轨面作为基准进行找正安装，以保证加工余量少而且均匀。除此之外，还有无心磨外圆、浮动镗刀镗孔等均采用自为基准原则。

5)便于装夹原则，为保证零件定位准确、夹紧可靠，还应使夹具结构简单，操作方便。

实际上，无论粗基准还是精基准的选择，上述原则都不可能同时满足，有时还是互相矛盾的。因此，在选择时应根据具体情况进行分析，权衡利弊，保证其主要的要求。

七、典型表面的加工方法

机械零件的基本表面由外圆面、内圆面、平面和成形面等组成。机械零件的加工就是对这些基本表面的加工。每一种表面通常有多种不同的加工方法。

1. 外圆表面加工

外圆表面是轴、盘套类零件的主要表面之一，其技术要求一般包括表面粗糙度、尺寸公差以及相应的圆度、圆柱度等形状公差。主要的加工方法与各种精度的外圆的加工方案见表 4-14。

表 4-14 外圆柱面的加工方案

序号	加工方案	公差等级	表面粗糙度 Ra 值/μm	适用范围
1	粗车	IT18～IT13	50～12.5	适用于淬火钢以外的各种金属
2	粗车—半精车	IT11～IT10	6.3～3.2	
3	粗车—半精车—精车	IT8～IT7	1.6～0.8	
4	粗车—半精车—精车—滚压（或抛光）	IT8～IT7	0.2～0.025	
5	粗车—半精车—磨削	IT8～IT7	0.8～0.4	主要用于淬火钢，也可以用于未淬火钢，不宜加工有色金属
6	粗车—半精车—粗磨—精磨	IT7～IT6	0.4～0.1	
7	粗车—半精车粗磨—精磨—超精加工	IT5	0.1～0.012	
8	粗车—半精车—精车—精细车	IT7～IT6	0.4～0.025	主要用于精度高的有色金属加工
9	粗车—半精车—粗磨—精磨—超精磨	IT5	0.025～0.006	极高精度的外圆加工
10	粗车—半精车粗磨—精磨—研磨	IT5	0.1～0.006	

2. 内孔表面加工

孔也是组成零件的基本表面之一，其技术要求与外圆表面基本相同。零件上各种作用的孔很多，其加工方法有与各种精度孔的加工方案见表 4-15。

表 4-15 孔的加工方案

序号	加工方案	公差等级	表面粗糙度 Ra 值/μm	适用范围
1	钻	IT13～IT11	12.5	加工未淬火钢及铸铁，也可用于加工有色金属。孔径小于 $\phi15～\phi20$
2	钻—铰	IT10～IT8	6.3～1.6	
3	钻—粗铰—精铰	IT8～IT7	1.6～0.8	
4	钻—扩	IT11～IT10	12.5～6.3	加工未淬火钢及铸铁，也可用于加工有色金属。孔径大于 $\phi15～\phi20$
5	钻—扩—铰	IT9～IT8	3.2～1.6	
6	钻—扩—粗铰—精铰	IT7	1.6～0.8	
7	钻—扩—机铰—手铰	IT7～IT6	0.4～0.2	
8	钻—扩—拉	IT9～IT7	1.6～0.1	大批大量生产
9	粗镗（或扩）	IT13～IT11	12.5～6.3	除淬火钢外的各种材料
10	粗镗(粗扩)—半精镗(精扩)	IT10～IT9	3.2～1.6	
11	粗镗(粗扩)—半精镗(精扩)—精镗(铰)	IT8～IT7	1.6～0.8	
12	粗镗(粗扩)—半精镗(精扩)—精镗—浮动镗刀镗孔	IT7～IT6	0.8～0.4	

续表

序号	加工方案	公差等级	表面粗糙度 Ra 值/μm	适用范围
13	粗镗(扩)—半精镗—磨	IT8～IT7	0.8～0.2	主要用于淬火钢，也可用于未淬火钢，不宜用于有色金属
14	粗镗(扩)—半精镗—粗磨—精磨	IT7～IT6	0.2～0.1	
15	粗镗—半精镗—精镗—精细镗	IT7～IT6	0.4～0.05	主要用于高精度有色金属加工
16	粗镗—半精镗—精镗—珩磨	IT7～IT6	0.2～0.025	用于加工精度很高的孔
17	以研磨代替上述方法的珩磨	IT6～IT5	0.1～0.006	

3. 平面加工

平面是零件上常见的表面之一，平面本身没有尺寸精度要求，只有表面粗糙度、平面度要求，要根据不同的技术要求及所在零件的结构特点，加工方法，见表4-16。

表 4-16 平面的加工方案

序号	加工方案	公差等级	表面粗糙度 Ra 值/μm	适用范围
1	粗车	IT13～IT11	50～12.5	端面
2	粗车—半精车	IT10～IT8	6.3～3.2	
3	粗车—半精车—精车	IT8～IT7	1.6～0.8	
4	粗车—半精车—磨削	IT8～IT6	0.8～0.2	
5	粗刨(或粗铣)	IT13～IT11	25～6.3	一般不淬硬平面(端铣表面粗糙度 Ra 值较小)
6	粗刨(或粗铣)—精刨(或精铣)	IT10～IT8	6.3～1.6	
7	粗刨(或粗铣)—精刨(或精铣)—刮研	IT7～IT6	0.8～0.1	精度高的不淬硬平面
8	以宽刃刨刀精刨代替上述刮研	IT7	0.8～0.2	
9	粗刨(或粗铣)—精刨(或精铣)—磨削	IT7	0.8～0.2	精度高的淬硬平面或不淬硬平面
10	粗刨(或粗铣)—精刨(或精铣)—粗磨—精磨	IT7～IT6	0.4～0.025	
11	粗铣—拉	IT9～IT7	0.8～0.2	大量生产，较小平面
12	粗铣—精铣—磨削—研磨	IT5 以上	0.1～0.006	高精度平面

八、典型零件的加工工艺

生产实践中，常把机械零件按结构特点分成轴类零件、盘套类零件、支架箱体类零件等几大类。

1. 轴类零件的加工

(1)轴的结构特点、功能及技术要求。轴类零件主要用于传递运动和转矩。根据结构形状可分为光轴、半轴、十字轴、阶梯轴、花键轴、空心轴、曲轴、凸轮轴、偏心轴等，部分轴如图 4-84 所示。其长度大于直径，主要组成部分有外圆柱面、轴肩、螺纹和沟槽。

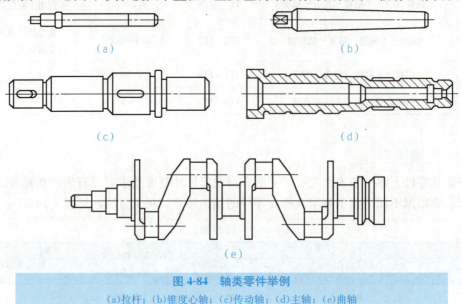

图 4-84　轴类零件举例
(a)拉杆；(b)锥度心轴；(c)传动轴；(d)主轴；(e)曲轴

轴类零件的主要技术要求有：轴颈、安装传动件的外圆、装配定位用的轴肩等的尺寸精度、几何精度、表面粗糙度。

(2)轴类零件的材料、热处理及毛坯。

1)轴类零件的材料及热处理。选用碳素结构钢 Q235-A、Q255-A 材料等，可以做不重要的轴，不需热处理；选用优质碳素结构钢如 35、45、50 钢材料等，做一般的轴，根据不同的工作条件进行不同的热处理，以获得一定的强度、韧性和耐磨性；选用合金结构钢 40Cr、40MnVB 等材料，可以做中等精度而转速较高的轴类零件，并进行调质和表面处理，使其具有较高的力学性能和耐磨性；选用合金结构钢 20Cr、20Mn2B、20CrMnTi 等低合金钢或 38CrMoAlA 进行调质渗氮处理，可以做高转速，重载荷条件下工作的轴；选用球墨铸铁 QT600-2、QT1200-1 等材料，可以做形状复杂的轴，并进行正火、调质和等温处理。

2)轴类零件的毛坯。由于毛坯经过锻造后，能使金属内部纤维组织沿表面均匀分布，从而可以得到较高的强度。因此重要的轴类毛坯多采用锻件，并进行调质处理；台阶轴上各外圆相差较小时，可直接采用圆钢；对于某些大型结构复杂的轴，可采用铸钢件；曲轴常采用球墨铸铁件。

(3)定位基准的选择。

1)粗基准的选择对于实心轴，一般采用外圆表面作为粗基准。

2)精基准的选择应该选择两端的中心孔作为定位基准。

(4)工艺路线。一般轴类零件的加工工艺路线如图 4-85 所示。

课题七 特种加工及零件生产过程的基础知识

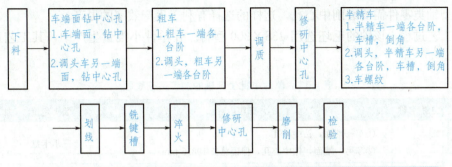

图 4-85 轴类零件的基本工艺过程

(5)轴类零件加工工艺编制实例。图 4-86 所示齿轮减速箱中一转轴。现以其加工为例,说明在单件小批生产中,一般轴类零件加工工艺过程。

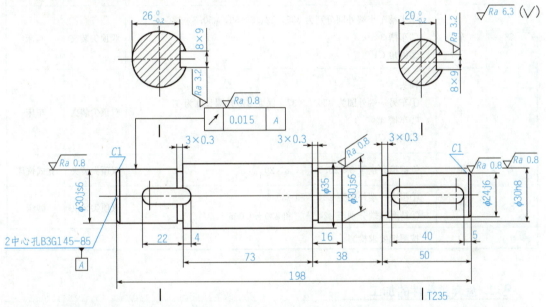

图 4-86 轴

1)零件各主要部分的功用和技术要求。

a. 在 φ30js6 带键槽轴段上安装锥齿轮 φ24j6 轴段为减速箱输出轴,为了传递运动和动力分别铣有键槽;φ30js6 两段为轴颈,安装滚动轴承,并固定于减速箱体的轴承孔中。表面粗糙度 Ra 值都为 $0.8~\mu m$。

b. 各圆柱配合表面相对于轴线的径向圆跳动公差 0.015 mm。

c. 工件材料选用 45 钢,并经调质处理,布氏硬度 235HBS。

2)工艺分析。根据对各加工表面功用与技术要求的分析,选择如下的加工方案:粗车-调质-半精车-铣键槽-磨外圆。

3)基准选择。为保证各轴段的位置精度,考虑到基准同一原则和基准重合原则,轴类零件一般选用两端中心孔作为粗、精加工的定位基准。同时为了保证定位基准的精度和表面粗糙度,以及轴的各配合表面加工后的形状精度和表面粗糙度,热处理后应修研中心

203

孔，大型轴类零件需要磨削中心孔。这样的选择有利于生产效率的提高。

4)工艺过程。该轴的毛坯选用 $\phi38\times200$ 型材。在单件小批量生产中，其工艺过程见表 4-17。

表 4-17 单件小批生产轴的加工工艺过程

工序号	工序名称	工序内容	装夹定位	加工设备
1	车	①车一端面，钻中心孔 ②车另一端面，钻中心孔，保证总长 198.5 mm	三爪卡盘	车床
2	车	①粗车一端外圆分别至 $\phi37\times110$，$\phi32\times36$ ②掉头车另一端外圆，分别至 $\phi32\times38$，$\phi26\times49$	一夹一顶	车床
3	热	调质处理		
4	钳	研修中心孔		钻床
5	车	①半精车小端外圆分别为 $\phi35$，$\phi24.3\times50$，$\phi30.3\times38$ ②车槽 3×0.3 ③倒角 C1	双顶尖装夹	车床
6	车	调头 ①车另一端外圆为 $\phi30.3\times37$，保证 $\phi35$ 外圆长度为 37 ②车槽 3×0.3 ③倒角 C1	双顶尖装夹	车床
7	铣	铣键槽分别至 $8\times26.2_{-0.2}^{\ 0}$，$8\times20_{-0.2}^{\ 0}$	双顶尖装夹	立式铣床
8	磨	①粗磨一端外圆至 $\phi24.6$ 和 $\phi30.6$ ②精磨该端分别至 $\phi24_{-0.004}^{+0.009}$ 和 $\phi30\pm0.006\,5$	双顶尖装夹	磨床
9	检	按图纸要求检测		

2. 盘套类零件的加工

(1)盘套类零件的结构特点和技术要求。盘套类零件一般有圆盘、台阶盘以及带有其他形状的齿形盘、花盘、轮盘和圆盘形零件等。图 4-87 中所示的是机器中运用得最多的部分盘套类零件。盘套类零件一般由内孔、外圆、端面和沟槽等组成，其中孔和外圆为主要加工表面。其位置精度可能有外圆对内孔轴线的径向跳动(或同轴度)或端面对内孔轴线的端面圆跳动(或垂直度)等要求。

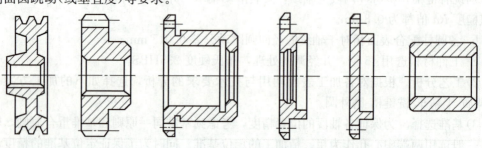

图 4-87 盘套类零件举例

(2)盘套类零件的材料、热处理及毛坯。盘套类零件常用的材料有钢、铸铁、青铜和黄铜等,主要是根据用途来考虑选择。直径较小的盘套类零件一般选择圆钢、铜棒或实心铸件做毛坯;直径较大的常用带孔的锻件或铸件做毛坯。大批量生产的轴套零件还可采用粉末冶金件、无缝钢管等。

(3)定位基准的选择。

1)粗基准的选择。多数中小盘套类零件一般都选择外圆表面作粗基准,因为实心毛坯或虽有铸出或锻出的孔,但孔径小或余量不均,不宜用来作粗基准。但有些零件有较大或有较精确的内孔,也可选用内孔作为粗基准,以便使其余量均匀。

2)精基准的选择。盘套类零件一般都选择内孔作为精基准,少数以外圆为精基准。精基准的选择原则主要是考虑如何保证内外圆的同轴度。

(4)工艺路线。盘套类零件的基本工艺路线如图4-88所示。

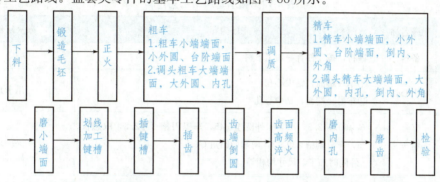

图4-88 盘套类零件工艺过程

(5)套类零件加工工艺编制实例。套类零件主要结构要素有内、外圆柱面、端面、外沟槽等,主要起支承和导向作用。图4-89所示轴承套,介绍一般套类零件的加工工艺过程。

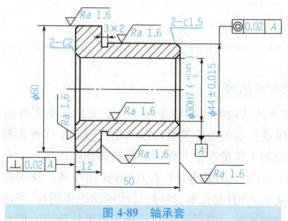

图4-89 轴承套

1)零件各主要部分的功用和技术要求

a. 图4-89轴承套中,内孔 $\phi 30H7$ 主要与传动轴相配合,它的尺寸精度为IT7,表面粗糙度 Ra 值为 $1.6\mu m$;两端端面的表面粗糙度 Ra 值为 $1.6\mu m$;

b. φ44±0.015 mm 外圆主要与轴承座内孔相配合，它的尺寸精度为 IT7，表面粗糙度 Ra 值为 1.6μm。

c. 外圆 φ44±0.015mm 对 φ30H7 孔的同轴度公差为 0.02 mm，可保证轴承在传动中的平稳性；轴承套的左端面还规定了对 φ30H7 孔轴线的垂直度公差为 0.02 mm。

d. 工件材料选用 HT200，批量生产。

2）工艺分析。图 4-89 轴承套，采用钻、车、铰孔，可以满足加工要求。铰孔时应与左端面一同加工，保证端面与孔轴线的垂直度，并以内孔为基准，利用小锥度心轴装夹加工外圆和另一端面。

3）轴承套加工工艺过程。表 4-18 为轴承套加工工艺过程。粗车外圆时，可采用 4 件合一的方法来提高生产率。

表 4-18　轴承套加工工艺过程

工序号	工序名称	工序内容	装夹定位
1	备料	棒料，按 4 件合一加工下料	
2	钻中心孔	①车一端面，钻中心孔 ②车另一端面，钻中心孔	三爪卡盘
3	粗车	车 φ60×12.5，车 φ44 外圆至 φ45，车退刀槽 3×2.5，取总长 50.5，车分割槽 φ39×3，两端面倒角 C1.5 4 件同时加工，尺寸均相等	一夹一顶
5	钻孔	钻 φ30H7 孔至 φ29	三爪夹 φ30 mm 外圆
6	车、铰	①车端面，取总长 50 至尺寸 ②镗 φ30H7 内孔至 φ30$_{-0.10}^{-0.05}$ ③铰 φ30H7 孔至尺寸 ④孔两端倒角	开缝套夹 φ45 外圆
7	精车	车 φ44 外圆至尺寸	以 φ30H7 孔装心轴

3. 支架箱体类零件的加工

(1) 支架箱体类零件的结构特点和技术要求。支架箱体类零件用以支承和组装轴系零件，并使各零件之间保证正确的位置关系，以满足机器的工作性能要求。它是机器部件的基础零件，因此，它的加工质量在很大程度上影响机器的质量。

图 4-90 中(a)、(b) 是常见的轴承架，(c) 是减速箱箱体。支架的结构与箱体类似，它上面也有安装轴承的支承孔(有的孔本身就起滑动轴承的作用)，底面一般也是装配基准和定位基准。箱体的结构较复杂，内部呈腔形，有互相平行或垂直的孔系，这些孔大多是为安装轴承的支承孔。箱体的底平面(有的是侧平面或上平面)是装配基准，也是加工过程中的定位基准。支架比箱体简单，可看成是箱体的一部分。

(2) 支架箱体类零件的材料、热处理及毛坯选择。灰铸铁 HT150、HT200、HT350 等材料，是支架箱体类零件的毛坯通常采用的材料。用得较多的是 HT200。有时为了减轻

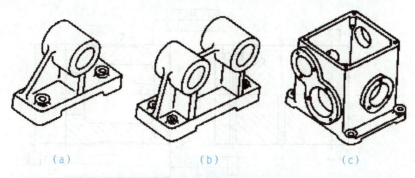

图 4-90　支架箱体类零件
(a)轴承架 1；(b)轴承架 2；(c)减速箱箱体

质量，用非铁金属合金铸造箱体。在单件小批生产中也可用焊接件。为了消除应力，应进行退火或时效处理。对精度要求高和容易变形的支架箱体类工件，在粗加工后还应进行退火或时效处理。

(3)定位基准的选择。

1)粗基准的选择。一般采用重要的孔(如轴承孔)为主要粗基准。

2)精基准的选择。精基准的选择尽可能采用统一的精基准。一般选用箱体底面，或底面与底面上的两个定位销孔(即一面两销)作为精基准。

(4)加工工艺路线。支架箱体类零件拟订加工工艺路线时一般应遵循的原则：

1)先孔后面。

2)粗、精加工分开。

3)工序尽可能集中。

根据以上原则，在单件小批生产中，支架箱体类零件的主要加工工艺过程如图 4-91 所示。至于次要表面的加工，可根据具体情况穿插进行。

图 4-91　支架箱体类零件加工工艺过程

(5)方箱体的加工工艺编制实例。现以图 4-92 所示的方箱体组合件为例，介绍一般箱体零件的加工工艺分析方法。

1)箱体零件的功用、结构及技术要求。

a. 功用、结构。图 4-92 所示的方箱体，是为了加工燃气机叶片而设计的一种装夹方箱，结构比较简单，但尺寸精度和位置精度要求较高。该箱体由上、下两部分组合而成，中间的空腔用来放置叶片的叶身，因此，方箱体就成了叶片的加工和测量基准。

b. 技术要求。由图 4-92 可知，其尺寸精度与位置精度都比较高，高与宽 120 mm 的尺寸公差仅有 0.008 mm，长 200 mm 公差为 0.01 mm，相关表面的平行度、垂直度公差均为 0.005 mm，表面粗糙度 Ra 值为 0.2 μm。方箱体上的 A、B、C 面作为测量基准和定位基准。

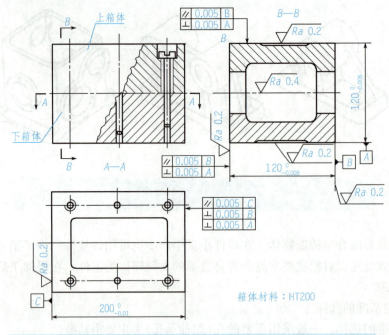

图 4-92 方箱体

2)工件材料和毛坯选择：

a. 工件材料方箱体组合件的材料选用普通灰铸铁 HT200。

b. 毛坯方箱体组合件的毛坯常选用铸件，铸造后应进行退火处理，以便消除铸造时的内应力，改善切削性能。

3)选择定位基准。图 4-92 所示的方箱体，在使用时，方箱体上的面 A、B、C 要作为测量基准和定位基准。从技术要求上看，方箱体的四周平面都有平行度或垂直度要求，对螺纹连接、销孔的要求不高，因此选择方箱体的各个表面作为粗、精加工的定位基准。

4)工艺分析。图 4-92 所示的方箱体为上、下两件合装而成的，方箱体四周为涡轮叶的加工和测量的基准，因此其尺寸精度、位置精度和表面粗糙度要求都比较高，选择时候应考虑。

5)方箱体组合件的加工工艺过程，见表 4-19。

表 4-19 方箱体组合件的加工工艺过程

工序号	工序名称	工序内容	装夹基准	加工设备
1	铸	铸造毛坯		
2	热处理	退火处理		
3	刨削	①粗刨上箱体平面及中分面，每面均留余量 0.5～1 mm ②粗刨下箱体平面及中分面，每面均留余量 0.5～1 mm ③粗刨其他各面，留余量 0.3～0.4 mm	平面	牛头刨床
4	热处理	人工时效处理		
5	粗磨	磨上、下箱体平面及中分面，每面留余量 0.2～0.3 mm	上、下底平面	平面磨床

课题七 特种加工及零件生产过程的基础知识

续表

工序号	工序名称	工序内容	装夹基准	加工设备
6	精磨	精磨上、下箱体中分面,保证上、下平面有磨削余量	上、下底平面	平面磨床
7	钳	划孔线、螺孔线	四周面	高度尺、平板
8	钳	①钻孔、攻螺纹、装入螺钉 ②配钻销孔、装入圆柱销 ③打标记、合箱	底平面	钻床
9	粗磨	粗磨宽和长 4 面,每面留余量 0.1～0.15 mm,平行度及对上、下底平面的垂直度误差不大于 0.005 mm	四周面	平面磨床
10	精磨	精磨 6 面,保证尺寸公差及位置精度与表面粗糙度		平面磨床
11	检	检查		

知识梳理

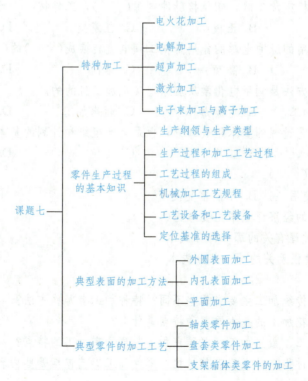

学后评量

1. 特种加工是指直接利用电能、声能、光能、_____、_____以及特殊机械能对材料进行加工。

2. 特种加工在加工过程中工具与工件之间没有显著的_____力；加工用的工具材料硬度可以低于被加工材料的硬度。

3. 特种加工方法主要有：_____、_____、超声加工、激光加工、_____、离子束加工、化学加工、液力加工等。

4. 电火花加工的应用范围较广，它可以进行孔加工和_____等。

5. 电火花加工主要用于加工等_____材料，在一定条件下也可加工半导体和非金属材料。

6. 生产过程是指在机械加工中直接改变工件的形状、_____和_____使之变成所需零件的过程。

7. 划分工序的主要依据是工作地是否变动和工作_____。

8. 工件在_____装夹后，相对于机床或_____所占据的每一个加工位置称为工位。

1. 数控线切割是利用工具对工件进行（　　）去除金属的。
   A. 切削加工　　　B. 脉冲放电　　　C. 化学溶解　　　D. 相互摩擦

2. 数控线切割机床加工时，钼丝接脉冲电源（　　），工件按（　　）。
   A. 负极　　　　　B. 正极　　　　　C. 任意接　　　　D. 接地

3. 电火花加工用的脉冲电源的作用是把工频电流转换成（　　）的（　　）电流。
   A. 低频　　　　　B. 高频　　　　　C. 单向　　　　　D. 双向

4. 下列（　　）方法是利用电化学反应原理实现加工目的的。
   A. 电火花加工　　B. 电解加工　　　C. 超声加工　　　D. 激光加工

5. （　　）是工艺过程的基本组成部分，也是生产组织和计划的基本单元。
   A. 工步　　　　　B. 工序　　　　　C. 工位　　　　　D. 安装

6. 粗基准一般（　　）。
   A. 能重复使用　　B. 不能重复使用

7. 在工艺方案的经济评比中主要考虑（　　）。
   A. 与工艺过程有关的那一部分成本
   B. 与工艺过程无关的那一部分成本

1. 特种加工与传统加工主要有哪些不同？特种加工有哪些方法？
2. 试说明电火花加工的基本原理和特点是什么？
3. 说说超声加工、激光加工、电子束加工与离子束加工的特点？
4. 什么叫生产过程？什么叫工艺过程？零件加工工艺包括哪些内容？
5. 什么叫工序？
6. 试说明机械加工工艺过程卡片与加工工序卡片之间的联系与区别？
7. 什么叫粗基准、精基准？试述它们的选择原则？
8. 轴、盘套类、箱体类零件的加工工艺过程的主要特点是什么？

试 验 指 导

试验一　材料的拉伸压缩试验

同组同学_____　　　　　　　　试验日期_____年___月___日

一、试验目的

1. 观察试件受力和变形之间的相互关系；
2. 观察低碳钢在拉伸过程中表现出的弹性、屈服、强化、颈缩、断裂等物理现象；观察铸铁的拉伸试验过程。
3. 测定拉伸时低碳钢在退火、正火和淬火三种不同热处理状态下的强度指标：上屈服强度(R_{eH})和下屈服强度(R_{eL})、抗拉强度 R_m 和塑性指标(断后伸长率用符号 A 或 $A_{11.3}$ 及断面收缩率 Z)；
4. 观察低碳钢压缩时的情况、观察铸铁在压缩时的破坏现象。
5. 测定压缩时铸铁的强度极限 R_m。
6. 了解微机控制电子万能试验机的主要结构及使用方法。

二、试验要求

按照相关国标标准(GB/T228－2002：金属材料室温拉伸试验方法)要求完成试验测量工作

三、试验设备

1. 微机控制电子万能试验机 WDW-200D，如试验图 1 所示；
2. 游标卡尺。
3. WDW-200D 万能试验机结构及原理。
主机由上横梁、移动横梁与工作台通过立柱、滚珠丝杠连接成刚性台式框架结构，台湾东元交流伺服电机及交流伺服调速系统安装在工作台下面，交流伺服电机通过同步齿型带减

试验图 1　WDW-200D 万能试验机

速机构驱动双滚珠丝杠旋转，从而带动移动横梁做上下移动以实现对试样加载（移动横梁与工作台之间安装有压缩、弯曲附具，可对金属或非金属材料试样进行压缩及弯曲试验；移动横梁与上横梁之间安装有拉伸附具，可对金属或非金属材料试样进行拉伸试验）。测力传感器安装在移动横梁的下部，用于测量试验力的大小；交流伺服电机内置位移测量系统，用于测量试样的位移量，也可近似代替试样的变形量；对部分金属材料，试验机配置试样延伸率的专用测量装置-引伸计，引伸计的双夹头夹住试样标距两点，实时测量试样标距两点的分离距离，即试样的变形量，微机控制试验过程，并实现数据处理及输出。

4. WDW-200D试验机主要技术指标：

①试验力测量范围：$1\% \sim 100\% F_s$；

②试验力分挡：可选择分挡或全程不分挡

③试验力测量精度：优于示值的$\pm 1\%$；

④位移分辨力：0.001 mm；

⑤位移测量准确度：$\pm 0.5\%$；

⑥变形测量范围：$0.2\% \sim 100\% F_s$；

⑦变形示值相对误差：$\pm 1\%$以内；

⑧变形分辨力：0.001 mm；

⑨速度测量范围：0.01～500 mm/min；

⑩速度测量准确度：$\pm 1\%$；

⑪变形速率调节范围：$0.02\% \sim 5\% F_s/S$；

⑫拉伸行程：0～600 mm；

⑬压缩行程：0～600 mm；

⑭横梁最大行程：1 100 mm；

⑮试验宽度：540 mm；

⑯供电电源：220 V；3 kW；

⑰主机尺寸：1050×770×2 495 mm；

⑱主机重量：1 500 kg；

⑲试验机执行标准：GB/T 16491－2010《电子式万能试验机》、GB/T 228－2010《金属材料 室温拉伸试验方法》、GB/T 7314－2010《金属压缩试验方法》。

四、试验材料

拉伸试验所用试件材料：低碳钢三个，铸铁件1个，如试验图2所示，压缩试验所用试件材料：低碳钢三个，铸铁件1个，如试验图3所示：

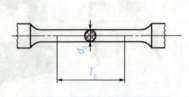

试验图2 拉伸试件

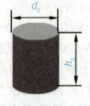

试验图3 压缩试件

五、试验原理

1. 拉伸试验

(1)低碳钢的拉伸试验。低碳钢试件拉伸过程中,通过力传感器和位移传感器进行数据采集,A/D转换和处理,并输入计算机,得到应力R-延伸率e的曲线,即低碳钢拉伸曲线,见试验图4。对于低碳钢材料,由图2-2(a)说明在屈服强度有上屈服强度(R_{eH})和下屈服强度(R_{eL}),表示载荷基本不变,变形增加很快,材料失去抵抗变形能力,这时产生上、下两个屈服强度。计算$R_{eH}=F_{s上}/S_0$,$R_{eL}=F_{s下}/S_0$。

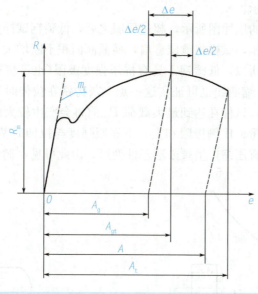

试验图4　低碳钢拉伸曲线

屈服阶段终了后,要使试件继续变形,就必须增加载荷,材料进入强化阶段。当载荷达到强度载荷F_b后,在试件的某一局部发生显著变形,载荷逐渐减小,直至试件断裂。应用公式$R_m=F_b/S_0$计算强度极限(S_0为试件变形前的横截面积)。根据拉伸前后试件的标距长度和横截面面积,计算出低碳钢的伸长率$A(A_{11.3})$和端面收缩率Z,即

伸长率:$A(A_{11.3})=(L_u-L_0)\times 100\%/L_0$

断面收缩率:$Z=(S_0-S_u)\times 100\%/S_0$

(2)铸铁件的拉伸试验。铸铁是含碳量大于2.11%并含有较多硅、锰、硫、磷等元素的多元铁基合金。铸铁具有许多优良的性能及生产简便,成本低廉等优点,因而是应用最广泛的材料之一。铸铁在拉伸时的力学性能明显不同于低碳钢,铸铁从开始受力直至断裂,变形始终很小,既不存在屈服阶段,也无颈缩现象。断口垂直于试样轴线,这说明引起试样破坏的原因是最大拉应力,铸铁拉伸破坏断口与正应力方向垂直说明由拉应力拉断的,属于拉伸破坏,正应力大于了许用值。如试验图5所示。

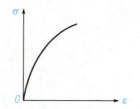

试验图5　铸铁拉伸应力-应变图

试验指导

计算当金属材料在拉伸试验过程中没有明显屈服现象发生时,应测定规定总延伸强度、规定塑性延伸强度($R_{p0.2}$)及规定残余延伸强度($R_{r0.2}$)。

2. 压缩试验

(1)低碳钢压缩试验。低碳钢试样压缩时同样存在弹性极限、比例极限、屈服极限而且数值和拉伸所得的相应数值差不多,但是在屈服时却不像拉伸那样明显,需细心观察,如试验图6所示,材料在发生屈服时对应的载荷为屈服负荷F_S。随着缓慢均匀加载,低碳钢受压变形增大而不破裂,愈压愈扁。横截面增大时,其实际应力不随外载荷增加而增加,故不可能得到抗压负荷F_b,因此也得不到强度极限b,所以在试验中是以变形来控制加载的,如试验图7所示。

如试验图7低碳钢的压缩图所示,超过屈服之后,低碳钢试样由原来的圆柱形逐渐被压成鼓形。继续不断加压,试样将愈压愈扁,横截面面积不断增大,试样抗压能力也不断增大,故总不被破坏。所以,低碳钢不具有抗压强度极限(也可将它的抗压强度极限理解为无限大),低碳钢的压缩曲线也可证实这一点。灰铸铁在拉伸时是属于塑性很差的一种脆性材料,但在受压时,试件在达到最大载荷P_b前将会产生较大的塑性变形,最后被压成鼓形而断裂。弹性模量、比例极限和上、下屈服强度与拉伸时基本相同。屈服阶段后,试样越压越扁,所以没有压缩,呈腰鼓形塑性变形,由此可见,韧性材料的抗剪切强度小于抗拉伸强度。

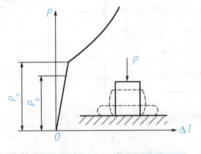
试验图6 低碳钢压缩破坏图

试验图7 低碳钢的压缩图

(2)铸铁件的压缩试验。铸铁试件压缩过程中,通过力传感器和位移传感器进行数据采集,A/D转换和处理,并输入计算机,得到$F-\Delta l$曲线,即铸铁压缩曲线,见试验图8。

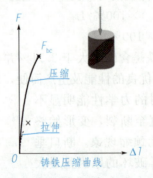
试验图8 铸铁压缩曲线

对铸铁材料,当承受压缩载荷达到最大载荷F_b时,突然发生破裂。铸铁试件破坏后表明出与试件横截面大约成 45°～55° 的倾斜断裂面，这是由于脆性材料的抗剪强度低于抗压强度，使试件被剪断。材料压缩时的力学性质可以由压缩时的力与变形关系曲线表示。铸铁受压时曲线上没有屈服阶段，但曲线明显变弯，断裂时有明显的塑性变形。由于试件承受压缩时，上下两端面与压头之间有很大的摩擦力，使试件两端的横向变形受到阻碍，故压缩后试件呈鼓形。如试验图 9 所示。

试验图 9　铸铁压缩破坏图

铸铁压缩试验的强度极限：$R_b = F_b/S_0$（S_0 为试件变形前的横截面积）。

六、试验步骤及注意事项

1. 拉伸试验步骤

（1）试件准备：在试件上划出长度为 L_0 的标距线，在标距的两端及中部三个位置上，沿两个相互垂直方向各测量一次直径取平均值，再把三个平均值进行平均作为试件的直径 d_0。

（2）试验机准备：按试验机-计算机-打印机的顺序开机，开机后须预热十分钟才可使用。按照"软件使用手册"，运行配套软件。

（3）安装夹具：根据试件情况准备好夹具，并安装在夹具座上。若夹具已安装好，对夹具进行检查。

（4）夹持试件：若在上空间试验，则先将试件夹持在上夹头上，力清零消除试件自重后再夹持试件的另一端；若在下空间试验，则先将试件夹持在下夹头上，力清零消除试件自重后再夹持试件的另一端。

（5）开始试验：点击主机小键盘上的试样保护键，消除夹持力；位移清零；按运行命令按钮，按照软件设定的方案进行试验。

（6）记录数据：试件拉断后，取下试件，将断裂试件的两端对齐、靠紧，用游标卡尺测出试件断裂后的标距长度 L_u 及断口处的最小直径 d_u（一般从相互垂直方向测量两次后取平均值）。

2. 压缩试验步骤

（1）试件准备：用游标卡尺在试件中点处两个相互垂直的方向测量直径 d_0，取其算术平均值，并测量试件高度 h_0。

（2）试验机准备：按试验机-计算机-打印机的顺序开机，开机后须预热十分钟才可使用。按照"软件使用手册"，运行配套软件。

（3）安装夹具：根据试件情况准备好夹具，并安装在夹具座上。若夹具已安装好，对夹具进行检查。

（4）放置试件：试验力清零；把试件放在压盘中间，通过小键盘调节横梁位置，通过肉眼观察，到上压盘离试件上平面还有一定缝隙时停止。（注意：尽量将试件放在压盘中心，如放偏的话对试验结果甚至对试验机都有影响。）

（5）开始试验：位移清零；按运行命令按钮，按照软件设定的方案进行试验。

（6）记录数据：试件压断后，取下试件；记录强度载荷 F_b。

七、试验数据记录及处理结果

1. 低碳钢 R-e 拉伸曲线

2. 试验数据及数据处理见试验表 1

试验表 1

试件材料			低碳钢（铸铁）					
试件规格								
试验前	截面直径 d_0/mm	测量部位	上		中		下	
		测量数值	1	2	1	2	1	2
		平均值						
		d_0						
	截面面积 S_0							
	标距长度 L_0/mm							
试验后	断口截面直径 d_u/mm	测量数值	1			2		
		平均值						
	截面面积 S_u/mm							
	标距长度 L_u/mm							
上屈服强度 $F_{s上}/S_0$ kN								
下屈服强度 $F_{s下}/S_0$ kN								
抗拉强度 $R_m = F_m/S_u$ MPa								
延伸率 $A(A_{11.3})$								
断面收缩率 $Z = (S_0 - S_u) \times 100\%/S_0$								
其他测量参数数据根据需要选择								

3. 铸铁 R-e 压缩曲线

4. 铸铁的抗拉强度和抗压强度

R_m 是最大力 F_M 所对应的应力。

铸铁断口呈不平整状，是典型的脆性断裂；低碳钢断口外围光滑，是塑性变形区域，中部区域才呈现脆性断裂的特征。这表明，铸铁在超屈服应力下，瞬时断开；而低碳钢在超应力的时候，有塑性形变过程，发生颈缩，直到断面面积减小到一定程度时，才瞬时断裂。

八、试验结果分析

1. 通过拉伸试验可以测得低碳钢的屈服强度和抗拉强度以及断面收缩率和伸长率等性能，同时能够得出低碳钢力－位移曲线、铸铁的压缩曲线。

2. 本试验中有三组样品，分别是退火、正火和淬火三种状态。这三种状态分别有不同的力学性能，通过拉伸试验测得的数据可以判断和区分这三种状态的低碳钢。其中退火的抗拉强度最_____，淬火状态的抗拉强度最_____，正火状态的处于_____位置。

试验二 硬度试验

一、试验目的

1. 了解不同种类硬度测定的基本原理及应用范围；
2. 了解布氏、洛氏硬度试验的操作方法及设备特点；
3. 学会使用硬度计。

二、试验原理

金属材料的硬度可以认为是金属材料表面局部区域在接触应力作用下抵抗塑性变形或破裂的能力。由于在金属表面以下不同深处材料所承受的应力和所发生的变形程度不同，因而硬度值可以综合反映压痕附近局部体积内金属的弹性、微量塑变抗力、塑变强化能力以及大量形变抗力，是表征材料性能的一个综合参量。硬度值越高，表明金属抵抗塑性变形能力越大，材料产生塑性变形就越困难。硬度测量能够定量地给出金属材料软硬程度的相对数量概念。硬度的试验方法有十多种，基本可分为压入法和刻划法两大类。在机械工业中广泛采用压入法来测定硬度。压入法又可分为布氏硬度、洛氏硬度等，它们只是一些不同的试验方法而已，没有什么必然的内在关系。

压入法硬度试验有以下几方面的优点，导致它在生产和科研中的广泛应用：

1. 硬度试验设备简单操作迅速方便；
2. 试验对象可以是各类工程材料和各种尺寸的零件，无须加工专门的试样，而且试验时一般不会破坏成品零件；

3. 作为一种综合的性能参量，硬度与其他机械性能指标之间有着一定的内在联系，从一定程度上，可用硬度试验结果估算相关性能而免做复杂的试验。如：金属的硬度与强度指标之间存在着如下近似关系：

$$R_m = K \times HB$$

式中：R_m——材料的抗拉强度；

K——系数，取值见试验表2；

HB——布氏硬度。

试验表2 系数 K 取值表

材料及状态	退火碳钢	合金调质钢	有色金属合金
K	0.34～0.36	0.33～0.35	0.33～0.53

4. 材料的硬度还与工艺性能之间有联系，可以作为评定材料工艺性能的参考；

5. 硬度能敏感地反映材料的成分与组织结构的变化，可用来检验原材料和控制冷热加工质量。

（一）布氏硬度

布氏硬度试验是对试样施加一定大小的载荷 P，将直径为硬质合金直径为 D 的钢球压入试样表面保持一定时间，然后卸除载荷，根据钢球在试样表面上所压出的凹痕面积 F，求出平均应力值，以此作为硬度值的计量指标，用符号 HB 表示。

布氏硬度计算公式及符号含义如试验表3：

试验表3 布氏硬度计算公式及符号含义

符号	说明	单位
D	球直径	mm
F	试验力	N
d	压痕平均直径 $\left(d = \dfrac{d_1 + d_2}{2}\right)$	mm
d_1, d_2	在两相互垂直方向测量的压痕直径	mm
h	压痕深度 $= \dfrac{D - \sqrt{D^2 - d^2}}{2}$	mm
HBW	布氏硬度 $= 常数 \times \dfrac{试验力}{压痕表面积} = 0.102 \times \dfrac{2F}{\pi D(D - \sqrt{D^2 - d^2})}$	
$0.102F/D^2$	试验力×球直径平方的比率	

注：常数 $= \dfrac{1}{g_n} = \dfrac{1}{9.80665} = 0.102$

g_n——标准重力加速度

硬度符号为 HBW，适用于布氏硬度值为 450～650 的金属材料。

不同材料、不同试验力和压头直径 D 平方的比率参见试验表4。

试验表4 不同材料、不同试验力和压头直径 D 平方的比率

材　料	布氏硬度 HBW	试验力—压头球直径平方的比率 $0.102F/D^2$
钢、合金、钛合金		30
铸铁①	<140	10
	≥140	30
钢及钢合金	<35	5
	35～200	10
	>200	30
轻金属及合金	<35	2.5
	35～80	5 10 15
	>80	10 15
铅、锡		1

①对于铸铁的试验，压头球直径一般为 2.5 mm，5 mm 和 10 mm

试样厚度不应小于压痕深度的 10 倍。压痕中心距试样边缘的距离不应小于压痕直径的 2.5 倍，而距相邻压痕中心距离不小于压痕直径的 4 倍。

用读数显微镜测量压痕直径时，应从相互垂直的两个方向测量，精确到小数点后两位的毫米值，并取其算术平均值。压痕直径之差应不大于较小直径的 2%。

试验后压痕直径大小应在 $0.25D<d<0.6D$ 范围内，否则认为试验结果无效；试验后试样边缘与试样背面呈变形痕迹，则试验无效，这时均应重新选择试验条件重做。

(二)洛氏硬度

洛氏硬度试验常用的压头为圆锥角 120°、顶部曲率半径 0.2 mm 的金刚石锥体或硬质合金钢球。试验时先对试样施加初试验力 F_0，在金属表面得一压痕深度 h_0，以此作为测量压痕深度的基线，随后再施加主试验力 F_1，此时压痕深度的增量为 h_1。金属在 F_1 作用下产生的总变形 h_1 中包括弹性变形和塑性变形。当卸载后，总变形中的弹性变形恢复，使压头回升一段距离，于是得到金属在 F_1 作用下的残余压痕深度 h（将此压痕深度 h 表示成 e，其值以 0.002 为单位表示）。e 值越大表示金属洛氏硬度越低，反之，则表明硬度越高。

实际测量洛氏硬度时，由于在硬度计的压头上方装有百分表，可直接测量出压痕深度，并可直接按上式换算出相应的硬度值。因此，在试验过程中金属的洛氏硬度值可直接读出。如试验表 5 布氏硬度计算公式及符号含义。

试 验 指 导

试验表 5　布氏硬度计算公式及符号含义

符号	说明	单位
F_0	初试验力	N
F_1	主试验力	N
F	总试验力	N
S	给定标尺的单位	mm
N	给定标尺的硬度数	
h	卸载主试验力后,在初试验力下压痕残留的深度(残余压痕深度)	mm
HRA HRC HRD	洛氏硬度 $=100-\dfrac{h}{0.002}$	
HRB HRE HRF HRG HRH HRK	洛氏硬度 $=130-\dfrac{h}{0.002}$	
HRN HRT	表面洛氏硬度 $=100-\dfrac{h}{0.001}$	

为了测定软硬不同的金属材料的硬度,在洛氏硬度计上可配有不同的压头与试验力,组合成几种不同的洛氏硬度标尺,每一种标尺用一个字母在HR后注明。我国一般的标尺有 A、B、C、D、K、N、T、E、F、G、H 等,其硬度值的符号分别用 HRA、HRB、HRC 等表示。他们的试验条件、硬度值计算公式及应用实例如试验表 6 所示。

试验表 6　洛氏硬度标尺

洛氏硬度标尺	硬度符号*	压头类型	初试验力 F_0/N	主试验力 F_1/N	总试验力 F/N	适用范围
A	HRA	金刚石圆锥	98.07	490.3	588.4	20HRA~88HRA
B	HRB	直径 1.587 5 mm 球	98.07	882.6	980.7	20HRB~100HRB
C	HRC	金刚石圆锥	98.07	1 373	1 471	20HRC~70HRC
D	HRD	金刚石圆锥	98.07	882.6	980.7	20HRD~77HRD
E	HRE	直径 3.175 mm 球	98.07	882.6	980.7	20HRE~100HRE
F	HRF	直径 1.587 5 mm 球	98.07	490.3	588.4	20HRF~100HRF
G	HRG	直径 1.587 5 mm 球	98.07	1 373	1 471	20HRG~94HRG
H	HRH	直径 3.175 mm 球	98.07	490.3	588.4	20HRH~100HRH
K	HRK	直径 3.175 mm 球	98.07	1 373	1 471	20HRK~100HRK
15N	HR15N	金刚石圆锥	29.42	117.7	147.1	70HR15N~94HR15N
30N	HR30N	金刚石圆锥	29.42	264.8	294.2	42HR30N~86HR30N
45N	HR45N	金刚石圆锥	29.42	411.9	441.3	20HR45N~77HR45N
15T	HR15T	直径 1.587 5 mm 球	29.42	117.7	147.1	67HR15T~93HR15T
30T	HR30T	直径 1.587 5 mm 球	29.42	264.8	294.2	29HR30T~82HR30T
45T	HR45T	直径 1.587 5 mm 球	29.42	411.9	411.3	10HR45T~72HR45T

*使用钢球压头的标尺,硬度符号后面加"S",使用硬质合金球压头的标尺,硬度符号后面加"W"。

三、试验设备、仪器和试样

1. 硬度计。布氏、洛氏硬度计;
2. 读数显微镜。最小分度值为 0.01 mm;
3. 标准硬度块。不同硬度方法的标准二等硬度块各一套;
4. 试样。制备试样时表面应平整、光滑,不应有氧化皮和污物,并应避免由于冷热加工而影响表面硬度。

四、各种负荷、压头及应用范围

如试验表 6 所示。

五、试验方法

1. 了解硬度计的构造、原理、使用方法、操作规程和安全注意事项。见试验图 10、试验图 11;

试验图 10 洛氏硬度计

试验图 11 布氏硬度计

2. 对各种试样选择合适的试验方法和仪器,确定试验条件。根据试验和试验条件选择压头和载荷(砝码),必要时根据试样形状更换试验台;

3. 用标准硬度块校验硬度计。校验的硬度值不应超过标准硬度块硬度值的 3%(布氏)或 1%~1.5%(洛氏);

4. 试样支撑面、工作台和压头表面应清洁。将试样平稳地放在工作台上,保证在试验加载过程中不发生移动和翘曲。试验力平稳地加在试样上,不得造成冲击和震动,施力方向与试样表面垂直。保证载荷规定的时间,卸载后测量读数(布氏硬度)或直接读数(洛氏硬度),准确记录试验数据。

六、试验内容及具体步骤

1. 测量滚动轴承表面洛氏硬度值

试验前要根据被测试样硬度的不同,洛氏硬度选择不同的压头和主负荷。
①把式样放置在坚固平台上,旋转手轮使 B、C 之间长刻线与大指针对正;

②再次旋转手轮使大指针旋转 3 圈并仍然与 B、C 之间长刻线对正,小指针指向红点;

③拉动加荷手柄,施加主试验力,指示器的大指针按逆时针方向转动;

④当指示针转动停止下来后,即可将卸荷手柄推回,卸除主试验力;

⑤从指示器上读出相应的标尺读数,并记录数据;

⑥转动手轮使试件下降,再移动试件。按以上步骤重复 3 次试验,记录 3 次硬度值,最后取平均值为此试件的洛氏硬度值;

使用洛氏硬度计对轴承外圈进行硬度测定,记录相关测量数据,如试验表 7 所示:

试验表 7

加载力(kgf)=_____

测量次数	硬度值			平均值
	第一次	第二次	第三次	
HRA				
HRB				
HRC				

洛氏硬度的数值可以在硬度计刻度盘上读出。

2. 测量试块表面布氏硬度值

试验时,在布洛维硬度计上,使档位调至布氏硬度测定档,将试样置于试样台上,顺时针转动手轮,使试样上升直到钢球压紧并听到"咔"一声为止。按上电钮,此时电动机通过变速箱使曲轴转动,连杆下降,负荷通过吊环和杠杆系统施加于钢球上,保持载荷一定时间后,电动机自动运转,连杆上升,卸除负荷,使杠杆及负荷恢复到原始状态,同时电动机停止运转,再反向回转手轮,使试样台下降,取下试样,即可进行压痕直径的测量,查表即得 HB 值。

试块进行表面硬度测定,记录相关测定数据,如试验表 8 所示:

试验表 8

加载力(kgf)=_____

测量次数	凹痕直径(mm)			平均值
	第一次	第二次	第三次	
X 方向				
Y 方向				

根据压痕直径查压痕直径与布氏硬度值对照表,见附录 1 所示。

3. 测量维氏硬度(HV)

维氏硬度(HV)测定的基本原理和布氏硬度相同,区别在于压头采用顶角为 136°的金刚石方形锥体,压痕是四方锥形。

具体步骤是:

①打开电源开关,将试样放在平台上。旋转目镜对准试样,调焦距使视野清晰;

②旋转使金刚石压头对准试样,设置加载时间;

③开始试验；

④指示灯灭掉后，再次旋转目镜对准试样，调整刻度线测量视野中四边形的两条对角线长度 D_1、D_2 并进行拍照；

⑤记录显示屏上的试验数据，如试验表 9 所示：

试验表 9

测量次数	对角线长度(mm)		平均值
	对角线 1	对角线 2	
压痕 1			
压痕 2			
压痕 3			

维氏硬度(HV)以 120 kg 以内的载荷和顶角为 136°的金刚石方形锥压入器压入材料表面，用材料压痕凹坑的表面积除以载荷值，即为维氏硬度 HV 值（kgf/mm²）。HV 的计算方法为：

$$HV = 0.102 \times 1.854\,4 F/d^2$$

式中：F——载荷

d——压痕对角线长度

试验三　冲击试验

一、试验目的

1. 了解冲击试验机的结构及工作原理；
2. 掌握测定试样冲击性能的方法。

二、试验内容

测定低碳钢和铸铁两种材料的冲击韧度，观察破坏情况，并进行比较。

三、试验设备

1. 夏比冲击试验机如图 2-4 所示；
2. 游标卡尺。

四、试样的制备

若冲击试样的类型和尺寸不同，则得出的试验结果不能直接比较和换算。本次试验采用 U 型缺口冲击试样。其尺寸及偏差应根据 GB/T 229—2008 规定，见试验图 12 所示。加工缺口试样时，应严格控制其形状、尺寸精度以及表面粗糙度。试样缺口底部应光滑、无与缺口轴线平行的明显划痕。

试验图 12 冲击试样

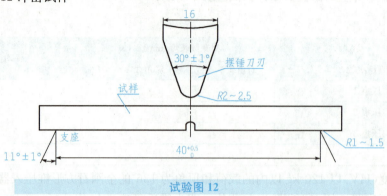

试验图 12

五、试验原理

冲击试验利用的是能量守恒原理，即冲击试样消耗的能量是摆锤试验前后的势能差。试验时，把试样放置位置如图 2-3 所示，将摆锤举至高度为 H 的 A 处自由落下，冲断试样即可。

摆锤在 A 处所具有的势能为：

$$E = GH_1 = GL(1-\cos\alpha)$$

冲断试样后，摆锤在 C 处所具有的势能为：

$$E_1 = GH_2 = GL(1-\cos\beta)$$

势能之差 E-E_1，即为冲断试样所消耗的冲击功 $A_{KU}(A_{KV})$：

$$A_{KU}(A_{KV}) = E - E_1 = GL(\cos\beta - \cos\alpha)$$

式中：G——摆锤重力（N）；

L——摆长（摆轴到摆锤重心的距离）（mm）；

α——冲断试样前摆锤扬起的最大角度；

β——冲断试样后摆锤扬起的最大角度；

H_1——冲断试样后摆锤扬起的最大高度；

H_2——冲断试样前摆锤扬起的最大高度。

六、试验步骤

1. 测量试样的几何尺寸及缺口处的横截面尺寸。
2. 根据估计材料冲击韧性来选择试验机的摆锤和表盘。
3. 安装试样。如试验图 12 所示。
4. 进行试验。将摆锤举起到高度为 H_1 处并锁住，然后释放摆锤，冲断试样后，待摆锤扬起到最大高度，再回落时，立即刹车，使摆锤停住。
5. 连续对三个试样进行试验，记录表盘上所示的三次冲击功 A_{KU1}、A_{KU2}、A_{KU3} 值，取其三次的平均值作为材料的冲击功 A_{KU} 取下试样，观察断口。

6. 试验完毕，将试验机复原。
7. 冲击试验要特别注意人身的安全。

七、试验结果处理

1. 计算冲击韧性值 $\alpha_{KU}(\alpha_{KV})$

$$\alpha_{KU}(\alpha_{KV}) = A_{KU}(A_{KV})/S_0 (J/cm^2)$$

式中：A_{KU}——U 型缺口试样的冲击吸收功(J)；

S_0——试样缺口处断面面积(cm^2)。

冲击韧性值 $\alpha_{KU}(\alpha_{KV})$ 是反映材料抵抗冲击载荷的综合性能指标，它随着试样的绝对尺寸、缺口形状、试验温度等的变化而不同。

2. 比较分析两种材料的抵抗冲击时所吸收的功。观察破坏断口形貌特征。

八、思考题

1. 冲击韧性值 $\alpha_{KU}(\alpha_{KV})$ 为什么不能用于定量换算，只能用于相对比较？
2. 冲击试样为什么要开缺口？

附 录

附录1 布氏硬度(硬质钢球)不同条件下的试验力

硬度符号	球直径 D/mm	试验力×压头球直径平方的比率 $0.102×F/D^2$	试验力 F/N
HBW10/3 000	10	30	29 420
HBW10/1 500	10	15	14 710
HBW10/1 000	10	10	9 808
HBW10/500	10	5	4 903
HBW10/250	10	2.5	2 452
HBW10/100	10	1	980.7
HBW5/750	5	30	7 355
HBW5/250	5	10	2 453
HBW5/125	5	5	1 226
HBW5/62.5	5	2.5	612.9
HBW5/25	5	1	245.2
HBW2.5/187.5	2.5	30	1 839
HBW2.5/62.5	2.5	10	612.9
HBW2.5/31.2	2.5	5	306.5
HBW2.5/15.625	2.5	2.5	153.2
HBW2.5/6.25	2.5	1	62.29
HBW1/30	1	30	294.2
HBW1/10	1	10	98.07
HBW1/5	1	5	49.07
HBW1/2.5	1	2.5	24.52
HBW1/1	1	1	9.807

附录2　平面布氏硬度值计算表

球直径 D/mm				试验力-压头球直径平方的比率 $0.102\times F/D^2$					
				30	15	10	5.0	2.5	1
				试验力 F/N					
10				29 420	14 710	9 807	4 903	2 452	980.7
	5			7 355	—	2 452	1 226	612.9	245.2
		2.5		1 839	—	612.9	306.5	153.2	61.29
			1	294	—	98.07	49.03	24.52	9.807
压痕平均直径 d/mm				布氏硬度 HBW					
2.40	1.200	0.600 0	0.240	653	327	218	109	54.5	21.8
2.41	1.205	0.602 4	0.241	648	324	216	108	54.0	21.6
2.42	1.210	0.605 0	0.242	643	321	214	107	53.5	21.4
2.43	1.215	0.607 5	0.243	637	319	212	106	53.1	21.2
2.44	1.220	0.610 0	0.244	632	316	211	105	52.7	21.1
2.45	1.225	0.612 5	0.245	627	318	209	104	52.2	20.9
2.46	1.230	0.615 0	0.246	621	311	207	104	51.8	20.7
2.47	1.235	0.617 5	0.247	616	308	205	103	51.4	20.5
2.48	1.240	0.620 0	0.248	611	306	204	102	50.9	20.4
2.49	1.245	0.622 5	0.249	606	303	202	101	50.5	20.2
2.50	1.250	0.625 0	0.250	601	301	200	100	50.1	20.0
2.51	1.255	0.627 5	0.251	597	298	199	99.4	49.7	19.9
2.52	1.260	0.630 0	0.252	592	296	197	98.6	49.3	19.7
2.53	1.265	0.632 5	0.253	587	294	196	97.8	48.9	19.6
2.54	1.270	0.635 0	0.254	582	291	194	97.1	48.5	19.4
2.55	1.275	0.637 5	0.255	578	289	193	96.3	48.1	19.3
2.56	1.280	0.640 0	0.256	578	287	191	95.5	47.8	19.1
2.57	1.285	0.642 5	0.257	569	284	190	94.8	47.4	19.0
2.58	1.290	0.645 0	0.258	564	282	188	94.0	47.0	18.8
2.59	1.295	0.647 5	0.259	560	280	187	93.3	46.6	18.7
2.60	1.300	0.650 0	0.260	555	278	185	92.6	46.3	18.5
2.61	1.305	0.652 5	0.261	551	276	184	91.8	45.9	18.4
2.62	1.310	0.655 0	0.262	547	273	182	91.1	45.6	18.2
2.63	1.315	0.657 5	0.263	543	271	181	90.4	45.2	18.1
2.64	1.320	0.660 0	0.264	538	269	179	89.7	44.9	17.9
2.65	1.325	0.662 5	0.265	534	267	178	89.0	44.5	17.8
2.66	1.330	0.665 0	0.266	530	265	177	88.4	44.2	17.7
2.67	1.335	0.667 5	0.267	526	263	175	87.7	43.8	17.5
2.68	1.340	0.670 0	0.268	522	261	174	87.0	43.5	17.4

续表

压痕平均直径 d/mm				布氏硬度 HBW					
2.69	1.345	0.672 5	0.269	518	259	173	86.4	43.2	17.3
2.70	1.350	0.675 0	0.270	514	257	171	85.7	42.9	17.1
2.71	1.355	0.677 5	0.271	510	255	170	85.1	42.5	17.0
2.72	1.360	0.680 0	0.272	507	253	169	54.4	42.2	16.9
2.73	1.365	0.682 5	0.273	503	251	168	83.8	41.9	16.8
2.74	1.370	0.685 0	0.274	499	250	166	83.2	41.6	16.6
2.75	1.375	0.687 5	0.275	495	248	165	82.6	41.3	16.5
2.76	1.380	0.690 0	0.276	492	246	164	81.9	41.0	16.4
2.77	1.385	0.692 5	0.277	488	244	163	81.3	40.7	16.3
2.78	1.390	0.695 0	0.278	485	242	162	80.8	40.4	16.2
2.79	1.395	0.697 5	0.279	481	240	160	80.2	40.1	16.0
2.80	1.400	0.700 0	0.280	477	239	159	79.6	39.8	15.9
2.81	1.405	0.702 5	0.281	474	237	158	79.0	39.5	15.8
2.82	1.410	0.705 0	0.282	471	235	157	78.4	39.2	15.7
2.83	1.415	0.707 5	0.283	467	234	156	77.9	38.8	15.6
2.84	1.420	0.710 0	0.284	464	232	155	77.3	38.7	15.5
2.85	1.425	0.712 5	0.285	461	230	154	76.8	38.4	15.4
2.86	1.430	0.715 0	0.286	457	229	152	76.2	38.1	15.2
2.87	1.435	0.717 5	0.287	454	227	151	75.7	37.8	15.1
2.88	1.440	0.720 0	0.288	451	225	150	75.1	37.6	15.0
2.89	1.445	0.722 5	0.289	448	224	149	74.6	37.3	14.9
2.90	1.450	0.725 0	0.290	444	222	148	74.1	37.0	14.8
2.91	1.455	0.727 5	0.291	441	221	147	73.6	36.8	14.7
2.92	1.460	0.730 0	0.292	438	219	146	73.0	36.5	14.6
2.93	1.465	0.732 5	0.293	435	218	145	72.5	36.3	14.5
2.94	1.470	0.735 0	0.294	432	216	144	72.0	36.0	14.4
2.95	1.475	0.737 5	0.295	429	215	143	71.5	35.8	14.3
2.96	1.480	0.740 0	0.296	426	213	142	71.0	35.5	14.2
2.97	1.485	0.742 5	0.297	423	212	141	70.5	35.3	14.1
2.98	1.490	0.745 0	0.298	420	210	140	70.1	35.0	14.0
2.99	1.495	0.747 5	0.299	417	209	139	69.6	34.8	13.9
3.00	1.500	0.750 0	0.300	415	207	138	69.1	34.6	13.8
3.01	1.505	0.752 5	0.301	412	206	137	68.6	34.3	13.7
3.02	1.510	0.755 0	0.302	109	205	136	68.2	34.1	13.6
3.03	1.515	0.757 5	0.303	406	203	135	67.7	33.9	13.5
3.04	1.520	0.760 0	0.304	404	202	135	67.3	33.6	13.5
3.05	1.525	0.762 5	0.305	401	200	134	66.8	33.4	13.4
3.06	1.530	0.765 0	0.306	398	199	133	66.4	33.3	13.3
3.07	1.535	0.767 5	0.307	395	198	132	65.9	33.0	13.2
3.08	1.540	0.770 0	0.308	393	196	131	65.5	32.7	13.1
3.09	1.545	0.772 5	0.309	390	195	130	65.0	32.5	13.0
3.10	1.550	0.775 0	0.310	388	194	129	64.6	32.3	12.9
3.11	1.555	0.777 5	0.311	385	193	128	64.2	32.1	12.8

附录2 平面布氏硬度值计算表

续表

压痕平均直径 d/mm				布氏硬度 HBW					
3.12	1.560	0.7800	0.312	383	191	128	63.8	31.9	12.8
3.13	1.565	0.7825	0.313	380	190	127	63.3	31.7	12.7
3.14	1.570	0.7850	0.314	378	189	126	62.9	31.5	12.6
3.15	1.575	0.7875	0.315	375	188	125	62.5	31.3	12.5
3.16	1.580	0.7900	0.316	373	186	124	62.1	31.1	12.4
3.17	1.585	0.7925	0.317	370	185	123	61.7	30.9	12.3
3.18	1.590	0.7950	0.318	368	184	123	61.3	30.7	12.3
3.19	1.595	0.7975	0.319	366	183	122	60.9	30.5	12.2
3.20	1.600	0.8000	0.320	363	182	121	60.5	30.3	12.1
3.21	1.605	0.8025	0.321	361	180	120	60.1	30.1	12.0
3.22	1.610	0.8050	0.322	359	179	120	59.8	29.9	12.0
3.23	1.615	0.8075	0.323	356	178	119	59.4	29.7	11.9
3.24	1.620	0.8100	0.324	354	177	118	59.0	29.5	11.8
3.25	1.625	0.8125	0.325	352	176	117	58.6	29.3	11.7
3.26	1.630	0.8150	0.326	350	175	117	58.3	29.1	11.7
3.27	1.635	0.8175	0.327	347	174	116	57.9	29.0	11.6
3.28	1.640	0.8200	0.328	345	173	115	57.5	28.8	11.5
3.29	1.645	0.8225	0.329	343	172	114	57.2	28.6	11.4
3.30	1.650	0.8250	0.330	341	170	114	56.8	28.4	11.4
3.31	1.655	0.8275	0.331	339	169	113	56.5	28.2	11.3
3.32	1.660	0.8300	0.332	337	168	112	56.1	28.1	11.2
3.33	1.665	0.8325	0.333	335	167	112	55.8	27.9	11.2
3.34	1.670	0.8350	0.334	333	166	111	55.4	27.7	11.1
3.35	1.675	0.8375	0.335	331	165	110	55.1	27.5	11.0
3.36	1.680	0.8400	0.336	329	164	110	54.8	27.4	11.0
3.37	1.685	0.8425	0.337	326	163	109	54.4	27.2	10.9
3.38	1.690	0.8450	0.338	325	162	108	54.1	27.0	10.8
3.39	1.695	0.8475	0.339	323	161	108	53.8	26.9	10.8
3.40	1.700	0.8500	0.340	321	160	107	53.4	26.7	10.7
3.41	1.705	0.8525	0.341	319	159	106	53.1	26.6	10.6
3.42	1.710	0.8550	0.342	317	158	106	52.8	26.4	10.6
3.43	1.715	0.8575	0.343	315	157	105	52.5	26.2	10.5
3.44	1.720	0.8600	0.344	313	156	104	52.2	26.1	10.4
3.45	1.725	0.8625	0.345	311	156	104	51.8	25.9	10.4
3.46	1.730	0.8650	0.346	309	155	103	51.5	25.8	10.3
3.47	1.735	0.8675	0.347	307	154	102	51.2	25.6	10.2
3.48	1.740	0.8700	0.348	306	153	102	50.9	25.5	10.2
3.49	1.745	0.8725	0.349	304	152	101	50.6	25.3	10.1
3.50	1.750	0.8750	0.350	302	151	101	50.3	25.2	10.1
3.51	1.755	0.8775	0.351	300	150	100	50.0	25.0	10.0
3.52	1.760	0.8800	0.352	298	149	99.5	49.7	24.9	9.95
3.53	1.765	0.8825	0.353	297	148	98.9	49.4	24.7	9.89
3.54	1.770	0.8850	0.354	295	147	98.3	49.2	24.6	9.83

续表

压痕平均直径 d/mm				布氏硬度 HBW					
3.55	1.775	0.887 5	0.355	293	147	97.7	48.9	24.4	9.77
3.56	1.780	0.890 0	0.356	292	146	97.2	48.6	24.3	9.72
3.57	1.785	0.892 5	0.357	290	145	96.6	48.3	24.2	9.66
3.58	1.790	0.895 0	0.358	288	144	96.1	48.0	24.0	9.61
3.59	1.795	0.897 5	0.359	286	143	95.5	47.7	23.9	9.55
3.60	1.800	0.900 0	0.360	285	142	95.0	47.5	23.7	9.50
3.61	1.805	0.902 5	0.361	283	142	94.4	47.2	23.6	9.44
3.62	1.810	0.905 0	0.362	282	141	93.9	46.9	23.5	9.39
3.63	1.815	0.907 5	0.363	280	140	93.3	46.7	23.3	9.33
3.64	1.820	0.910 0	0.364	278	139	92.8	46.4	23.2	9.28
3.65	1.825	0.912 5	0.365	277	138	92.3	46.1	23.1	9.23
3.66	1.830	0.915 0	0.366	275	138	91.8	45.9	22.9	9.18
3.67	1.835	0.917 5	0.367	274	137	91.2	45.6	22.8	9.12
3.68	1.840	0.920 0	0.368	272	136	90.7	45.4	22.7	9.07
3.69	1.845	0.922 5	0.369	271	135	90.2	45.1	22.6	9.02
3.70	1.850	0.925 0	0.370	269	135	89.7	44.9	22.4	8.97
3.71	1.855	0.927 5	0.371	268	134	89.2	44.6	22.3	8.92
3.72	1.860	0.930 0	0.372	266	133	88.7	44.4	22.2	8.87
3.73	1.865	0.932 5	0.373	265	132	88.2	44.1	22.1	8.82
3.74	1.870	0.935 0	0.374	263	132	87.7	43.9	21.9	8.77
3.75	1.875	0.937 5	0.375	262	131	87.2	43.6	21.8	8.72
3.76	1.880	0.940 0	0.376	260	130	86.8	43.4	21.7	8.68
3.77	1.885	0.942 5	0.377	259	129	86.3	43.1	21.6	8.63
3.78	1.890	0.945 0	0.378	257	129	85.8	42.9	21.5	8.58
3.79	1.895	0.947 5	0.379	256	128	85.3	42.7	21.3	8.53
3.80	1.900	0.950 0	0.380	255	127	84.9	42.4	21.2	8.49
3.81	1.905	0.952 5	0.381	253	127	84.4	42.2	21.1	8.44
3.82	1.910	0.955 0	0.382	252	126	83.9	42.0	21.0	8.39
3.83	1.915	0.957 5	0.383	250	125	83.5	41.7	20.9	8.35
3.84	1.920	0.960 0	0.384	249	125	83.0	41.5	20.8	8.30
3.85	1.925	0.962 5	0.385	248	124	82.6	41.3	20.6	8.26
3.86	1.930	0.965 0	0.386	246	123	82.1	41.1	20.5	8.21
3.87	1.935	0.967 5	0.387	245	123	81.7	40.9	20.4	8.17
3.88	1.940	0.970 0	0.388	244	122	81.3	40.6	20.3	8.13
3.89	1.945	0.972 5	0.389	242	121	80.8	40.4	20.2	8.08
3.90	1.950	0.975 0	0.390	241	212	80.4	40.2	20.1	8.04
3.91	1.955	0.977 5	0.391	240	120	80.0	40.0	20.0	8.00
3.92	1.960	0.980 0	0.392	239	119	79.5	39.8	19.9	7.95
3.93	1.965	0.982 5	0.393	237	119	79.1	39.6	19.8	7.91
3.94	1.970	0.985 0	0.394	236	118	78.7	39.4	19.7	7.87
3.95	1.975	0.987 5	0.395	235	117	78.3	39.1	19.6	7.83
3.96	1.980	0.990 0	0.396	234	117	77.9	38.9	19.5	7.79
3.97	1.985	0.992 5	0.397	232	116	77.5	38.7	19.4	7.75

续表

压痕平均直径 d/mm				布氏硬度 HBW					
3.98	1.990	0.995 0	0.398	231	116	77.1	38.5	19.3	7.71
3.99	1.995	0.997 5	0.399	230	115	76.7	38.3	19.2	7.67
4.00	2.000	1.000 0	0.400	229	114	76.3	38.1	19.1	7.63
4.01	2.005	1.002 5	0.401	228	114	75.9	37.9	19.0	7.59
4.02	2.010	1.005 0	0.402	226	113	75.5	37.7	18.9	7.55
4.03	2.015	1.007 5	0.403	225	113	75.1	37.5	18.8	7.51
4.04	2.020	1.010 0	0.404	224	112	74.7	37.3	18.7	7.47
4.05	2.025	1.012 5	0.405	223	111	74.3	37.1	18.6	7.43
4.06	2.030	1.015 0	0.406	222	111	73.9	37.0	18.5	7.39
4.07	2.035	1.017 5	0.407	221	110	73.5	36.8	18.4	7.35
4.08	2.040	1.020 0	0.408	219	110	73.2	36.6	18.3	7.32
4.09	2.045	1.022 5	0.409	218	109	72.8	36.4	18.2	7.28
4.10	2.050	1.025 0	0.410	217	109	72.4	36.2	18.1	7.24
4.11	2.055	1.027 5	0.411	216	108	72.0	36.0	18.0	7.20
4.12	2.060	1.030 0	0.412	215	108	71.7	35.8	17.9	7.17
4.13	2.065	1.032 5	0.413	214	107	71.3	35.7	17.8	7.13
4.14	2.070	1.035 0	0.414	213	106	71.0	35.5	17.7	7.10
4.15	2.075	1.037 5	0.415	212	106	70.6	35.3	17.6	7.06
4.16	2.080	1.040 0	0.416	211	105	70.2	35.1	17.6	7.02
4.17	2.085	1.042 5	0.417	210	105	69.9	34.9	17.5	6.99
4.18	2.090	1.045 0	0.418	209	104	69.5	34.8	17.4	6.95
4.19	2.095	1.047 5	0.419	208	104	69.2	34.6	17.3	6.92
4.20	2.100	1.050 0	0.420	207	103	68.8	34.4	17.2	6.88
4.21	2.105	1.052 5	0.421	205	103	68.5	34.2	17.1	6.85
4.22	2.110	1.055 0	0.422	204	102	68.2	34.1	17.0	6.82
4.23	2.115	1.057 5	0.423	203	102	67.8	33.9	17.0	6.78
4.24	2.120	1.060 0	0.424	202	101	67.5	33.7	16.9	6.75
4.25	2.125	1.062 5	0.425	201	101	67.1	33.6	16.8	6.71
4.26	2.130	1.065 0	0.426	200	100	66.8	33.4	16.7	6.68
4.27	2.135	1.067 5	0.427	199	99.7	66.5	33.2	16.6	6.65
4.28	2.140	1.070 0	0.428	198	99.2	66.2	33.1	16.5	6.62
4.29	2.145	1.072 5	0.429	198	98.8	65.9	32.9	16.5	6.58
4.30	2.150	1.075 0	0.430	197	98.3	65.5	32.8	16.4	6.55
4.31	2.155	1.077 5	0.431	196	97.8	65.2	32.6	16.3	6.52
4.32	2.160	1.080 0	0.432	195	97.3	64.9	32.4	16.2	6.49
4.33	2.165	1.082 5	0.433	194	96.8	64.6	32.3	16.1	6.46
4.34	2.170	1.085 0	0.434	193	96.4	64.2	32.1	16.1	6.42
4.35	2.175	1.087 5	0.435	192	95.9	63.9	32.0	16.0	6.39
4.36	2.180	1.090 0	0.436	191	95.4	63.6	31.8	15.9	6.39
4.37	2.185	1.092 5	0.437	190	95.0	63.3	31.7	15.8	6.33
4.38	2.190	1.095 0	0.438	189	94.5	63.0	31.5	15.8	6.30
4.39	2.195	1.097 5	0.439	188	94.1	62.7	31.4	15.7	6.27
4.40	2.200	1.100 0	0.440	187	93.6	62.4	31.2	15.6	6.24

续表

压痕平均直径 d/mm				布氏硬度 HBW					
4.41	2.205	1.102 5	0.441	186	93.2	62.1	31.1	15.5	6.21
4.42	2.210	1.105 0	0.442	185	92.7	61.8	30.9	15.5	6.18
4.43	2.215	1.107 5	0.443	185	92.3	61.5	30.8	15.4	6.15
4.44	2.220	1.110 0	0.444	184	91.8	61.2	30.6	15.3	6.12
4.45	2.225	1.112 5	0.445	183	91.4	60.9	30.5	15.2	6.09
4.46	2.230	1.115 0	0.446	182	91.0	60.6	30.3	15.2	6.06
4.47	2.235	1.117 5	0.447	181	90.5	60.4	30.2	15.1	6.04
4.48	2.240	1.120 0	0.448	180	90.1	60.1	30.0	15.0	6.01
4.49	2.245	1.122 5	0.449	179	89.7	59.8	29.9	14.9	5.98
4.50	2.250	1.125 0	0.450	179	89.3	59.5	29.8	14.9	5.95
4.51	2.255	1.127 5	0.451	179	88.9	59.2	29.6	14.8	5.92
4.52	2.260	1.130 0	0.452	177	88.4	59.0	29.5	14.7	5.90
4.53	2.265	1.132 5	0.453	176	88.0	58.7	29.3	14.7	5.87
4.54	2.270	1.135 0	0.454	175	87.6	58.4	29.2	14.6	5.84
4.55	2.275	1.137 5	0.455	174	87.2	58.1	29.1	14.5	5.81
4.56	2.280	1.140 0	0.456	174	86.8	57.9	28.9	14.5	5.79
4.57	2.285	1.142 5	0.457	173	86.4	57.6	28.8	14.4	5.76
4.58	2.290	1.145 0	0.458	172	86.0	57.3	28.7	14.3	5.73
4.59	2.295	1.147 5	0.459	171	85.6	57.1	28.5	14.3	5.71
4.60	2.300	1.150 0	0.460	170	85.2	56.8	28.4	14.2	5.68
4.61	2.305	1.152 5	0.461	170	84.8	56.5	28.3	14.1	5.65
4.62	2.310	1.155 0	0.462	169	84.4	56.3	28.1	14.1	5.63
4.63	2.315	1.157 5	0.463	168	84.0	56.0	28.0	14.0	5.60
4.64	2.320	1.160 0	0.464	167	83.6	55.8	27.9	13.9	5.58
4.65	2.325	1.162 5	0.465	167	83.3	55.5	27.8	13.9	5.55
4.66	2.330	1.165 0	0.466	166	82.9	55.3	27.6	13.8	5.53
4.67	2.335	1.167 5	0.467	165	82.5	55.0	27.5	13.8	5.50
4.68	2.340	1.170 0	0.468	164	82.1	54.8	27.4	13.7	5.48
4.69	2.345	1.172 5	0.469	164	81.8	54.5	27.3	13.6	5.45
4.70	2.350	1.175 0	0.470	163	81.4	54.3	27.1	13.6	5.43
4.71	2.355	1.177 5	0.471	162	81.0	54.0	27.0	13.5	5.40
4.72	2.360	1.180 0	0.472	161	80.7	53.8	26.9	13.4	5.38
4.73	2.365	1.182 5	0.473	161	80.3	53.5	26.8	13.4	5.35
4.74	2.370	1.185 0	0.474	160	79.3	53.3	26.6	13.3	5.33
4.75	2.375	1.187 5	0.475	159	79.6	53.0	26.5	13.3	5.30
4.76	2.380	1.190 0	0.476	158	79.2	52.8	26.4	13.2	5.28
4.77	2.385	1.192 5	0.477	158	78.9	52.6	26.3	13.1	5.26
4.78	2.390	1.195 0	0.478	157	78.5	52.3	26.2	13.1	5.23
4.79	2.395	1.197 5	0.479	156	78.2	52.1	26.1	13.0	5.21
4.80	2.400	1.200 0	0.480	156	77.8	51.9	25.9	13.0	5.19
4.81	2.405	1.202 5	0.481	155	77.5	51.6	25.8	12.9	5.16
4.82	2.410	1.205 0	0.482	154	77.1	51.4	25.7	12.9	5.14
4.83	2.415	1.207 5	0.483	154	76.8	51.2	25.6	12.8	5.12

附录2 平面布氏硬度值计算表

续表

压痕平均直径 d/mm				布氏硬度 HBW					
4.84	2.420	1.210 0	0.484	153	76.4	51.0	25.5	12.7	5.10
4.85	2.425	1.212 5	0.485	152	76.1	50.7	25.4	12.7	5.07
4.86	2.430	1.215 0	0.486	152	75.8	50.5	25.3	12.6	5.05
4.87	2.435	1.217 5	0.487	151	75.4	50.3	25.1	12.6	5.03
4.88	2.440	1.220 0	0.488	150	75.1	50.1	25.0	12.5	5.01
4.89	2.445	1.222 5	0.489	150	74.8	49.8	24.9	12.5	4.98
4.90	2.450	1.225 0	0.490	149	74.4	49.6	24.8	12.4	4.96
4.91	2.455	1.227 5	0.491	148	74.1	49.4	24.7	12.4	4.94
4.92	2.460	1.230 0	0.492	148	73.8	49.2	24.6	12.3	4.92
4.93	2.465	1.232 5	0.493	147	73.5	49.0	24.5	12.2	4.90
4.94	2.470	1.235 0	0.494	146	73.2	48.8	24.4	12.2	4.88
4.95	2.475	1.237 5	0.495	146	72.8	48.6	24.3	12.1	4.86
4.96	2.480	1.240 0	0.496	145	72.5	48.3	24.2	12.1	4.83
4.97	2.485	1.242 5	0.497	144	72.2	48.1	24.1	12.0	4.81
4.98	2.490	1.245 0	0.498	144	71.9	47.9	24.0	12.0	4.79
4.99	2.495	1.247 5	0.499	143	71.6	47.7	23.9	11.9	4.77
5.00	2.500	1.250 0	0.500	143	71.3	47.5	23.8	11.9	4.75
5.01	2.505	1.252 5	0.501	142	71.0	47.3	23.7	11.8	4.73
5.02	2.510	1.255 0	0.502	141	70.7	47.1	23.6	11.8	4.71
5.03	2.515	1.257 5	0.503	141	70.4	46.9	23.5	11.7	4.69
5.04	2.520	1.260 0	0.504	140	70.1	46.7	23.4	11.7	4.67
5.05	2.525	1.262 5	0.505	140	69.8	46.5	23.3	11.6	4.67
5.06	2.530	1.265 0	0.506	139	69.5	46.3	23.2	11.6	4.63
5.07	2.535	1.267 5	0.507	138	69.2	46.1	23.1	11.5	4.61
5.08	2.540	1.270 0	0.508	138	68.9	45.9	23.0	11.5	4.59
5.09	2.545	1.272 5	0.509	137	68.6	45.7	22.9	11.4	4.57
5.10	2.550	1.275 0	0.510	137	68.3	45.5	22.8	11.4	4.55
5.11	2.555	1.277 5	0.511	136	68.0	45.3	22.7	11.3	4.53
5.12	2.560	1.280 0	0.512	135	67.7	45.1	22.6	11.3	4.51
5.13	2.565	1.282 5	0.513	135	67.4	45.0	22.5	11.2	4.50
5.14	2.570	1.285 0	0.514	134	67.1	44.8	22.4	11.2	4.48
5.15	2.575	1.287 5	0.515	134	66.9	44.6	22.3	11.1	4.46
5.16	2.580	1.290 0	0.516	133	66.6	44.4	22.2	11.1	4.44
5.17	2.585	1.292 5	0.517	133	66.3	44.2	22.1	11.1	4.42
5.18	2.590	1.295 0	0.518	132	66.0	44.0	22.0	11.0	4.40
5.19	2.595	1.297 5	0.519	132	65.8	43.8	21.9	11.0	4.38
5.20	2.600	1.300 0	0.520	131	65.5	43.7	21.8	10.9	4.37
5.21	2.605	1.302 5	0.521	130	65.2	43.5	21.7	10.9	4.35
5.22	2.610	1.305 0	0.522	130	64.9	43.3	21.6	10.8	4.33
5.23	2.615	1.307 5	0.523	129	64.7	43.1	21.6	10.8	4.31
5.24	2.620	1.310 0	0.524	129	64.4	42.9	21.5	10.7	4.29
5.25	2.625	1.312 5	0.525	128	64.1	42.8	21.4	10.7	4.28
5.26	2.630	1.315 0	0.526	128	63.9	42.6	21.3	10.6	4.26

续表

压痕平均直径 d/mm				布氏硬度 HBW					
5.27	2.635	1.317 5	0.527	127	63.6	42.4	21.2	10.6	4.24
5.28	2.640	1.320 0	0.528	127	63.3	42.2	21.1	10.6	4.22
5.29	2.645	1.322 5	0.529	126	63.1	42.1	21.0	10.5	4.21
5.30	2.650	1.325 0	0.530	126	62.8	41.9	20.9	10.5	4.19
5.31	2.655	1.327 5	0.531	125	62.6	41.7	20.9	10.4	4.17
5.32	2.660	1.330 0	0.532	125	62.3	41.5	20.8	10.4	4.15
5.33	2.665	1.332 5	0.533	124	62.1	41.4	20.7	10.3	4.14
5.34	2.670	1.335 0	0.534	124	61.8	41.2	20.6	10.3	4.12
5.35	2.675	1.337 5	0.535	123	61.5	41.0	20.5	10.3	4.10
5.36	2.680	1.340 0	0.536	123	61.3	40.9	20.4	10.2	4.09
5.37	2.685	1.342 5	0.537	122	61.0	40.7	20.3	10.2	4.07
5.38	2.690	1.345 0	0.538	122	60.8	40.5	20.3	10.1	4.05
5.39	2.695	1.347 5	0.539	121	60.6	40.4	20.2	10.1	4.04
5.40	2.700	1.350 0	0.540	121	60.3	40.2	20.1	10.1	4.02
5.41	2.705	1.352 5	0.541	120	60.1	40.0	20.9	10.0	4.00
5.42	2.710	1.355 0	0.542	120	59.8	39.9	19.9	9.97	3.99
5.43	2.715	1.357 5	0.543	119	59.6	39.7	19.9	9.93	3.97
5.44	2.720	1.360 0	0.544	119	59.3	39.6	19.8	9.89	3.96
5.45	2.725	1.362 5	0.545	118	59.1	39.4	19.7	9.85	3.94
5.46	2.730	1.365 0	0.546	118	58.9	39.2	19.6	9.81	3.92
5.47	2.735	1.367 5	0.547	117	58.6	39.1	19.5	9.77	3.91
5.48	2.740	1.370 0	0.548	117	58.4	38.9	19.5	9.73	3.89
5.49	2.745	1.372 5	0.549	116	58.2	38.8	19.4	9.69	3.88
5.50	2.750	1.375 0	0.550	116	57.9	38.6	19.3	9.66	3.86
5.51	2.755	1.377 5	0.551	115	57.7	38.5	19.2	9.62	3.85
5.52	2.760	1.380 0	0.552	115	57.5	38.3	19.2	9.58	3.83
5.53	2.765	1.382 5	0.553	114	57.2	38.2	19.1	9.54	3.82
5.54	2.770	1.385 0	0.554	114	57.0	38.0	19.0	9.50	3.80
5.55	2.775	1.387 5	0.555	114	56.8	37.9	18.9	9.47	3.79
5.56	2.780	1.390 0	0.556	113	56.6	37.7	18.9	9.43	3.77
5.57	2.785	1.392 5	0.557	113	56.3	37.6	18.8	9.39	3.76
5.58	2.790	1.395 0	0.558	112	56.1	37.4	18.7	9.35	3.74
5.59	2.795	1.397 5	0.559	112	55.9	37.3	18.6	9.32	3.73
5.60	2.800	1.400 0	0.560	111	55.7	37.1	18.6	9.28	3.71
5.61	2.805	1.402 5	0.561	111	55.5	37.0	18.5	9.24	3.70
5.62	2.810	1.405 0	0.562	110	55.2	36.8	18.4	9.21	3.68
5.63	2.815	1.407 5	0.563	110	55.0	36.7	18.3	9.17	3.67
5.64	2.820	1.410 0	0.564	110	54.8	36.5	18.3	9.14	3.65
5.65	2.825	1.412 5	0.565	109	54.6	36.4	18.2	9.10	3.64
5.66	2.830	1.415 0	0.566	109	54.4	36.3	18.1	9.06	3.63
5.67	2.835	1.417 5	0.567	108	54.2	36.1	18.1	9.03	3.61
5.68	2.840	1.420 0	0.568	108	54.0	36.0	18.0	8.99	3.60
5.69	2.845	1.422 5	0.569	107	53.7	35.8	17.9	8.96	3.58

附录2 平面布氏硬度值计算表

续表

压痕平均直径 d/mm				布氏硬度 HBW					
5.70	2.850	1.425 0	0.570	107	53.7	35.7	17.8	8.92	3.57
5.71	2.855	1.427 5	0.571	107	53.3	35.6	17.8	8.89	3.56
5.72	2.860	1.430 0	0.572	106	53.1	35.4	17.7	8.85	3.54
5.73	2.865	1.432 5	0.573	106	52.9	35.3	17.6	8.82	3.53
5.74	2.870	1.435 0	0.574	105	52.7	35.1	17.6	8.79	3.51
5.75	2.875	1.437 5	0.575	105	52.5	35.0	17.5	8.75	3.50
5.76	2.880	1.440 0	0.576	105	52.3	34.9	17.4	8.72	3.49
5.77	2.885	1.442 5	0.577	104	52.1	34.7	17.4	8.68	3.47
5.78	2.890	1.445 0	0.578	104	51.9	34.6	17.3	8.65	3.46
5.79	2.895	1.447 5	0.579	103	51.7	34.5	17.2	8.62	3.45
5.80	2.900	1.450 0	0.580	103	51.5	34.3	17.2	8.59	3.43
5.81	2.905	1.452 5	0.581	103	51.3	34.2	17.1	8.55	3.42
5.82	2.910	1.455 0	0.582	102	51.1	34.1	17.0	8.52	3.41
5.83	2.915	1.457 5	0.583	102	50.9	33.9	17.0	8.49	3.39
5.84	2.920	1.460 0	0.584	101	50.7	33.8	16.9	8.45	3.38
5.85	2.925	1.462 5	0.585	101	50.5	33.7	16.8	8.42	3.37
5.86	2.930	1.465 0	0.586	101	50.3	33.6	16.8	8.39	3.36
5.87	2.935	1.467 5	0.587	100	50.2	33.4	16.7	8.36	3.34
5.88	2.940	1.470 0	0.588	99.9	50.0	33.3	16.7	8.33	3.33
5.89	2.945	1.472 5	0.589	99.5	49.8	33.2	16.6	8.30	3.32
5.90	2.950	1.475 0	0.590	99.2	49.6	33.1	16.5	8.26	3.31
5.91	2.955	1.477 5	0.591	98.8	49.4	32.9	16.5	8.23	3.29
5.92	2.960	1.480 0	0.592	98.4	49.2	32.8	16.4	8.20	3.28
5.93	2.965	1.482 5	0.593	98.0	49.0	32.7	16.3	8.17	3.27
5.94	2.970	1.485 0	0.594	97.7	48.8	32.6	16.3	8.14	3.26
5.95	2.975	1.487 5	0.595	97.3	48.7	32.4	16.2	8.11	3.24
5.96	2.980	1.490 0	0.596	96.9	48.5	32.3	16.2	8.08	3.23
5.97	2.985	1.492 5	0.597	96.6	48.3	32.2	16.1	8.05	3.22
5.98	2.990	1.495 0	0.598	96.2	48.1	32.1	16.0	8.02	3.21
5.99	2.995	1.497 5	0.599	95.9	47.9	32.0	16.0	7.99	3.20
6.00	3.000	1.500 0	0.600	95.5	47.7	31.8	15.9	7.96	3.18

附录3　洛氏硬度不同标尺的硬度范围

洛氏硬度标尺	标准块的硬度范围	洛氏硬度标尺	标准块的硬度范围
A	20HRA~40HRA 45HRA~75HRA 80HRA~88HRA	K	40HRK~60HRK 65HRK~80HRK 85HRK~100HRK
B	20HRB~50HRB 60HRB~80HRB 85HRB~100HRB	15 N	70HR15N~77HR15N 78HR15N~88HR15N 89HR15N~91HR15N
C	20HRC~30HRC 35HRC~55HRC 60HRC~70HRC	30 N	42HR30N~54HR30N 55HR30N~73HR30N 74HR30N~80HR30N
D	40HRD~47HRD 55HRD~63HRD 70HRD~77HRD	45 N	20HR45N~31HR45N 32HR45N~61HR45N 63HR45N~70HR45N
E	70HRE~77HRE 84HRE~90HRE 93HRE~100HRE	15 T	73HR15T~80HR15T 81HR15T~87HR15T 88HR15T~93HR15T
F	60HRF~75HRF 80HRF~75HRF 94HRF~100HRF	30 T	43HR30T~56HR30T 57HR30T~69HR30T 70HR30T~82HR30T
G	30HRG~50HRG 60HRG~75HRG 94HRG~100HRG	45 T	12HR45T~33HR45T 34HR45T~54HR45T 55HR45T~72HR45T
H	80HRH~94HRH 96HRH~100HRH	—	—

附录4 钢硬度与抗拉强度换算表

硬度					抗拉强度 $\sigma_b/N/mm^2$	硬度					抗拉强度 $\sigma_b/N/mm^2$
洛氏		维氏	布氏($F/D^2=30$)			洛氏		维氏	布氏($F/D^2=30$)		
HRC	HRA	HV	HBS	HBW		HRC	HRA	HV	HBS	HBW	
20.0	60.2	226	225		774	45.0	73.2	441		428	1459
21.0	60.7	230	229		793	46.0	73.7	454	424	441	1503
22.0	61.2	235	234		813	47.0	74.2	468	436	455	1550
23.0	61.7	241	240		833	48.0	74.7	482	449	470	1600
24.0	62.2	247	245		854	49.0	75.3	497		486	1653
25.0	62.8	253	251		875	50.0	75.8	512		502	
26.0	63.3	259	257		897	51.0	76.3	527		518	
27.0	63.8	266	263		919	52.0	76.9	544		535	1710
28.0	64.3	273	269		942	53.0	77.4	561		552	
29.0	64.8	280	276		965	54.0	77.9	578		569	
30.0	65.3	288	283		989	55.0	78.5	596		585	
31.0	65.8	296	291		1014	56.0	79.0	615		601	
32.0	66.4	304	298		1039	57.0	79.5	635		616	
33.0	66.9	313	306		1065	58.0	80.1	655		628	
34.0	67.4	321	314		1092	59.0	80.6	676		639	
35.0	67.9	331	323		1119	60.0	81.2	698			
36.0	68.4	340	332		1147	61.0	81.7	721			
37.0	69.0	350	341		1177	62.0	82.2	745		647	
38.0	69.5	360	350		1207	63.0	82.8	770			
39.0	70.0	371	360		1238	64.0	83.3	795			
40.0	70.5	381	370	370	1271	65.0	83.9	822			
41.0	71.1	393	380	381	1305	66.0	84.4	850			
42.0	71.6	404	391	392	1340	67.0	85.0	879			
43.0	72.1	416	401	403	1378	68.0	85.5	909			
44.0	72.6	428	413	415	1417	69.0	86.1	940			

参考文献

[1] 禹加宽. 金属加工与实训 [M]. 北京：机械工业出版社，2011.
[2] 米国发. 金属加工工艺基础 [M]. 北京：冶金工业出版社，2011.
[3] 金国砥. 金属加工与实训（钳工实训）[M]. 北京：中国铁道出版社，2011.
[4] 阳辉. 金属压力加工实习与实训教程 [M]. 北京：冶金工业出版社，2011.
[5] 刘冰洁. 铣工技能训练（机械类）[M]. 北京：中国劳动社会保障出版社，2012.
[6] 薛源顺. 磨工（初级）（第2版）[M]. 北京：机械工业出版社，2012.
[7] 中国就业培训技术指导中心. 铣工（初级）[M]. 北京：中国劳动社会保障出版社，2013.
[8] 天津市第一机械工业局. 刨工必读 [M]. 北京：机械工业出版社，2014.
[9] 杨冰. 钳工基本技能项目教程 [M]. 北京：机械工业出版社，2016.
[10] 王兵，吴素珍. 金属加工实训教程 [M]. 武汉：华中科技大学出版社，2017.
[11] 李会荣. 金属切削加工技术实训教程 [M]. 西安：西安电子科技大学出版社，2017.